U0965477

"十四五"职业教育国家规划教材

高等职业教育产教融合新形态教材

食品微生物检验技术

范丽平　潘嫣丽　主编

中国农业大学出版社
· 北京 ·

内 容 简 介

食品微生物检验主要通过微生物的分离培养、生理生化试验、显微镜检查、抗原抗体反应和特异性片段扩增等方法来对食品的微生物种类和数量进行检验，以便对食品的质量及加工过程中的卫生情况进行可靠的评价。本教材主要包括认知微生物检验工作、菌落总数检验、大肠菌群检验、乳酸菌检验、霉菌和酵母检验、金黄色葡萄球菌检验、沙门氏菌检验、副溶血性弧菌检验、罐头食品商业无菌检验、生活饮用水微生物检验、生产环境微生物检验和糕点微生物检验等12个项目。教材编写以项目引领、任务驱动为导向，紧紧围绕食品微生物检验岗位工作任务设置编写内容。本教材精选12个项目，28个学习任务，设计了技能操作和考核标准，将任务实施和理论知识贯穿在一起，意在培养学生的技术技能，提高学生分析问题、解决问题的能力并规范其操作，增强其岗位适应能力。任务实施内容丰富、覆盖面广，便于各院校结合专业特点和自身的实验条件进行相应的选择。

本教材具有编写体例新颖、理论知识简明、实践操作突出、技术先进实用、覆盖面广、可操作性强、自测练习多、资源丰富等特点，同时也方便学生学习和考核测试。本教材适合高职院校食品营养与检测、农产品加工与质量检测、食品加工技术、食品生物技术等专业学生使用，还可作为食品加工企业科技人员的参考用书或作为岗前培训的教材。

图书在版编目(CIP)数据

食品微生物检验技术 / 范丽平，潘嫣丽主编. —北京：中国农业大学出版社，2021.8(2023.12重印)

ISBN 978-7-5655-2561-2

Ⅰ.①食… Ⅱ.①范… ②潘… Ⅲ.①食品微生物-食品检验-高等职业教育-教材 Ⅳ.①TS207.4

中国版本图书馆CIP数据核字(2021)第118301号

书　　名 食品微生物检验技术

作　　者 范丽平　潘嫣丽　主编

策划编辑 康昊婷　　**责任编辑** 康昊婷　刘彦龙

封面设计 郑　川　李尘工作室

出版发行 中国农业大学出版社

社　　址 北京市海淀区圆明园西路2号　　**邮政编码** 100193

电　　话 发行部 010-62733489，1190　　读者服务部 010-62732336

编辑部 010-62732617，2618　　出　版　部 010-62733440

网　　址 http://www.caupress.cn　　**E-mail** cbsszs@cau.edu.cn

经　　销 新华书店

印　　刷 北京时代华都印刷有限公司

版　　次 2021年8月第1版　2023年12月第3次印刷

规　　格 787×1 092　16开本　19.75印张　490千字

定　　价 58.00元

“高等职业教育产教融合新形态教材”
食品类专业系列教材
编审委员会

“高等职业教育产教融合新形态教材”
食品类专业系列教材
专　家　组

编 写 人 员

主　编　范丽平（上海农林职业技术学院）
潘嫣丽（广西农业职业技术大学）

副主编　（以姓氏笔画为序）
王福红（山东畜牧兽医职业学院）
刘婷婷（日照职业技术学院）
宋京城（苏州农业职业技术学院）
董　昕［品测（上海）检测科技有限公司］

参　编　（以姓氏笔画为序）
曲春波（上海健康医学院）
胡晓文（日照职业技术学院）
钟旭美（阳江职业技术学院）
常玉梅（山东食品药品职业学院）
薛香菊（山东食品药品职业学院）

出版说明

为贯彻落实《国家职业教育改革实施方案》(国发〔2019〕4号，又称“职教二十条”)以及《高等职业学校专业教学标准》等相关文件精神，有效推进产教融合、校企合作，建设一批校企“双元”合作开发的高质量教材，经向行业专家咨询及与有关高等职业院校沟通，借鉴与物化高等职业教育食品类专业教育教学改革成果，中国农业大学出版社开展了“高等职业教育产教融合新形态教材”食品类专业系列教材建设工作。

“高等职业教育产教融合新形态教材”食品类专业系列教材建设是食品类专业高技能人才培养的基础性工作，也是促进社会与经济发展的客观需求。近20年来，随着加入世贸组织，我国食品工业得到了持续与快速的发展，食品工业进入产业升级、调整改革的关键时期，食品产业从数量扩张向质量提升转变。原有的高等职业教育食品类专业教材从内容到表现形式，要满足现代食品工业人才培养的需要，就必须改革创新，在实践中不断探索高等职业教育食品类专业新形态教材建设的新路子，才能为高等职业教育食品类专业高技能人才培养奠定坚实的基础、发挥应有的作用。

“高等职业教育产教融合新形态教材”食品类专业系列教材具有如下特点：

1.精心组织编审队伍。在征集和分析相关高等职业院校的申报材料的基础上，充分考虑不同院校的专业优势及教学创新改革进程及成果等，慎重确定每一教材参加编审的骨干人员，并根据教师提供的编写提纲、编写思路与样章等，由“高等职业教育产教融合新形态教材”食品类专业系列教材编审委员会及专家组遴选组建编写团队。同时，邀请高等职业院校、行业及生产企业的专家参与教材建设，审核编写提纲，后期对书稿进行严格审定。教材编写过程中，作者与审稿人员充分沟通，书稿反复修改，从而确保了教材内容的前瞻性、科学性及对一线岗位的适应性。

2.创新编写体例。本次教材建设重点在食品类专业基础课程和专业核心课程。以“项目引领，任务驱动”作为教材的基本框架，以职业岗位确立典型工作任务，以典型工作任务确定岗位能力需求，以能力需求确定学习项目与任务，突出了实践性、企业案例化与职业化，并与项目紧密关联。内容新颖、趣味性强是本系列教材的一大亮点。对专业基础课程，突破了传统的学科编写体例，参考模块式总体思路设计，创立新的编写体例，使教材既精炼又实用，有利于提高学生的学习效果与效率。

3.突出职业教育特色。教材编写体现了现代职业教育体系教学改革精神，该新形态系列教材将努力体现课程内容与职业标准对接、教学过程与生产过程对接的要求，反映高等职业教育专业课教学与思想政治理论课教学同向同行、职业技能与职业精神培养高度融合的特点，尤其是“项目引领，任务驱动”式教材，每一任务的活动规程，力求按工作任务的环节以表格任务单或实际案例形式进行编写与训练，突出操作环节与质量要求，促进职业技能培养与职业素养的紧密结合，实现教学与职业岗位的“零距离对接”。

4.新形态信息技术在系列教材中广泛应用。努力对食品类专业教材中的知识点与技能点进行信息化处理,使其表现形式更加多元化,提高智能化水平,突出趣味性与直观性,实现手机终端推送学习,采用微课、视频、动画等展示相关知识、专项实验、任务拓展与测试题答案等内容,充分体现了高等职业教育教材多元化创新的全新特色。

“高等职业教育产教融合新形态教材”食品类专业系列教材基本覆盖了食品智能加工、食品生物技术、食品营养与健康与食品检验检测技术等食品类专业的专业基础课程与专业核心课程。系列教材既充分强调了食品科学的实践性,同时又充分考虑了食品产业与基础理论的有机结合,努力做到每种教材间内容相互补充、相互衔接,构成一个完整的课程体系。系列教材主要作为高等职业教育食品类专业的相关课程教材,也可作为现代食品企业相关技术人员及专业技术工人的培训、参考用书。

“高等职业教育产教融合新形态教材”食品类专业系列教材的顺利出版,是全国近60所高职学院及部分食品企业等共同奋斗的结果。编写过程中所做的许多探索,为进一步推进高等职业教育教材建设的改革与创新提供了有益的经验。我们真诚地希望,以此为契机,进一步有效加强与各高等职业院校及食品企业的交流与合作,不断拓展食品类专业新形态系列教材合作开发的思路,创新教材开发的模式与服务方式。让我们共同努力,为深化高等职业教育食品类专业教育教学改革与人才培养质量的提高,发挥积极的推动作用。

中国农业大学出版社

2020年7月

前　　言

以党的二十大精神为指引，贯彻全国高校思想政治会议和教育部《高等学校课程思政建设指导纲要》精神，落实立德树人的根本任务，深入学习贯彻《国家职业教育改革实施方案》(国发〔2019〕4号，又称“职教二十条”)和《关于实施中国特色高水平高职学校和专业建设计划的意见》，推进高等职业教育专业教学标准的落实，有效推进产教融合、校企合作及“学历证书+若干职业技能等级证书”(“1+X”粮农食品安全评价)制度试点工作，紧紧围绕培养现代食品生产第一线需要的“会技术，有素质，能发展”的高等职业教育食品检验技能型人才，并遵循高等职业教育的基本特点和规律，我们编写了《食品微生物检验技术》教材。

食品微生物检验是食品检验与质量安全管理的重要组成部分，“食品微生物检验技术”是高职高专食品检验类专业的一门职业技术核心课程，是食品微生物检验员岗位支撑课程，其前导课程是“食品微生物”。

本教材采用项目引领、任务驱动的模式，紧紧围绕食品微生物检验岗位工作任务设置编写内容。教材编写组成员在市场调研的基础上，依据食品行业发展趋势和食品微生物检验员的典型工作任务，经多次讨论后确定了学习项目并分解出学习任务形成了教材的内容体系。教材内容除涵盖菌落总数检验、大肠菌群检验、霉菌和酵母检验、致病性微生物检验外，还涵盖生产环境微生物检验、产品微生物全指标检验，并将微生物检验样品采集及样品处理方法贯穿于产品检验之中。

本教材具有以下特点：

1.结合农产品和食品产业发展、微生物检验岗位工作要求、学生成长发展需求和期待，以立德树人为根本，采取文化涵养、榜样引领、素养浸润等方式将社会主义核心价值观、产业发展大事、劳模事迹和优秀传统文化等思政素材与教材内容有机融合形成了案例。着重培养学生尚农、筑安、守正、创新”的职业精神，强化“安全、规范、严谨、细致”的检验素养，锻造“乐学、善学、协作、共享”的发展品质。

2.建立了产品标准引领方法标准的新形式。学习任务对接典型工作任务，引入产品标准帮助学生建立完整的微生物检验工作思路，使其知道为何要检验这个项目，为何要采用这个方法检验这个项目，且能有理有据地判断产品或单项指标是否符合要求。

3.引入快检技术。教材引入了进出口检验检疫标准和地方标准，以及一些新的技术和方法，包括生物荧光法、免疫学方法和分子生物学方法等快速检测方法作为传统微生物分离和理化鉴定的有益补充。

4.配套了数字化资源。为每个学习任务精心设计了PPT，为核心项目配套了操作示范视频，方便学生自主学习。

5.内容覆盖专业标准要求，支撑“1+X”粮农食品安全评价等级证书考核。

本书项目一由宋京城编写，项目二由范丽平编写，项目三由钟旭美编写，项目四由潘嫣丽编写，项目五由曲春波编写，项目六由薛香菊编写，项目七由常玉梅编写，项目八和项目九由刘婷婷和胡晓文编写，项目十由王福红编写，项目十一由范丽平和董昕编写，项目十二由潘嫣丽编写。全书由范丽平统稿。品测（上海）检测科技有限公司高级工程师董昕等对本书的编写提出了许多宝贵的建设性的指导意见，并参与了部分内容的编写，从而保证教材内容与食品检验企业工作实际相结合，也使学生能更加适合食品检验企业的用人需要。

广东食品药品职业学院食品学院院长黄国平教授、上海农林职业技术学院农业生物与生态技术系主任张江副教授、漳州职业技术学院食品工程学院余奇飞副教授与中央农业广播电视学校陈肖安同志等对教材内容进行了初审与最终审定，在此一并表示感谢。

由于编者水平有限，加之时间仓促，教材中存在着不同程度和不同形式的错误和不妥之处，衷心希望广大读者及时发现并指出，更希望广大读者对教材编写提出宝贵意见，以便修订时进一步提高和完善。

编　者

2023 年 11 月

目　　录

项目一

认知微生物检验工作

【项目背景】

人类加工食品的历史可以追溯到8000年前，直到现代食品工业的出现，如何防止食品腐败和避免食源性疾病的传播，一直是食品加工过程中需要解决的基本问题。随着社会的发展和时代的进步，人们的生活水平和质量也不断提高，人们在享受美食的同时越来越重视食品安全问题。食品安全不能保证，不仅影响食品的质量，也影响食品行业未来的发展，近年来由微生物污染导致的食品安全问题时有发生，引发了社会的广泛关注。

【学习目标】

知识目标

1. 了解食品中常见微生物和常见致病菌
2. 熟悉食品微生物检验的范围
3. 掌握病原微生物分类和微生物实验室生物安全水平分级
4. 理解食品微生物检验实验室的设计与要求
5. 知道微生物实验室人员考核的主要内容

能力目标

1. 能够解释食品安全与微生物的关系
2. 能够规范地完成取样和检验前样品的处理工作
3. 能够安全规范地管理和使用无菌室
4. 能够按照微生物实验室要求整理、分区各功能室，初步准备相关设备

素质目标

1. 具有食品安全国家标准和安全生产的社会责任感、法律与诚信意识
2. 具有依法规范自己行为的意识和习惯，具备实验室管理的基本素质
3. 认识资源共享意义，践行学习资源共享

任务一　认知微生物检验工作内容

任务描述

在食品加工、运输、贮藏、销售等各环节，如果不能做好防护措施，大量微生物便会在食品中繁殖，影响食品的质量与安全。此外，食品中的微生物也是各种疾病的诱因，严重威胁着人们的身体健康。因此，学生要高度重视食品微生物的检验，熟悉食品中常见微生物和致病菌，掌握微生物检验范围与内容，明晰微生物检验工作流程，并能完成食品的取样和检验前处理任务。

学习导图

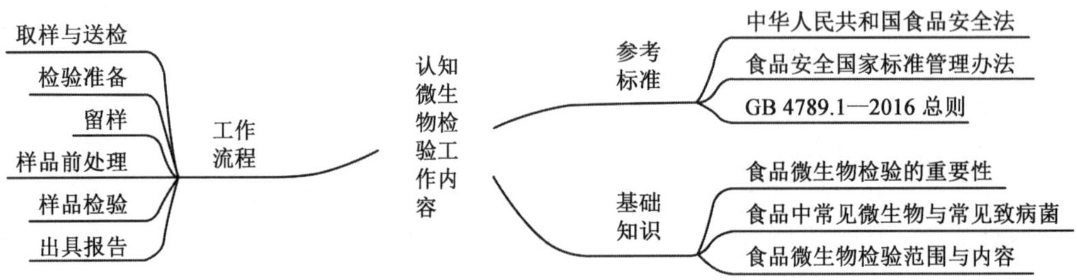

相关知识

一、参考标准

中华人民共和国食品安全法

食品安全国家标准管理办法

GB 4789.1—2016 食品安全国家标准　食品微生物学检验　总则

二、食品微生物检验的重要性

食品微生物检验具有重要的现实意义。①食品微生物检验结果能反映食品加工环境卫生情况，为质量安全管理工作提供科学依据。良好的食品加工环境是食品安全的重要前提和基本保证。微生物检验技术能够有效判断食品加工环境情况，鉴别影响食品加工环节中的有害物质，为食品卫生管理提供了重要的技术支撑。②食品微生物检验能防止和减少食物中毒和人畜共患病的发生。食品中的微生物常常会诱发各种疾病，严重影响人们的生命健康，甚至会产生大型人畜共患病暴发的威胁。微生物检验技术能够确保食品质量达标，排查出有害食品，可以极大地降低食品诱发疾病的可能性，从而保证人们的身体健康和生命安全。③食品微生物检验技术能够促进社会的有序发展，避免因食品安全而带来的不必要损失。健康的食品是当下发展之需，能够稳定社会发展，促进社会和谐。

三、食品中常见的微生物

(一)细菌

1. 革兰氏阳性菌

革兰氏阳性菌主要包括乳酸杆菌属、链球菌属、明串珠菌属、芽孢杆菌属、梭状芽孢菌属、微球菌属和葡萄球菌属等。

2. 革兰氏阴性菌

革兰氏阴性菌主要包括假单胞菌属、醋酸杆菌属、无色杆菌属、产碱杆菌属、黄色杆菌属、大肠埃希菌属、沙门氏菌属、志贺氏菌属、变形杆菌属等。

(二)酵母

食品中常见的酵母主要包括酵母菌属、毕氏酵母属、汉逊酵母属、假丝酵母属、红酵母属、球拟酵母属、丝孢酵母属等。

(三)霉菌

食品中常见霉菌主要包括毛霉属、根霉属、曲霉属、青霉属、木霉属、交链孢霉属、葡萄孢霉属、芽枝霉属、镰刀菌属、地霉属、链孢霉属、枝霉属、分枝孢霉属、红曲霉属等。

四、食品中常见的致病菌

食品致病菌指可以引起食物中毒或以食品为传播媒介的致病性菌类。致病菌直接或间接污染食品及水源,人经口感染可导致肠道传染病的发生及食物中毒以及畜禽传染病的流行。食源性致病菌是导致食品安全问题的重要来源。常见的致病菌主要包括以下几种:沙门氏菌、致病性大肠杆菌、金黄色葡萄球菌、肉毒梭菌、单核细胞增生李斯特杆菌、蜡样芽孢杆菌、志贺氏菌、变形杆菌、产气荚膜梭菌、空肠弯曲杆菌、阪崎肠杆菌、副溶血性弧菌、小肠结肠炎耶尔森氏菌、黄曲霉等。

五、食品微生物检验的内容

(一)检验范围

食品在加工、贮藏等各个环节,均可能受到微生物的污染。食品被污染的机会和原因很多,包括食品生产环境的污染、食品原料的污染、食品加工过程的污染等。食品微生物检验的范围包括以下几方面。

1. 生产环境的检验

生产环境的检验包括车间用水、空气、地面、墙壁等的检验。

2. 原辅料的检验

原辅料的检验包括主料、辅料、添加剂等一切原辅材料的检验。

3. 食品加工、贮藏、销售诸环节的检验

食品加工、贮藏、销售诸环节的检验包括食品从业人员的健康及卫生状况、加工工具、运输车辆、包装材料等的检验。

4. 食品的检验

食品的检验包括对出厂食品、可疑食品及食物中毒食品的检验,这是食品微生物检验的重点范围。

(二)微生物检验内容

食品微生物检验的内容主要有菌落总数、大肠菌群和致病菌三大项，除了这三大项之外，有时候还需要检测霉菌及其毒素、病毒、寄生虫等。

1. 菌落总数

菌落总数是指食品检样经过处理，在一定条件下(如培养基、培养温度和培养时间等)培养后，所得每克(毫升)检样中形成的微生物菌落总数。按国家标准方法规定，即在需氧情况下，36℃培养 48 h(水产品 30℃培养 72 h)，能在普通营养琼脂平板上生长的细菌菌落总数，所以厌氧或微需氧菌、有特殊营养要求的细菌，以及非嗜中温的细菌，由于现有条件不能满足其生理需求，故难以繁殖生长。因此菌落总数并不表示实际中的所有细菌总数，菌落总数并不能区分其中细菌的种类，所以有时被称为杂菌数、需氧菌数等。

2. 大肠菌群

大肠菌群是指在一定培养条件下能发酵乳糖、产酸产气的需氧和兼性厌氧革兰氏阴性无芽孢杆菌，通常根据 MPN 法和平板计数法进行检验。MPN 法是统计学和微生物学结合的一种定量检验法。待测样品经系列稀释并培养后，根据其未生长的最低稀释度与生长的最高稀释度，应用统计学概率论推算出待检样品中大肠菌群的最大可能数。平板计数法是大肠菌群在固体培养基中发酵乳糖产酸，在指示剂的作用下形成可计数的红色或紫色，带有或不带有沉淀环的菌落，以此来进行间接计数。

3. 致病菌

致病菌是能够引起人们发病的微生物。食品中病原细菌的种类很多，在 GB 4789 系列标准中，不同致病菌的检验方法是不同的。对不同的食品和不同的场合，应该选择一定的参考菌群进行检验。例如，海产品中以副溶血性弧菌作为参考菌群，蛋与蛋制品以沙门氏菌、金黄色葡萄球菌和变形杆菌作为参考菌群，米面食品以蜡样芽孢杆菌、变形杆菌、霉菌等作为参考菌群，罐头食品以耐热性芽孢杆菌作为参考菌群等。

4. 霉菌及其毒素

霉菌广泛分布于自然界。有些霉菌污染食品后，在适宜条件下能够产生毒素，人和动物食用了被霉菌毒素污染的食品后可能引起急性或慢性中毒，甚至引发肿瘤。例如曲霉属的黄曲霉、寄生曲霉等，青霉属的橘青霉、岛青霉等，镰刀菌属的串珠镰刀霉等。我国还没有制定霉菌具体指标，常见的污染食品的产毒霉菌主要分布在曲霉属、镰刀菌属和青霉属这 3 个属中，产生的霉菌毒素包括黄曲霉毒素、赭曲霉毒素、镰刀菌毒素和青霉菌毒素等。

5. 其他指标

微生物指标还应包括病毒如肝炎病毒、猪瘟病毒、口蹄疫病毒、狂犬病病毒、猪水泡病毒等。另外，从食品检验的角度考虑，寄生虫也被很多学者列为微生物检验的指标，如旋毛虫、囊尾蚴、蛔虫、肺吸虫、弓形体、螨等。

六、食品微生物检验工作流程

(一)检验前准备

(1)准备好所需的各种仪器，如冰箱、恒温水浴箱、显微镜等。

（2）各种玻璃仪器，如吸管、平皿、广口瓶、试管等均需刷洗干净，湿法（121℃，20 min）或干法（160～170℃，2 h）灭菌，冷却后送无菌室备用。

（3）准备好检验所需的各种试剂、药品，做好普通琼脂培养基或其他选择性培养基，根据需要分装试管或灭菌后倾注平板，保存在46℃的水浴中或4℃的冰箱中备用。

（4）无菌室灭菌，如用紫外灯法灭菌，时间不应少于30 min，关灯30 min后方可进入工作。如用超净工作台，需提前30 min开机。必要时进行无菌室的空气检验，把琼脂平板暴露在空气中15 min，培养后每个平板上不得超过15个菌落。

（5）检验人员的工作衣、帽、鞋、口罩等灭菌后备用。工作人员进入无菌室后，试验没完成前不得随便离开无菌室。

（二）样品采集与送检

1. 样品采集原则

（1）根据检验目的、食品特点、批量、检验方法、微生物的危害程度等确定取样方案。

（2）应采用随机原则取样，确保所采集的样品具有代表性。

（3）取样过程遵循无菌操作程序，防止一切可能的外来污染。

（4）样品在保存和运输的过程中，应采取必要的措施防止样品中原有微生物的数量变化，保持样品的原有状态。

2. 常用的取样方案

采用什么样的取样方案主要取决于检验的目的，目的不同，取样方案也不同。目前国内外使用的取样方案多种多样，如一批产品采若干个样后混合在一起检验，可按百分比抽样、按食品的危害程度不同抽样、按数理统计的方法决定抽样个数等。不管采取何种方案，对抽样代表性的要求是一致的。最好对整批产品的单位包装进行编号，实行随机抽样。下面列举出较为常见的几种取样方案。

（1）ICMSF的取样方案　国际食品微生物标准委员会（ICMSF）所建议的取样计划是目前世界各国在食品微生物工作中常用的取样计划。我国目前实施的GB 4789.1—2016《食品安全国家标准　食品微生物学检验　总则》吸纳了ICMSF1986年出版的《食品微生物2　微生物检验的抽样原理及特殊应用》第二版的抽样理论。

ICMSF提出的取样基本原则是各种微生物本身对人的危害程度各有不同。食品经不同条件处理后，其危害度变化情况分为三种情况，即危害度降低、危害度未变和危害度增加。应根据产品的这些特性来设定抽样计划，并规定其不同采样数。另外，将检验指标对食品安全的重要程度分成一般、中等和严重三档，根据以上危害度的分类，又将取样方案分成二级法和三级法。

二级法：设定取样数 n，指标值 m，超过指标值 m 的样品数为 c，只要 $c>0$，就判定整批产品不合格。

三级法：设定取样数 n，指标值 m，附加指标值 M，介于 m 与 M 之间的样品数 c，只要有一个样品值超过 M 或 c 规定的数就判整批产品不合格。

（2）美国FDA的取样方案　美国食品药品监督管理局（FDA）的取样方案与ICMSF的取样方案基本一致，所不同的是严重指标所取的15个、30个、60个样可以分别混合，混合的样品量最大不超过375 g。也就是说所取的样品每个为100 g，从中取出25 g，然后将15个25 g混合成一个375 g样品，混匀后再取25 g作为试样检验，剩余样品妥善保存备用。

(3)联合国粮农组织(FAO)规定的食品微生物质量 FAO/WHO 2013 年版《食品安全应急中应用风险分析原则和程序的指南》一书中列举了各种食物的微生物限量标准和取样方案。

3.取样方法

1)取样数量

每批样品要在容器的不同部位采取,一般定型包装食品采取一袋/瓶(不少于 250 g)及散装食品采取 250 g。

2)取样方法

取样必须在无菌操作下进行。根据样品种类取样。袋装、瓶装和罐装食品,应采用完整的未开封的样品。如果所采集样品的体积较大,取样时则应采用无菌取样器取样。固体粉末样品,应边取边混合。液体样品通过振摇混匀后取样。冷冻食品应保持冷冻状态(可放在冰内、冰箱的冷盒内或低温冰箱内保存),非冷冻食品需在 1～5℃中保存。

国际食品微生物标准委员会对食品的混合、加工类型、贮存方法及微生物检验项目的抽样方法都有详细的规定。

(1)液体样品　通常情况下,液态食品较容易获得代表性样品。液态食品(如牛奶、奶昔、糖浆)一般盛放在大罐中,取样时,可连续或间歇搅拌(可使用灭菌的长柄勺搅拌),对于较小的容器,可在取样前将液体上下颠倒,使其完全混匀。较大的样品要放在已灭菌的容器中送往实验室。实验室在取样检验之前应将液体再彻底混匀一次。

(2)固体样品　依所取样品材料的不同,所使用的工具也不同。固态样品常用的取样工具有灭过菌的解剖刀、勺子、软木钻、锯子和钳子等。面粉或奶粉等易于混匀的食品,其成品质量均匀、稳定,可以抽取小样品检验。但散装样品就必须从多个点取大样,且每个样品都要单独处理,在检验前要彻底混匀,并从中取一份样品进行检验。

肉类、鱼类或类似的食品既要在表皮取样又要在深层取样。深层取样时要小心不要被表面污染。有些食品,如鲜肉或熟肉可用灭菌的解剖刀和钳子取样;冷冻食品可在不解冻的状态下用锯子、木钻或电钻(一般斜角钻入)等获取深层样品;粉末状样品取样时,可用灭过菌的取样器斜角插入箱底,样品填满取样器后提出箱外,再用灭过菌的小勺从上、中、下部位采样。

(3)表面取样　通过惰性载体可以将表面样品上的微生物转移到合适的培养基中进行微生物检验,这种惰性载体既不能引起微生物死亡,也不应使其增殖。这样的载体包括清水、拭子、胶带等。取样后,要使微生物长期保存在载体上,既不死亡又不增殖十分困难,所以,应尽早地将微生物转移到适当的培养基中。转移前耽误的时间越长,品质评价的可靠性就越差。

表面取样技术只能直接转移菌体,不能做系列稀释,只有在菌体数量较少时才适用。其最大优点是检验时不破坏食品样品。以下介绍几种较常见的表面取样技术。

a.棉拭子法。进行定量检测时,必须先用灭菌取样框(塑料或不锈钢等)确定被测试的区域。

b.淋洗法。此法是用 10 倍于样品的灭菌稀释液(质量比)对样品进行淋洗,得到 10^{-1} 的样品原液,这种取样方法可用于香肠、干果、蔬菜等食品。报告结果时,应注明该结果仅代表样品表面的细菌数。

c.胶带法。此法要用不干胶胶带或不干胶标签。不干胶标签的优点是能把采样的详细情况写在标签的背面，取样后贴在粘贴架上。不干胶胶带取样后同样需转接到一个无菌粘贴架上。这种方法可用于检验食品表面和仪器设备表面的微生物。胶带和标签制成后，可用易挥发溶液进行短时间的灭菌。注意必须确保灭菌后的胶带无菌或残留的微生物失去活性。

胶带或标签的一端要向内弯回 1 cm 左右以方便使用。取样时，把胶带从粘贴架上取下压在待测物质表面，迅速取样后，重新粘回到模版上。送到实验室后，将胶带（或标签）从粘贴架上取下，压在所需培养基表面。

d. 琼脂肠法。琼脂肠由无菌圆塑料袋（或塑料筒）和加入其中的无菌琼脂培养基制成。可在实验室制作，有些国家也有成品出售。使用时，在琼脂的末端无菌切开，将暴露的琼脂面压在样品表面，用无菌解剖刀切下一薄片，放在培养皿上培养。

e. 影印盘法。影印盘是一种无菌的塑料盘，也可称为"触盘"，可以从许多生产厂商处买到。制作时按要求在容器中央填满足够的琼脂培养基，并形成凸状面，需要时，将琼脂表面压在待测物表面。取样后再放入适当的温度培养。

f. 触片法。此法是用一个无菌玻片触压食品表面，带回实验室。固定染色（如革兰氏染色法）后在显微镜下检测；也可以将取样的玻片压在倒有培养基的平板上，将细菌转接到琼脂表面，（用无菌镊子）移去玻片后，培养平板。这种方法不能用于菌体计数，但能快速判断优势菌落的类型，对生肉、禽肉和软奶酪等食品更为适用。

g. 表层切片法。它是用灭菌解剖刀或镊子切取一薄层表层样品。这种方法最适用于家禽皮肤的取样。将样品放入装有适当稀释液的容器中，均质后得到初始浓度为 10^{-1} 的样品原液。

（4）带包装食品

直接食用的小包装食品尽可能取原包装，在检验前不要开封，以防污染。

（5）桶装或大容器包装的液体食品和固体食品

注意每份样品应用灭菌抽样器由几个不同部位采取，一起放入一个灭菌容器内；不要使样品过度潮湿，以防食品中固有的细菌繁殖。

桶装或大容器包装冷冻食品应注意对于大块冷冻食品，应从几个不同部位用灭菌工具抽样，使之有充分的代表性。在将样品送达实验室前，要始终保持样品处于冷冻状态。样品一旦融化，不可使其再冷冻，保持冷却即可。

（6）检验厌氧微生物的食品

取样检验厌氧微生物时，很重要的一点是食品样品中不能含有游离氧。例如，在肉的深层取少量样品后，要避免使之暴露在空气中；如只能抽取小样品，或需使用棉拭子取样时，就要用一种合适的转接培养基来降低氧的浓度。

（7）生产工序监测取样

a. 车间用水。自来水样从车间各水龙头上采取冷却水；汤料等从车间容器不同部位用 100 mL 无菌注射器抽取。

b. 车间台面、用具及加工人员手的卫生监测。用 5 cm^2 孔无菌取样板及 5 支无菌棉签擦拭 25 cm^2 面积，若所采表面干燥，则用无菌稀释液湿润棉签后擦拭；若表面有水，则用棉签擦拭，擦拭后立即将棉签头用无菌剪刀剪入盛样容器。

c. 车间空气取样。直接沉降法，即将 5 个直径 90 mm 的普通营养琼脂平板分别置于车间的四角和中部，打开平板盖 5 min，然后盖上盖送检。

(3)取样标签

取样前或取样后应贴上标签，每件样品必须标记清楚，如品名、来源、数量、取样地点、取样人及取样时间等。

4. 样品送检与存放

(1)采集好的样品应及时送到微生物检验室，越快越好，一般不应超过 3 h。如果路途遥远，可将不需冷冻的样品保持在 1～5℃的环境中，勿冻结，以免细菌遭受破坏；如需保持冷冻状态，则需保存在泡沫塑料隔热箱内(如箱内有干冰，可维持在 0℃以下)，应防止反复冰冻和融解。

(2)样品送检时，必须认真填写申请单，以供检验人员参考。

(3)检验人员接到送检单后，应立即登记，填写序号，并按检验要求放在冰箱或冰盒中，并积极准备条件进行检验。

(三)样品处理

样品处理应在无菌室内进行，若是冷冻样品必须事先在原容器中解冻 2～5℃不超过 18 h 或 45℃不超过 15 min，一般固体样品处理方法有以下几种。

1. 捣碎均质法

将 100 g 或 100 g 以上样品剪碎混匀，从中取 25 g 放入带 225 mL 稀释液的无菌均质杯中，8 000～10 000 r/min 均质 1～2 min，这是对大部分食品样品都适用的办法。

2. 剪碎振摇法

将 100 g 或 100 g 以上样品剪碎混匀，从中取 25 g 进一步剪碎，放入带有 235 mL 稀释液和适量直径 45 mm 左右玻璃珠的稀释瓶中，盖紧瓶盖，用力快速振摇 50 次，振幅不小于 40 cm。

3. 研磨法

将 100 g 或 100 g 以上样品剪碎混匀，取 25 g 放入无菌乳钵充分研磨后再放入带有 225 mL 无菌稀释液的稀释瓶中，盖紧盖后充分摇匀。

4. 整粒振摇法

有完整自然保护膜的颗粒状样品(如蒜瓣、青豆等)可以直接称取 25 g 整粒样品放入带有 225 mL 无菌稀释液和适量玻璃珠的无菌稀释瓶中，盖紧瓶盖，用力快速振摇 50 次，振幅在 40 cm 以上。冻蒜瓣样品若剪碎或均质，由于大蒜素的杀菌作用，所得结果会大大低于实际水平。

5. 胃蠕动均质法

这是国外使用的一种新型均质样品的方法，即将一定量的样品和稀释液放入无菌均质袋中，开机均质。具体操作可参考机器的操作说明。

(四)检验操作

1. 选择检验方法

每种指标都有一种或几种检验方法，可根据不同的食品、不同目的来选择恰当的检验方法。通常所用的常规检验方法为现行国家标准或国际标准(如 FAO 标准、WHO 标准等)，或食品进口国的标准(如美国 FDA 标准、日本厚生省标准、欧共体标准等)。应根据食品的消费去向选择相应的检验方法。

2. 检验要求

食品卫生微生物检验室接到检验申请单时，应立即登记，填写试验序号，并按检验要求立即将样品放在冰箱或冰盒中，积极准备条件进行检验。检验人员须按照标准操作规程进行检验操作，边工作边记录原始数据；检验结束后连同记录结果一起交于技术人员复核，若发现错误，复核人应通知检验人员更正，重新复核后，检验人员和复核人须在原始记录上签名，并编写“检验记录底稿”；所有项目检测完成后，检验人员将所有材料交上级全面校核。

3. 样品保留

一般阳性样品发出后 3 d(特殊情况可适当延长)方能处理样品；进口食品的阳性样品，需保存 6 个月方能处理。阴性样品可及时处理。微生物检验不进行复检。

(五)结果报告

样品检验完毕后，检验人员应及时填写报告单，签名后送主管人核章，以示生效，并立即交给食品卫生监督人员处理。

七、食品微生物检验机构

我国的食品安全监管部门主要有国家市场监督管理总局、中华人民共和国国家卫生健康委员会、农业农村部及公安机关等部门。目前，全国各地食品检验机构发展情况不尽相同。食品安全法规定食品检验机构按照国家有关认证认可的规定取得资质认定后，方可从事食品检验活动。食品检验机构的资质认定条件和检验规范，由国务院食品安全监督管理部门规定。符合食品安全法规定的食品检验机构出具的检验报告具有同等效力。食品生产企业可以自行对所生产的食品进行检验，也可以委托符合本法规定的食品检验机构进行检验。食品行业协会和消费者协会等组织、消费者需要委托食品检验机构对食品进行检验的，应当委托符合本法规定的食品检验机构进行。

理论习题

一、填空题

1. 食品中常见的微生物主要有________、________和________。

2. 食品微生物的检验范围包括________、________、________和________。

3. 我国卫生部门颁布的《食品卫生微生物学检验总则》中食品微生物检验的内容主要有菌落总数、大肠菌群和________三大项。

4. 食品微生物检验的取样方法具体操作中，非冷冻食品需在________℃中保存。

5. 食品微生物检验的样品处理中，一般固体样品处理方法主要包括：捣碎均质方法、剪碎振摇法、研磨法、________和________。

二、选择题

1. 下列不属于革兰氏阳性菌的是____。

A. 链球菌属　　B. 芽孢杆菌属

C. 明串珠菌属　　D. 无色杆菌属

2. 大肠菌群是指在一定培养条件下能发酵乳糖、产酸产气的____革兰氏阴性无芽孢杆菌。

A. 需氧和兼性厌氧　　B. 厌氧和兼性需氧

C. 需氧　　D. 厌氧

3. 无菌室灭菌，如用紫外灯法灭菌，时间不应少于____，关灯 30 min 后方可进入工作。

A. 30 min　　B. 45 min

C. 50 min　　D. 55 min

4. 在微生物检验中，样品可分为大样、中样、小样三种。大样指一整批。中样是从样品各部分取的混合样，一般为____。小样又称为检样，一般以____为准用于检验。

A. 200 g；20 g　　B. 200 g；25 g

C. 250 g；20 g　　D. 250 g；25 g

三、判断题

1. 美国食品和药品监督管理局(FDA)的取样方案与 ICMSF 的取样方案基本一致，所不同的是严重指标所取的 15 个、30 个、60 个样可以分别混合，混合的样品量最大不超过 375 g。(　　)

2. 研磨法处理样品中，需要将 100 g 或 100 g 以上样品剪碎混匀，取 25 g 放入无菌乳钵充分研磨后再放入带有 250 mL 无菌稀释液的稀释瓶中，盖紧盖后充分摇匀。(　　)

3. 食品生产企业可以自行对所生产的食品进行检验，也可以委托符合本法规定的食品检验机构进行检验。(　　)

四、综合题

食品微生物检验的特点有哪些？

技能操作

为掌握某批次冷冻生虾中副溶血性弧菌的污染情况，请规范地完成冷冻生虾取样和样品处理工作，填写表 1-1。冷冻生虾取样评分标准见表 1-2。

表 1-1　冷冻生虾取样记录单

<table>
<tr><td>班级</td><td></td><td>姓名</td><td></td><td>学号</td><td></td><td>组别</td><td></td></tr>
<tr><td colspan="2">取样依据</td><td colspan="6"></td></tr>
<tr><td colspan="2">取样方案</td><td colspan="6"></td></tr>
<tr><td colspan="2">物品准备</td><td colspan="6">取样工具：________________。
样品盛装容器：________________。
样品处理稀释液：溶液名称________________，体积________ mL。
样品处理设备：________________。</td></tr>
<tr><td colspan="2">取样操作</td><td colspan="6">取样位置：
取样数量：
样品运送条件：</td></tr>
<tr><td colspan="2">样品处理操作</td><td colspan="6">解冻：________℃，________ h 或 min(划掉不适宜的单位)。
处理样品份数：________份。每份质量________ g。
样品处理采用的方法：________________。</td></tr>
<tr><td colspan="5">取样人员：</td><td colspan="3">取样日期：</td></tr>
</table>

表 1-2　冷冻生虾取样评分表

班级		姓名		学号		组别	
编号	配分	评分细则描述					得分
01	25	取样准备	依据明晰,得 5 分 方案准确,得 5 分 取样工具选择合适,得 5 分 盛装容器选择合适,得 5 分 取样工具及盛装容器灭菌规范,得 5 分				
02	25	取样操作	取样具有代表性,得 5 分 取样数量准确,得 5 分 及时做好样品标记,得 5 分 样品运送条件适宜,得 5 分 取样过程遵循无菌操作,得 5 分				
03	25	样品处理准备	配制适量稀释液,得 5 分 稀释液盛装、包扎规范,得 5 分 灭菌操作安全意识强、操作规范,得 5 分 解冻条件适宜,得 5 分 练习使用前处理设备,得 5 分				
04	25	样品处理	样品处理方法选择正确,得 5 分 称量样品准确,得 5 分 准确加入稀释液,得 5 分 样品处理均匀,得 5 分 取样过程遵循无菌操作,得 5 分				
合计得分							

任务二　认知微生物检验工作环境

任务描述

微生物实验室是微生物检验工作的核心场所,食品微生物检验涉及致病性微生物检验。因此,实验室的生物安全防控是非常重要的,国家历来重视此项工作。国务院 2004 年发布第 424 号令《病原微生物实验室生物安全管理条例》(该案例分别于 2016 年、2017 年、2018 年进行三次修订),国家相关部门先后发布了 GB 50346—2011《生物安全实验室建筑技术规范》,GB 19489—2008《实验室　生物安全通用要求》等,并推行按 CNAS-CL05:2009《实验室生物安全认可准则》进行 CNAS(中国合格评定国家认可委员会)认证。这些标准和条例是微生物实验室生物安全管理工作的有力保障和依据,也是从事微生物检验工作前需要学习和掌握的。

学习导图

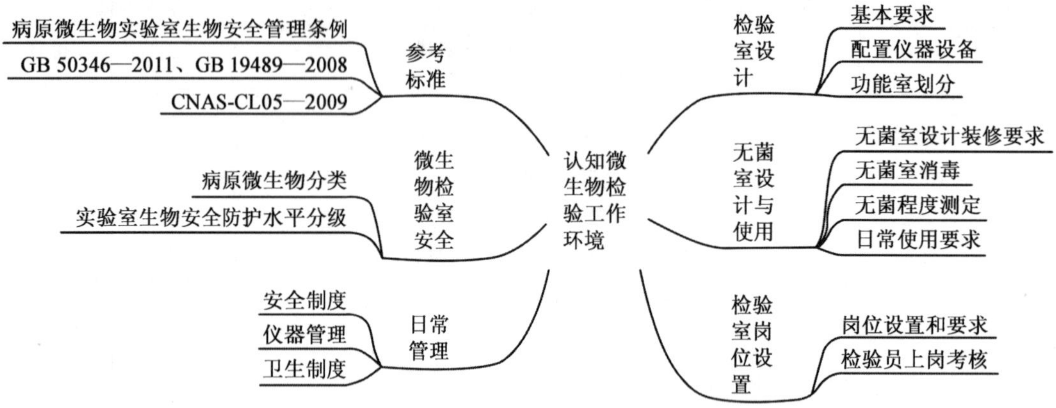

相关知识

一、参考标准

病原微生物实验室生物安全管理条例
GB 50346—2011 生物安全实验室建筑技术规范
GB 19489—2008 实验室　生物安全通用要求
CNAS-CL05:2009 实验室生物安全认可准则

二、微生物实验室安全

微生物实验室生物安全管理涉及的主要法规要求和依据有 2004 年国务院令第 424 号《病原微生物实验室生物安全管理条例》、2006 年国家环境保护总局令第 32 号《病原微生物实验室生物安全环境管理办法》、GB 50346—2011《生物安全实验室建筑技术规范》和 GB 19489—2008《实验室　生物安全通用要求》等。实验室可以依据相关法规的要求和实验室自身情况，制定符合实验室生物安全管理的制度。从人员防护、样品和环境保护的角度出发，制定相应的生物安全防护制度。通过实验室设计建造，使用个体防护措施，严格遵守标准化工作及操作程序，不断采取综合措施，确保周围环境不受污染。另外，要将生物安全实验室的特殊危害告知实验室人员，使他们建立生物安全防护意识，同时要熟悉实验室生物安全管理制度并将其落实到位。

(一)病原微生物分类

国家根据病原微生物的传染性、感染后对个体或者群体的危害程度，将病原微生物分为四类:第一类病原微生物，是指能够引起人类或者动物非常严重疾病的微生物，以及我国尚未发现或者已经宣布消灭的微生物。第二类病原微生物，是指能够引起人类或者动物严重疾病，比较容易直接或者间接在人与人、动物与人、动物与动物间传播的微生物。第三类病原微生物，是指能够引起人类或者动物疾病，但一般情况下对人、动物或者环境不构成严重危害，传播风险有限，实验室感染后很少引起严重疾病，并且具备有效治疗和预防措施的微生物。第四类病原微生物，是指在通常情况下不会引起人类或者动物疾病的微生物。

(二)实验室生物安全防护水平分级

国家根据实验室对病原微生物的生物安全防护水平,并依照实验室生物安全国家标准的规定,将实验室分为一级、二级、三级、四级,一级防护水平最低,四级防护水平最高。一级、二级实验室不得从事高致病性病原微生物实验活动。三级、四级实验室可以从事高致病性病原微生物实验活动。

BSL-1、BSL-2、BSL-3、BSL-4(bio-safety level,BSL)分别表示从事体外操作的实验室的相应生物安全防护水平。国务院认证认可监督管理部门确定的认可机构应当依照实验室生物安全国家标准以及本条例的有关规定,对三级、四级实验室进行认可;实验室通过认可的,颁发相应级别的生物安全实验室证书,证书有效期为5年。

生物安全防护水平为一级(BSL-1)的实验室适用于操作在通常情况下不会引起人类或者动物疾病的微生物。

生物安全防护水平为二级(BSL-2)的实验室适用于操作能够引起人类或者动物疾病,但一般情况下对人、动物或者环境不构成严重危害,传播风险有限,实验室感染后很少引起严重疾病,并且具备有效治疗和预防措施的微生物。食品微生物检验实验室一般为此类实验室。二级生物安全实验室必须配备生物安全柜、高压蒸汽灭菌器、洗眼器等。

生物安全防护水平为三级(BSL-3)的实验室适用于操作能够引起人类或者动物严重疾病,比较容易直接或者间接在人与人、动物与人、动物与动物间传播的微生物。

生物安全防护水平为四级(BSL-4)的实验室适用于操作能够引起人类或者动物非常严重疾病的微生物,以及我国尚未发现或者已经宣布消灭的微生物。

三、实验室日常管理和安全使用

(一)安全制度

(1)着装要求　在实验区域必须穿工作服,扣好所有扣子。裤长必须到脚踝以下。在实验室的办公区域,可暂时不穿工作服,但工作服必须放在指定地点。

(2)饮水进食　禁止在实验区域进食、喝水等。

(3)门窗　提前通知实验室负责人在实验开始前开启门窗。结束实验后及时关好门窗。

(4)技术资料　必须具备良好的保密意识。对于不清楚保密级别的资料,必须及时询问直接上级。

(5)必须设有生物安全柜,药品试剂应标签清楚、存放整齐,生物危险标志必须齐全、醒目,危险品和有毒试剂领用及保管需严格按照相关要求执行。

(6)在实验区域要集中注意力,注意人身安全,牢固树立“安全第一”的观念。对进行有危险及较大危害的实验,实验者有责任提醒实验室其他人员注意,提高防范意识。

(7)废弃物的处理必须放置于指定地点并按相关规定集中统一处理。

(二)仪器管理

(1)检验人员使用仪器时必须严格按照使用方法操作,不得私自操作,使用完成后将仪器整理干净,放回原位,保持仪器关闭状态。对于实验室租用的仪器,须填写租用仪器详单,得到领导签字,并妥善保管,保证完好归还。

(2)需要进行外校,应由实验室管理员送校,并要保证在外校期间,实验室仪器使用正常,无缺少，以保证实验正常的进行。

(3)实验室仪器保证贴有统一标志，对合格、准用、停用仪器严格区分，绝不违规使用。仪器损坏时需及时联系专人修理，修理产生的费用要填写报销单进行统一报销。对于新购进的仪器需进行校准，并贴标、填写仪器档案。

(4)仪器设备需要借用时，需要借用人员填写“仪器借用登记单”，仪器管理人员在仪器外借前需要认真检查仪器的状态，符合使用要求才能外借。借用人员须保持仪器设备的完整性及完好性，确保仪器设备在借用期间无损坏。如有损坏，按损坏程度进行相应处罚。

(三)卫生制度

(1)实验室、工作室卫生由专人负责定期清扫。

(2)进入实验室必须更换工作鞋服，工作鞋服严禁在实验楼外使用，并要及时清洗，保持洁净。

(3)保持室内桌面、地面、门窗、仪器设备整齐无尘，室内陈设干净整齐。实验完毕后保持实验仪器关闭和实验室卫生整洁。

(4)实验室严禁吸烟和随地吐痰。

(5)实验废弃物需放在指定地点，严禁乱扔乱放。

四、食品微生物检验实验室的设计与要求

(一)基本要求

食品微生物检验实验室一般按 BSL-2 标准进行设计和建设。用于食品中指示菌和常见食源性致病菌检验的微生物实验室门口应张贴生物危险警示牌，且要有合适的限制外来人员进入的措施。微生物实验室要依据工作流程设置各个功能区，且功能区的位置要符合单向工作流程的要求。各功能区的采光、温度、噪声、照度、清洁度、压力均要符合工作及生物安全的要求。检验室要与准备室分开，两室的墙壁和地面应光滑易清洗。

实验室应具有优良的采光条件和照明设备，并具有良好的通风条件，每个房间除要设置能够达到灭菌要求的紫外灯外，还需准备无菌操作所需的器具。实验设备应放置于适宜的环境条件下，经常检查、维护和保养，以确保工作性能和操作安全。

(二)实验室主要仪器设备

微生物检验常用的仪器设备主要有：生物安全柜、显微镜、电冰箱、培养箱、水浴锅、均质器、电子天平、电炉、分光光度计、灭菌锅、超净工作台、紫外线灯等。仪器设备可根据工厂实际情况和检验项目进行选择和配置。

(三)食品微生物检验室的各功能室

食品微生物检验室的功能室主要包括办公室、通用实验室、灭菌室、更衣室、缓冲室、培养室、无菌室等。

(1)办公室　实验室的办公室是检验工作人员办公的地方，其面积应在 20 m^2 左右，通风采光好，内设基本的办公桌、椅、电脑、存放资料和留样的柜等。检验工作人员可以在办公室里登记待检验的样品、出检验报告和处理有关的文件资料等，也可供工作人员在工作过程中放松休息，以便更清醒地思考、分析和解决问题。

(2)通用实验室　通用实验室是供进行微生物检验准备工作和非无菌操作实验时使用的。

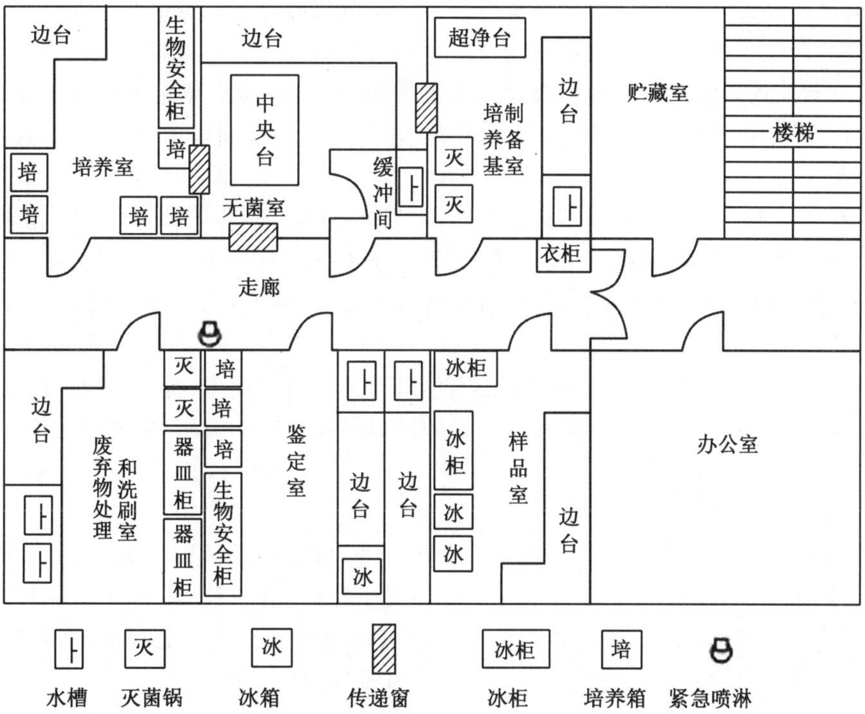

图 1-1 食品微生物检验实验室布局草图

通用实验室应设有较大的长方形工作台作为实验操作台,台下设计了各专用仪器柜,台面用石板加塑胶垫等不易腐蚀和稳固耐用的材料,并设有专用搁物架。另外,通用实验室还应设置一个适当大小的通风橱,配有排气系统和给排水系统,如水槽及水槽上的各种水龙头。实验室的地面设计为水磨石地面,这样容易清洁和不易积水,方便工作。通用实验室还应有良好的通风照明设备和消防设施。

为了方便实验工作的开展,通用实验室通常配备常用的仪器(分光光度计、pH 计、烘箱、电炉等)及常用的各种玻璃器皿和常用的各种化学试剂、药品。此外,还应配有清洁用工具和工作服。如果工厂条件许可,检验人员可以根据分工,各自拥有专用的实验工作台,以便快速、高效地完成检验任务。

(3)灭菌室　灭菌室是培养基及有关检验材料灭菌的场所。灭菌设备是高压设备,具有一定的危险性,所以灭菌室应与办公室保持一定距离,以保证安全。为方便工作,灭菌室通常设在通用实验室附近并与之保持一定距离(如隔一条走廊的距离或小房间的距离),使用时应有专人操作。灭菌室内安装有灭菌锅等灭菌设备。有条件的工厂可以配置更好的仪器设备(如双扇高压灭菌柜和安全门等设施)。另外,灭菌室里应水电齐备,并有防火措施和设备,人员要遵守安全操作制度。

(4)更衣室　更衣室是为进行微生物检验时进入无菌室之前的工作人员更衣、洗手的地方。室内设置无菌室及缓冲室的电源控制开关,并放置无菌操作时穿的工作服、鞋、帽子、口罩等。

(5)缓冲室　缓冲室是进入无菌室之前所经过的房间,安装有鼓风机,以减少操作人员进入无菌室时的污染，保证实验结果的准确性。进口和出口通常是呈对角线位置，以减少空气直接对流造成的污染。要求比较高的微生物检验项目，如对致病菌的检验，应设有多个缓冲室。

(6)培养室　培养室是微生物检验时培养微生物的房间，通常要配备恒温培养箱、恒温水浴锅及振荡培养箱等设备，或整个房间安装保温、控温设备。房间要求保持清洁，有防尘、隔噪声等功能。

(7)无菌室　无菌室是微生物检验过程无菌操作的场所，要求密封、清洁，安装紫外灯和空调设备(带过滤设备)及传递物品用的传递小窗，传递小窗应向缓冲室内开口以减少污染，方便工作。另外，无菌室内还应配备超净工作台和普通工作台，从事致病菌检验工作要安装生物安全柜。

出于实际工作情况考虑，灭菌室与准备室可以合并在一起使用，有条件的工厂还可以设置样品室和仪器室。总的来说，微生物检验室的硬件建设要合理和实用，讲究科学性。

五、无菌室的使用技术

无菌室一般是在微生物实验室内专辟一个小房间，可以用板材和玻璃建造。材料应防火、隔音、隔热、耐腐蚀、耐水蒸气渗透、易清洁，要解决用瓷砖、乳胶漆、涂料等作墙面易生霉、积尘、剥落、不易清洁等问题。无菌室的地面常用环氧树脂自流平氧化漆漫涂，能耐腐蚀、耐磨、易清洁。无菌室设计面积不宜过大，4～5 m^2 即可，屋顶高 2.5 m 左右。

无菌室应设有无菌操作间和缓冲间，无菌操作间洁净度(洁净区内等于或大于某粒径的空气悬浮粒子的浓度)应达到 10 000 级，室内温度保持在 20～24℃，湿度保持在 45%～60%。超净台洁净度应达到 100 级。

无菌室应保持清洁，严禁堆放杂物，以防污染。严防一切灭菌器材和培养基污染，已污染者应停止使用。需要带入无菌室使用的仪器、器械、器皿等一切物品，均应包扎严密，并应经过适宜的方法灭菌。无菌室使用前必须打开无菌室的紫外灯辐照灭菌 30 min 以上，并且同时打开超净台进行吹风。操作完毕，应及时清理无菌室，再用紫外线灯辐照灭菌 20 min。

无菌室应备有工作浓度的消毒液，如 5%石炭酸等，应定期用适宜的消毒液灭菌清洁，以保证无菌室的洁净度符合要求。消毒方法有：①根据无菌室的净化情况和空气中含有的杂菌种类，可采用不同的化学消毒剂。如果霉菌较多，先用 5%石炭酸全面喷洒室内，再用甲醛熏蒸；如果细菌较多，可采用甲醛与乳酸交替熏蒸。②加热熏蒸。按熏蒸空间计算甲醛溶液，将其盛在小铁筒内，用铁架支好，铁架下放酒精灯，在酒精灯内注入适量酒精，将室内各种物品准备妥当后，点燃酒精灯，关闭门窗，任甲醛溶液煮沸挥发。酒精灯内酒精最好能在甲醛溶液蒸发完后即自行熄灭。③氧化熏蒸。准备一瓷碗或玻璃容器，称取高锰酸钾(甲醛用量的 1/2)倒入，另外量取定量的甲醛溶液，室内准备妥当后，把甲醛溶液倒在盛有高锰酸钾容器的器皿内，立即关门。几秒钟后，甲醛溶液即沸腾而挥发。高锰酸钾是一种强氧化剂，当它与一部分甲醛溶液作用时，由氧化作用产生的热可使其余的甲醛溶液挥发为气体。熏蒸后关门密闭应保持 12 h 以上。

工作人员进入无菌室前，必须用肥皂或消毒液洗手消毒，然后在缓冲间更换专用工作服、鞋、帽、口罩和手套(或用 70%的乙醇再次擦拭双手)，方可进入无菌室进行操作。

供试品在检查前，应保持外包装完整，不得开启，以防污染。检查前，用 70%的酒精棉球消毒外表面。每次操作过程中，均应做阴性对照，以检查无菌操作的可靠性。

无菌室应每月检查菌落数。在超净工作台开启的状态下，取内径 90 mm 的无菌培养皿若干，无菌操作分别注入熔化并冷却至约 45℃的营养琼脂培养基约 15 mL，放至凝固后，倒置于 30～35℃培养箱内培养 48 h，证明无菌后，取平板 3～5 个，分别放置工作位置的左、中、右等处，开盖暴露 30 min 后，倒置于 30～35℃培养箱内培养 48h，取出检查。100 级洁净区平板杂菌数平均不得超过 1 个菌落，10 000 级洁净室平均不得超过 3 个菌落。如超过限度，应对无菌室进行彻底消毒，直至重复检查合乎要求为止。

六、微生物实验室岗位和人员管理

(一)岗位设置和要求

微生物实验室检验及管理人员需要具有专业的微生物学背景，有无菌操作、生物防护、生物安全柜维护等方面的专业知识和技能；禁止色盲色弱人员从事微生物检验工作。

常规微生物检验实验室可设置主管 1 名，全面负责实验室检验工作，其负责实验室各类内外活动及人员工作的安排分派；负责实验室样品的及时检验及原始记录的出具；负责实验室仪器设备良好运转、人员检验能力的培养；负责实验室检验工作标准化操作流程的把控、实验室质量控制活动有效性的评价等。除此之外，主管应具备微生物检验经验及相关专业知识和技术能力，且具备一定团队管理经验。可设置质量控制人员 1～2 名，主要负责检验活动的质量控制，检验用试剂和耗材的评价验收，标准物质标准菌株的使用管理、方法验证等工作，要具备优秀的专业技术能力和严谨的工作态度。依据工作量设置检验人员若干名，主要负责微生物样品的检验及原始记录的汇总，需要熟悉检验标准及产品标准等相关检验方法，能够敏锐地识别检验中的风险点。同时还可设置助理检验员若干名，主要负责实验过程中样品的领取接收及检验结束后样品的处理。另外，微生物实验室还需要设置 1 名质量监督员，监督员应为不参与实验室日常工作的专业人员，且需要具备微生物检验的专业知识和丰富的操作经验。

(二)人员要求

1. 实验人员卫生

非必要的物品不要带进实验室，必须带进的物品(包括帽子、围巾等)应放在不影响实验操作的地方。实验人员实验前要洗手，以减少染菌的概率；要穿干净白色工作服。微生物学工作者在进行实验操作时应穿上白色工作服，离开时脱去，并经常洗涤以保持清洁。实验室内严禁吸烟，不准吃东西，切忌用舌舔标签、笔尖或手指等物，以免感染。接种时尽量不要走动和讲话，以免因尘埃飞扬和唾沫四溅而导致杂菌污染。实验完毕，立即整理和擦净台面，离开实验室之前要用肥皂洗手。值日生负责打扫实验室及进行安全检查(门窗、水、电等)。

2. 操作注意事项

每次实验前须用湿布擦净台面，必要时可用 0.1％的“新洁尔灭”溶液擦拭。在进行微生物实验操作时，要关闭门窗，以防空气对流。各种仪器应按要求操作，用毕按原样放置妥当。凡须进行培养的材料，都应注明菌名、接种日期及操作者姓名(或组别)，放在指定的温箱中进行培养，按时观察并如实地记录检验结果，按时交检验报告。

3. 器皿灭菌消毒

含菌器具要消毒后清洗，凡用过的带菌移液管、滴管或涂布棒等，在实验后应立即投入 5％

石炭酸或其他消毒液中浸泡 20 min，然后再取出清洗，以免污染环境。含培养物的器皿要杀菌后清洗。在清洗带菌的培养皿、三角瓶或试管等之前，应先煮沸 10 min 或进行加压蒸汽灭菌。

4. 要注意节约药品、器材和水、电。

(三)上岗考核

检验机构的微生物实验室上岗考核是衡量工作水平的一个有效手段，人员上岗考核主要涉及 4 个方面。

课程思政 共享

(1)微生物检验基本操作技术考核：如无菌操作、平板倾注、平板划线、接种等。

(2)生物安全实验技术考核：如标准菌株活化、传代、保存、灭活等。

(3)特殊样品的处理：对特殊样品如非无菌包装类样品的接收检验处理方法，主要考察人员的风险识别及风险意识。

(4)检验过程的质量控制：如对工作过程中的对照设置，主要考察质控意识。微生物检验结果的正确出具依赖多方对照。如果在检验过程中考虑不全面，将无法保障结果的准确性。

理论习题

一、填空题

1. 根据病原微生物的传染性、感染后对个体或者群体的危害程度，将病原微生物分为四类。其中第二类病原微生物，是指能够引起人类或者动物________疾病，比较________或者________在人与人、动物与人、动物与动物间传播的微生物。

2. 国家根据实验室对病原微生物的生物安全防护水平，并依照实验室生物安全国家标准的规定，将实验室分为一级、二级、三级、四级，________防护水平最低，________防护水平最高。

3. 二级生物安全实验室必须配备________、高压蒸汽灭菌器、洗眼器等。

4. 检验机构的微生物实验室人员上岗考核主要涉及 4 个方面，包括：微生物检验基本操作技术考核、生物安全实验技术考核、________和________。

二、选择题

1. 国务院认证认可监督管理部门确定的认可机构应当依照实验室生物安全国家标准以及本条例的有关规定，对三级、四级实验室进行认可；实验室通过认可的，颁发相应级别的生物安全实验室证书，证书有效期为____年。

A. 2　　B. 3

C. 4　　D. 5

2. 无菌室应设有无菌操作间和缓冲间，无菌操作间洁净度(洁净区内等于或大于某粒径的空气悬浮粒子的浓度)应达到____级。

A. 100　　B. 1 000

C. 10 000　　D. 100 000

3. 无菌室超净台洁净度应达到____级。

A. 100　　B. 1 000

C. 10 000　　D. 100 000

三、判断题

1. 病原微生物分为四类，第三类病原微生物，是指在通常情况下不会引起人类或者动物疾病的微生物。(　　)

2. 在实验室日常管理和安全使用中，在实验室的办公区域，可暂时不穿工作服，但工作服必须放在指定地点。(　　)

3. 仪器设备需要借用时，仪器管理人员在仪器外借前需要认真检查仪器的状态，符合使用要求即可外借。(　　)

4. 无菌室室内温度保持在20～24℃，湿度保持在45%～60%为宜。(　　)

5. 检验机构的微生物实验室上岗考核是衡量工作水平的一个有效手段，实验室把考核工作要做细做实，抓住微生物领域的关键考核点，使上岗考核发挥应有的作用。(　　)

四、综合题

依据无菌室结构要求，将一间长4 m、宽3 m的实验室改造设计成无菌室，绘制无菌室结构简图。

技能操作

全面准备无菌室沉降菌检验所需的物品，规范地完成检验操作，如实记录检验结果，填写表1-3。无菌室沉降菌检验评分标准见表1-4。

表1-3　无菌室沉降菌检验记录单

班级		姓名		学号		组别	
检验依据							
无菌室洁净水平及面积							
检验项目及限值							
物品准备	配制培养基：称量________培养基________g，加入________mL水溶解，盛装于________mL锥形瓶中。 包扎平皿：包扎直径________mm平皿________个。						
干热灭菌	物品名称：　　　　　　　　灭菌条件：						
湿热灭菌	物品名称：　　　　　　　　灭菌条件：						
设备准备	水浴锅恒温至________℃；培养箱恒温至________℃； 无菌室杀菌________min，净化工作台杀菌________min。						
菌落沉降	请绘制沉降布点图 沉降时间：						

续表 1-3

结果记录					
空白板菌落数					
菌落数					
平均值					
培养条件					
实测结果					
标准值					
单项检验结论					
检验人员：			检验日期：		

表 1-4　无菌室沉降菌检验评分表

班级		姓名		学号		组别	
编号	配分	评分细则描述					得分
01	20	配制培养基	培养基选择正确，称量规范，检查天平是否平衡，称量质量准确，得 5 分 蒸馏水量取准确，培养基溶解均一，稀释液溶解均一，得 5 分 锥形瓶规格选择合适，包扎捆绑操作规范，得 5 分 平皿规格选择正确，数量准确，包扎捆绑操作规范，得 5 分				
02	10	灭菌	灭菌方法选择正确，得 5 分 灭菌操作规范，安全意识强，得 5 分				
03	10	设备准备	规范地进行操作环境灭菌，得 5 分 培养箱温度设置准确，水浴锅温度设置准确，得 5 分				
04	20	制备平板	进出无菌室遵循规则，得 5 分 遵循无菌操作规则，得 5 分 开板熟练，开口大小适宜，培养基倾注量在 15～20 mL，得 5 分 准确判断培养基凝固，得 5 分				
05	25	菌落沉降	进出无菌室遵循规则，得 5 分 布点合理，得 5 分 开板沉降，得 5 分 沉降开始，人离开无菌室，得 5 分 沉降时间准确，得 5 分				
06	15	检验结果	空白对照未长菌落，得 5 分 菌落计数与计算准确，得 5 分 结果报告规范，得 5 分				
合计得分							

项目二

菌落总数检验

【项目背景】

菌落总数可以预测食品贮藏期限，及时反映食品加工过程是否符合卫生要求，是判断食品卫生质量的重要依据之一。在我国的食品安全相关标准中，针对各类不同的食品分别制定了菌落总数数量限值，借以控制食品污染的程度，是食品微生物检验频度最高的指标。

菌落总数测定方法有平板计数法、纸片法、直接显微计数法、流式细胞计数法、还原试验法、阻抗法和 ATP 生物荧光法等。

【学习目标】

知识目标

1. 了解生乳菌落总数限量要求
2. 清晰地表达出菌落总数检验步骤和注意事项
3. 分析出适宜的梯度
4. 清晰地表达出菌落计数规则，菌落总数的计算和结果的报告方法
5. 理解 ATP 生物荧光法快速检测菌落总数的原理

能力目标

1. 规范地完成生乳微生物检验物品准备
2. 规范地完成生乳菌落总数的检验，包括样品制备、梯度稀释和倾注培养操作
3. 按照菌落计数规则进行菌落总数的计数，会分析菌落总数结果计算的 6 种情况并熟练地完成计算，得出检验结论并规范地填写报告
4. 熟练地完成 ATP 生物荧光法快速检测乳中的菌落总数并填写检测报告

素质目标

1. 树立细致严谨的微生物检验工作作风
2. 认识担当精神对企业、行业发展和对人民健康的重要性

任务一　平板计数法检验生乳中的菌落总数

任务描述

生鲜乳质量安全是整个奶业质量安全的源头和基础，农业农村部发布的《2019 中国奶业质量报告》显示 2019 年我国生鲜乳合格率为 99.9%，质量监管功不可没。

乳制品生产企业也要对生乳进行检验，合格的生鲜乳可用于纯牛奶、发酵乳和婴幼儿配方乳粉等产品的加工。除了感官和理化指标，也要进行微生物检验。具体要检验哪些微生物指标呢？如何检验呢？请查阅相关标准，进行标准解读后完成生乳的微生物检验并提交检验报告单。

学习导图

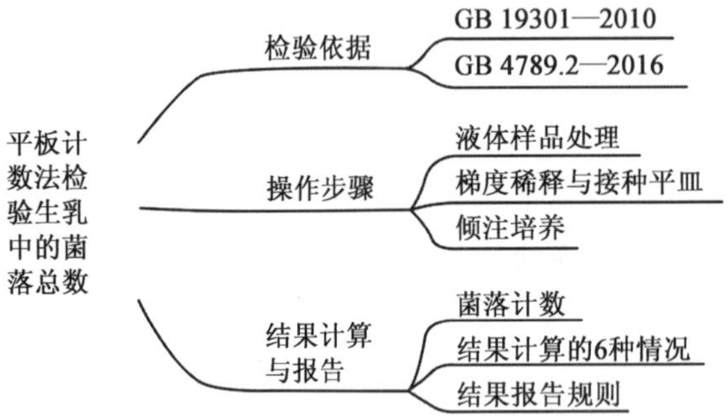

责任坚守　品质担当

——检验任务启动

相关知识

一、参考标准

GB 19301—2010 食品安全国家标准　生乳

GB 4789.2—2016 食品安全国家标准　食品微生物学检验　菌落总数测定

二、生乳微生物指标限量

生乳是指从符合国家有关要求的健康奶畜乳房中挤出的无任何成分改变的常乳。产犊后七天的初乳、应用抗生素期间和休药期间的乳汁、变质乳不应用作生乳。

GB 19301—2010《食品安全国家标准 生乳》明确了生乳微生物检验指标为菌落总数，应采用的检验方法为 GB 4789.2，菌落总数限量值为 2×10^6 CFU/g(mL)（表 2-1）。

表 2-1　生乳微生物限量

项目	限量/[CFU/g(mL)]	检验方法
菌落总数	$\leqslant 2\times10^6$	GB 4789.2—2016

三、菌落总数

(一)菌落总数的概念

菌落总数是指食品检样经过处理,在一定条件下(如培养基、培养温度和培养时间等)培养后,所得每克(毫升)检样中形成的微生物菌落总数。

菌落总数往往少于样品中实际的细菌数,一是特定的培养条件不能满足每种细菌的生长,二是食品检样中的细菌细胞是以单个、成双、链状或成堆的形式存在的,因而在平板上出现的菌落可以来源于细胞块,也可以来源于单个细胞。因此,平板上所得需氧和兼性厌氧菌菌落数不应报告为活菌数,而应以单位质量、容积或表面积内的菌落或菌落形成单位数(colony forming units,CFU)报告。

(二)菌落总数的检验原理

将样品稀释,使样品悬液中的微生物充分分散,定量接种 1 mL 到平皿中和培养基充分混匀。理想状态下,微生物在培养基中分散而呈单个存在,一个菌体长出一个肉眼可见的菌落,计算菌落数可推出菌体数,最终以菌落形成单位数(CFU)报告。

任务实施

一、检验材料

(一)主要设备

恒温培养箱(36℃±1℃)、恒温水浴锅(46℃±1℃)、天平(感量为 0.1 g)、振荡器、菌落计数器等。

(二)主要培养基和试剂

平板计数培养基(PCA)、磷酸盐缓冲液、无菌生理盐水等。

(三)主要器皿

1 mL(具 0.01 mL 刻度)吸管、10 mL(具 0.1 mL 刻度)吸管、直径 90 mm 培养皿、250 mL 锥形瓶、500 mL 锥形瓶。

消毒及标记

二、检验程序

菌落总数检验程序见图 2-1。

三、操作步骤

(一)样品稀释、接种平皿、倾注培养基

以无菌吸管吸取 25 mL 生乳样品置盛有 225 mL 磷酸盐缓冲液或生理盐水的无菌锥形瓶(瓶内预置适当数量的无菌玻璃珠)中,充分混匀,制成 1∶10 的样品匀液。

取样

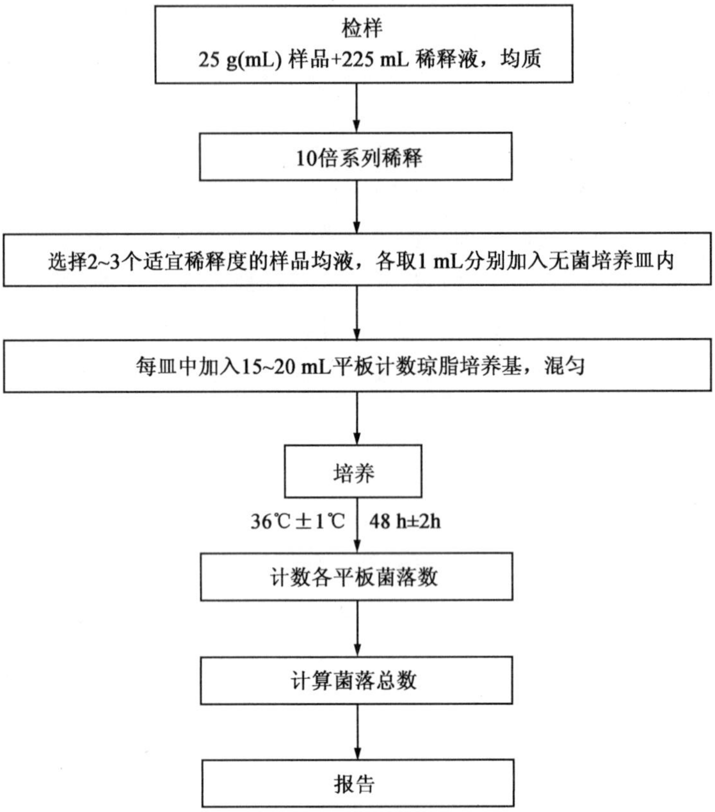

图 2-1 菌落总数的检验程序

> **特别提示：**固体和半固体样品称取 25 g 置盛有 225 mL 磷酸盐缓冲液或生理盐水的无菌均质杯内，8 000～10 000 r/min 均质 1～2 min，或放入盛有 225 mL 稀释液的无菌均质袋中，用拍击式均质器拍打 1～2 min，制成 1∶10 的样品匀液。

梯度稀释及接种平皿(1)

梯度稀释及接种平皿(2)

用 1 mL 无菌吸管或微量移液器吸取 1∶10 样品匀液 1 mL，沿管壁缓慢注于盛有 9 mL 稀释液的无菌试管中(注意吸管或吸头尖端不要触及稀释液面)，振摇试管或换用 1 支无菌吸管反复吹打使其混合均匀，制成 1∶100 的样品匀液。按此操作程序，制备 10 倍系列稀释样品匀液。每递增稀释一次，换用 1 次 1 mL 无菌吸管或吸头。

根据对样品污染状况的估计，选择 2～3 个适宜稀释度的样品匀液(液体样品可包括原液)，在进行 10 倍递增稀释时，吸取 1 mL 样品匀液于无菌平皿内，每个稀释度做两个平皿。同时，分别吸取 1 mL 空白稀释液加入两个无菌平皿内作空白对照。及时将 15～20 mL 冷却至 46℃的平板计数琼脂培养基(可放置于 46℃±1℃恒温水浴箱中保温)倾注平皿，并转动平皿使其混合均匀。

特别提示：从样品的稀释到倾注最后一个平皿的时间不得超过 15 min。

倾注培养

（二）培养

待琼脂凝固后，将平板翻转，36℃±1℃培养 48 h±2 h。

特别提示：水产品菌落总数测定时需要 30℃±1℃培养 72 h±3 h。

如果样品中可能含有在琼脂培养基表面弥漫生长的菌落时，可在凝固后的琼脂表面覆盖一薄层琼脂培养基(约 4 mL)，凝固后翻转平板再进行培养。

操作流程参考图 2-2。

课程思政
细节的力量

（三）菌落计数

可用肉眼观察，必要时用放大镜或菌落计数器，记录稀释倍数和相应的菌落数量。菌落计数以菌落形成单位(CFU)表示。

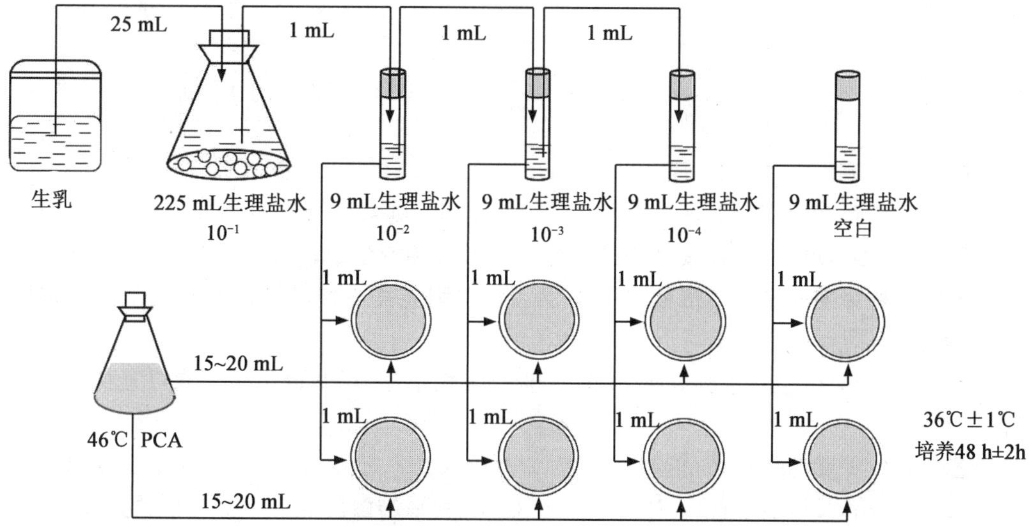

图 2-2　平板计数法检验生乳中菌落总数的操作流程图

选取菌落数在 30～300 CFU 之间、无蔓延菌落生长的平板计数菌落总数。低于 30 CFU 的平板记录具体菌落数，大于 300 CFU 的可记录为多不可计。每个稀释度的菌落数应采用两个平板的平均数。

其中一个平板有较大片状菌落生长时，则不宜采用，而应以无片状菌落生长的平板作为该稀释度的菌落数；若片状菌落不到平板的一半，而其余一半中菌落分布又很均匀，即可计算半个平板后乘以 2，代表一个平板菌落数。当平板上出现菌落间无明显界线的链状生长时，则将每条单链作为一个菌落计数。

课程思政
知其所以然

四、结果与报告

（一）菌落总数的计算方法

(1)若只有一个稀释度平板上的菌落数在适宜计数范围内，计算两个平板菌落数的平均值，再将平均值乘以相应稀释倍数，作为每克（毫升）样品中菌落总数结果。

（2）若有两个连续稀释度的平板菌落数在适宜计数范围内时，按下列公式计算：

$$N=\frac{\sum C}{(n_1+0.1n_2)d}$$

式中：N 为样品中菌落数；$\sum C$ 为平板（含适宜范围菌落数的平板）菌落数之和；n_1 为第一稀释度（低稀释倍数）平板个数；n_2 为第二稀释度（高稀释倍数）平板个数；d 为稀释因子（第一稀释度）。

示例：

稀释度	1∶100（第一稀释度）	1∶1 000（第二稀释度）
菌落数/CFU	232，244	33，35

$$N=\frac{\sum C}{(n_1+0.1n_2)d}$$

$$=\frac{232+244+33+35}{(2+0.1\times 2)\times 10^{-2}}=\frac{544}{0.022}=24727[\text{CFU/g(mL)}]$$

数据修约后，表示为 25 000 [CFU/g(mL)]或 2.5×10^4 [CFU/g(mL)]。

（3）若所有稀释度的平板上菌落数均大于 300 CFU，则对稀释度最高的平板进行计数，其他平板可记录为多不可计，结果按平均菌落数乘以最高稀释倍数计算。

（4）若所有稀释度的平板菌落数均小于 30 CFU，则应按稀释度最低的平均菌落数乘以稀释倍数计算。

（5）若所有稀释度（包括液体样品原液）平板均无菌落生长，则以小于 1 乘以最低稀释倍数计算。

（6）若所有稀释度的平板菌落数均不在 30～300 CFU 之间，其中一部分小于 30 CFU 或大于 300 CFU 时，则以最接近 30 CFU 或 300 CFU 的平均菌落数乘以稀释倍数计算。

（二）菌落总数的报告

菌落数小于 100 CFU 时，按“四舍五入”原则修约，以整数报告。

菌落数大于或等于 100 CFU 时，第 3 位数字采用“四舍五入”原则修约后，取前 2 位数字，后面用 0 代替位数；也可用 10 的指数形式来表示，按“四舍五入”原则修约后，采用两位有效数字。

若所有平板上为蔓延菌落而无法计数，则报告菌落蔓延。

若空白对照上有菌落生长，则此次检测结果无效。

称重取样以 CFU/g 为单位报告，体积取样以 CFU/mL 为单位报告。

理论习题

一、填空题

1. 菌落总数检验从制备样品匀液到样品接种完毕，全过程不得超过________ min。

2. 菌落总数检验样液接种后，及时将凉至________℃的平板计数琼脂培养基倾注平皿，并转动平皿使其混合均匀。

3. 菌落计数时采用的3个稀释梯度分别是10^{-1}、10^{-2}和10^{-3}。培养后3个稀释梯度平板上生长出的菌落数依次是多不可计、多不可计，260、264，36、38，则被检验样品中的菌落数为________ CFU/mL(g)。

4. 活菌计数时采用的平皿规格为________。

5. 生乳中菌落总数的限量值为________。

二、选择题

1. 检验生乳菌落总数的培养条件是____。

A. 需氧，36℃±1℃，48 h±2 h　　B. 厌氧，36℃±2℃，72 h±3 h

C. 需氧，30℃±1℃，48 h±2 h　　D. 厌氧，30℃±2℃，72 h±3 h

2. 菌落计数时应选择菌落数在____的稀释度，用菌落数乘以稀释倍数报告之。

A. 5～10 CFU　　B. 10～20 CFU

C. 30～300 CFU　　D. 200～500 CFU

3. 检验水产品的菌落总数的培养温度是____。

A. 36℃±1℃　　B. 36℃±2℃

C. 30℃±1℃　　D. 30℃±2℃

4. 菌落总数报告时，若1∶10稀释度平板上生长的菌落数是多不可计；1∶100稀释度的平板上生长的菌落数是325 CFU和330 CFU；1∶1 000稀释度的平板上生长的菌落数是25 CFU和28 CFU，则被检样品中的菌落数为____。

A. 27 000 CFU/ g(mL)　　B. 26 500 CFU/ g(mL)

C. 32 800 CFU/ g(mL)　　D. 30 000 CFU/ g(mL)

三、判断题

1. 微生物检验时，若空白对照平板上有菌落生长，则此次检验结果无效。(　　)

2. 在进行菌落总数检验时，如果所有平板的菌落数均为零，则检验报告数据的结果也为零。(　　)

3. 微生物检验样品稀释时，同一支移液管不能插入不同稀释度的样液中。(　　)

4. 平板活菌计数法检出的菌落数比实际存在的要少。(　　)

5. 菌落总数计数平板上若有蔓延菌落生长，其片状不到平板的一半，而平板另一半中菌落分布又很均匀，即可计算半个平板上生长的菌落数后乘以2，代表一个平板的菌落数。(　　)

四、综合题

依据标准GB 10765和GB 4789.2绘制婴儿配方奶粉的菌落总数检验程序图。

技能操作

一、准备平板计数法检验生乳中菌落总数所需的物品

规范地准备平板计数法检验生乳中菌落总数所需的物品，并以够用、适度为原则，记录物品准备的要点信息，填写表 2-2。

表 2-2 平板计数法检验生乳中菌落总数物品准备记录单

<table>
<tr><td>班级</td><td></td><td>姓名</td><td></td><td>学号</td><td></td><td>组别</td><td></td></tr>
<tr><td>样品</td><td colspan="3"></td><td colspan="2">检验依据</td><td colspan="2"></td></tr>
<tr><td>检验项目及限值</td><td colspan="7"></td></tr>
<tr><td>配制培养基</td><td colspan="7">称量________培养基________ g，加入________ mL 水溶解，盛装于________ mL 锥形瓶中。</td></tr>
<tr><td>配制稀释液</td><td colspan="7">称量氯化钠________ g，加入________ mL 水溶解，待分装。</td></tr>
<tr><td>分装稀释液</td><td colspan="7">量取出________ mL 稀释液盛装于________ mL 锥形瓶中，内置________。
量取出________ mL 稀释液盛装于________ mm× ________ mm 试管中，共分装________支。</td></tr>
<tr><td>包扎器皿</td><td colspan="7">包扎________ mL 移液管________支，包扎________ mL 移液管________支。
包扎直径________ mm 平皿________个。</td></tr>
<tr><td>干热灭菌</td><td colspan="7">物品：　　　　　　　　　　　　　　条件：</td></tr>
<tr><td>湿热灭菌</td><td colspan="7">物品：　　　　　　　　　　　　　　条件：</td></tr>
<tr><td>设备准备</td><td colspan="7">水浴锅恒温至________℃；培养箱恒温至________℃；
无菌室及净化工作台杀菌________ min。</td></tr>
</table>

平板计数法检验生乳中的菌落总数物品准备考核共计 30 分，其中操作规范占 27 分，职业素养占 3 分，具体见评分表 2-3。

表 2-3 平板计数法检验生乳中菌落总数物品准备环节评分表

<table>
<tr><td>班级</td><td></td><td>姓名</td><td></td><td>学号</td><td></td><td>组别</td><td></td></tr>
<tr><td>编号</td><td>配分</td><td colspan="5">评分细则描述</td><td>得分</td></tr>
<tr><td>01</td><td>2</td><td>选择试剂</td><td colspan="4">培养基选择正确，得 1 分
稀释液成分选择正确，得 1 分</td><td></td></tr>
<tr><td>02</td><td>6</td><td>称量</td><td colspan="4">检查天平是否平衡，得 1 分
称量操作规范，得 3 分
称量质量准确，得 2 分</td><td></td></tr>
<tr><td>03</td><td>4</td><td>溶解</td><td colspan="4">蒸馏水量取准确，得 1 分
培养基溶解均一，得 2 分
稀释液溶解均一，得 1 分</td><td></td></tr>
</table>

续表 2-3

编号	配分	评分细则描述		得分
04	5	分装	锥形瓶规格选择合适,得 1 分 试管规格选择合适,得 1 分 量取、移液操作规范,得 2 分 分装数量准确,得 1 分	
05	4	包扎	吸管规格选择正确,数量准确,得 1 分 平皿规格选择正确,数量准确,得 1 分 包扎捆绑操作规范,得 2 分	
06	3	灭菌	灭菌方法选择正确,得 1 分 灭菌操作规范,得 2 分	
07	3	设备准备	操作环境灭菌规范,得 1 分 培养箱温度设置准确,得 1 分 水浴锅温度设置准确,得 1 分	
08	3	职业素养	使用灭菌设备时,有安全意识,得 1 分 使用实验资源时,有共享意识,得 1 分 操作过程中工作台整洁,得 1 分	
合计得分				

二、实施平板计数法检验生乳中的菌落总数

请在 15 min 内规范地完成平板计数法检验生乳中菌落总数的操作全过程,操作中注意提升自己的无菌意识,具体见表 2-4。

表 2-4　实施平板计数法检验生乳中的菌落总数

班级		姓名		学号		组别	
请根据实际操作情况绘制生乳微生物检验操作流程图或用文字记录检验操作过程。							

平板计数法检验生乳中的菌落总数操作考核的重点是操作熟练度、操作规范性和无菌操作等，具体评分细则见表 2-5。

表 2-5　平板计数法检验生乳中的菌落总数操作评分表

班级		姓名		学号		组别	
编号	配分	评分细则描述					得分
01	5	操作前准备	物品摆放合理，防止交叉污染且方便操作，得 2 分 进行台面消毒、手部消毒和物品消毒，得 2 分 平皿标识清楚(稀释度、检验人、检验日期等)，得 1 分				
02	5	取样	摇匀样品，得 2 分 无菌操作吸取 25 mL 样品置于 225 mL 生理盐水中，得 2 分 充分混匀，得 1 分				
03	4	吸量管的使用	右手持吸量管，得 2 分 移液过程未漏液且移液体积准确，得 2 分				
04	6	试管、三角瓶的使用	开、盖、持塞手法规范，得 2 分 开塞后、盖塞前烧试管口或瓶口，得 2 分 摇匀过程中，稀释液未沾到试管塞或瓶塞，得 2 分				
05	6	梯度稀释	稀释顺序正确，得 2 分 吸头尖端不触及低浓度试管里溶液，得 2 分 反复吹打或涡旋混匀，得 2 分				
06	6	接种平皿	稀释度的选择适宜，得 2 分 做空白对照，得 2 分 做平行，得 2 分				
07	6	倾注培养基	PCA 冷却至 46℃±1℃，得 2 分 倾注 PCA 适量(15～20 mL)，得 2 分 转动平皿混合均匀，培养基未溅到皿盖，得 2 分				
08	4	培养	准确判断 PCA 是否凝固，得 2 分 倒置于培养箱 36℃±1℃培养 48 h±2 h，得 2 分				
09	4	手法熟练	在酒精灯附近无菌区进行操作，得 2 分 在 15 min 内完成了取样到倾注培养的操作，得 2 分				
10	4	职业素养	无菌意识强，得 2 分 小心谨慎，过程中未损坏器皿，得 1 分 及时清洁整理台面，清洗物品，得 1 分				
合计得分							

三、平板计数法检验生乳中菌落总数的结果记录

规范地填写平板计数法检验生乳中菌落总数的结果记录表 2-6，确保数据的真实性。

表 2-6 生乳中菌落总数检验的结果记录

<table>
<tr><td>样品名称</td><td colspan="3"></td><td colspan="2">检验方法依据</td><td colspan="3"></td></tr>
<tr><td>样品编号</td><td colspan="3"></td><td colspan="2">样品状态</td><td colspan="3"></td></tr>
<tr><td>样品数量</td><td colspan="3"></td><td colspan="2">检验地点</td><td colspan="3"></td></tr>
<tr><td colspan="9">结 果 记 录</td></tr>
<tr><td>稀释度</td><td colspan="2"></td><td colspan="2"></td><td colspan="2"></td><td colspan="2">空白值</td></tr>
<tr><td>菌落数</td><td></td><td></td><td></td><td></td><td></td><td></td><td></td><td></td></tr>
<tr><td>平均值</td><td colspan="2"></td><td colspan="2"></td><td colspan="2"></td><td colspan="2"></td></tr>
<tr><td>培养条件</td><td colspan="4">温度：</td><td colspan="4">时间：</td></tr>
<tr><td>实测结果</td><td colspan="8"></td></tr>
<tr><td>标准值</td><td colspan="8"></td></tr>
<tr><td>单项检验结论</td><td colspan="8"></td></tr>
<tr><td colspan="4">检验人员：</td><td colspan="5">检验日期：</td></tr>
</table>

菌落生长情况是平板计数法检验生乳中菌落总数结果考核的重点，可反映操作的规范性、准确性、梯度选择的适宜性和无菌操作情况。另外，根据菌落生长情况选择适宜稀释度平板进行菌落计数，选择正确的方法进行结果计算也是考核的重点。具体评价参考表 2-7。

化繁为简 化乱为序
——结果计算与报告

表 2-7 生乳中菌落总数检验结果及记录考核评分表

<table>
<tr><td>班级</td><td></td><td>姓名</td><td></td><td>学号</td><td></td><td>组别</td><td></td></tr>
<tr><td>编号</td><td>配分</td><td colspan="5">评分细则描述</td><td>得分</td></tr>
<tr><td>01</td><td>8</td><td>菌落生长情况</td><td colspan="4">空白对照未长菌落，得 2 分
菌落在平板上分布均匀，得 2 分
相邻两个梯度菌落数十倍相比相差小于 5%，得 2 分
平行试验的两块平板菌落数相比小于 5%，得 2 分</td><td></td></tr>
<tr><td>02</td><td>5</td><td>原始记录</td><td colspan="4">试验数据直接填入原始记录表，得 2 分
空缺项规范用“/”表示，得 1 分
填写单位正确，得 1 分
无修改，得 1 分</td><td></td></tr>
<tr><td>03</td><td>7</td><td>菌落计数与结果报告</td><td colspan="4">菌落计数正确，得 1 分；
选取合适稀释度平板进行计算，得 2 分；
结果计算正确，得 2 分
结果的有效位数修约正确，得 1 分；
结论表述正确，得 1 分</td><td></td></tr>
<tr><td colspan="7">合计得分</td><td></td></tr>
</table>

任务二　ATP 生物荧光法快速检测生乳中的菌落总数

任务描述

快速检测方法在生乳的收购、分级中的应用是按质收奶的技术保障之一，ATP 生物荧光法快速检测菌落总数就是常被采用的方法。请认真学习 ATP 生物荧光法，完成生乳中菌落总数的快速检测。

学习导图

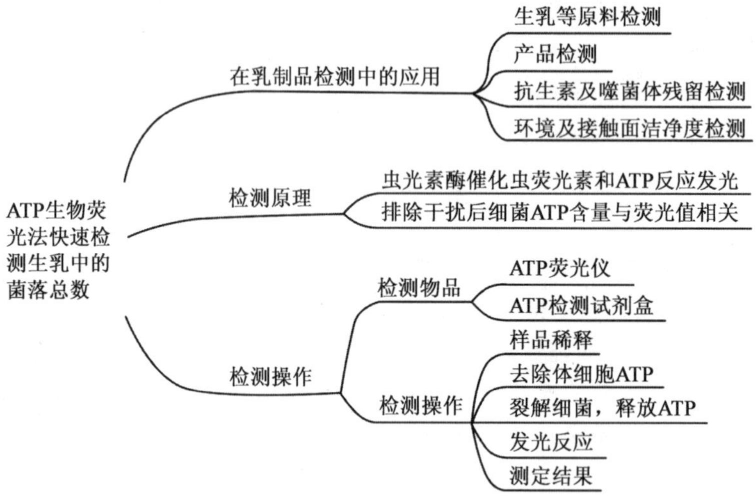

相关知识

一、参考标准

GB/T 36004—2018 食品接触表面消毒效果试验方法　三磷酸腺苷生物发光法

二、ATP 生物荧光法的优点及在乳品检测中的应用

ATP 生物荧光法检测时效性强，5 min 内即可检出结果。检测仪器便携、操作容易。它是乳品中菌落总数快速检测的常用方法。乳品企业收生乳时采用此方法进行菌落总数检测，可对生乳的品质做出快速判断，不合格的生乳当场拒收，合格的可根据检测结果对其进行分级。此方法也可用于预测巴氏杀菌奶的货架期，UHT 奶的无菌检测，牛奶中抗生素或噬菌体残留的快速检测。此外，在乳制品的生产过程中，采用此方法检测菌落总数，可以加强对设备卫生、环境卫生、个人卫生的管理。利用 ATP 生物荧光检测菌落总数，能及时知道清洗消毒的状况，如果不符合标准，可以重新进行清洗消毒，起到事先控制的作用。

三、ATP 生物荧光法快速检测菌落总数的原理

在有氧的条件下，虫光素酶催化虫荧光素和 ATP 之间发生氧化反应，形成氧化荧光素并

发出荧光。当反应系统中虫光素酶和虫荧光素处于过量的情况下时，荧光的强弱取决于ATP的数量。检样中细菌细胞越多，ATP量越高，发出的荧光也就越强。由于虫光素酶对ATP的反应非常灵敏，荧光强弱可通过荧光仪10～15 s内计量。所以，在排除样品中非细菌ATP干扰的情况下，通过荧光值就能确定样品中细菌ATP的含量，确定细胞数量(图2-3)。

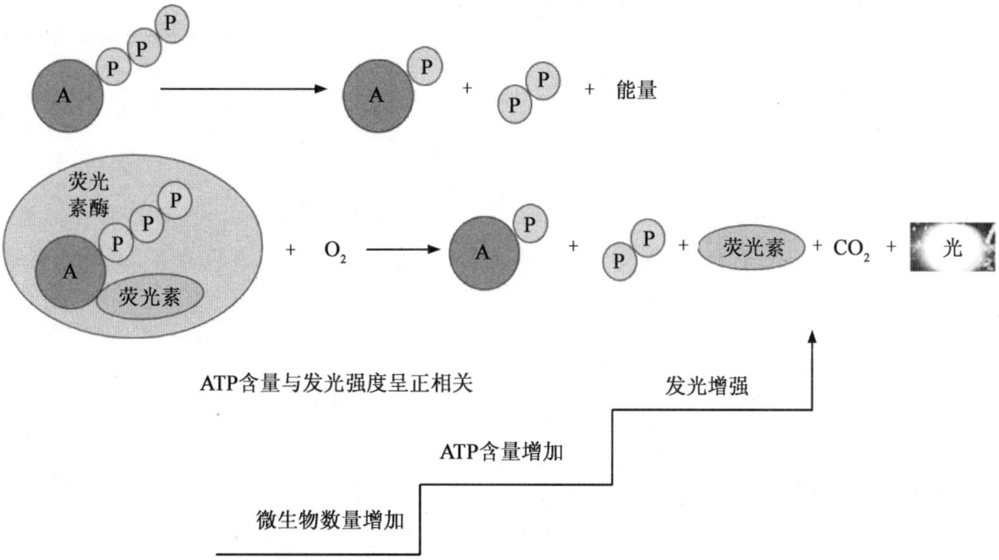

图2-3　ATP生物荧光法快速检测菌落总数原理图

任务实施

一、检验材料

(一)主要设备

ATP荧光检测仪(图2-4)。

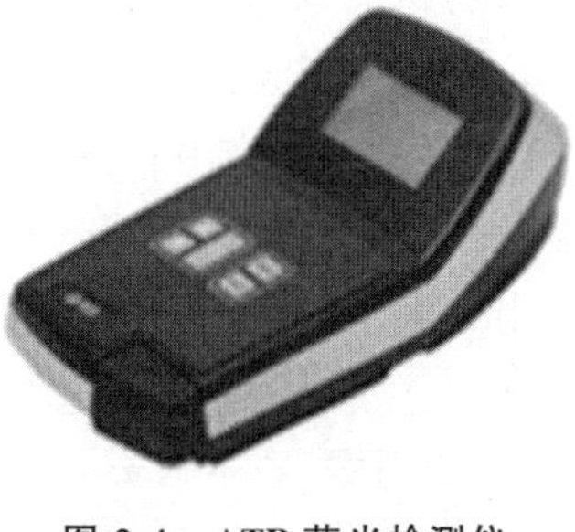

图2-4　ATP荧光检测仪

(二)主要试剂

主要试剂有：①ATP检测试剂盒。试剂盒应包括体细胞裂解试剂，能专一而有效地裂解样品中的非细菌细胞(主要为体细胞)并释出ATP；细菌细胞裂解试剂，能专一而有效地裂解样品中细菌细胞并释出ATP。②荧光反应试剂组。它能与细菌ATP相互作用并有效地发出荧光。③ATP标准溶液和检测缓冲液。

二、检验程序

ATP荧光法快速检测菌落总数程序见图2-5。

仪器预热 ──→ 样品处理 ──→ 准备比色杯 ──→ 除干扰ATP ──→ 荧光反应 ──→ 测量数据

图2-5　ATP荧光法快速检测菌落总数程序

三、操作步骤

检测准备及样品预处理

（一）仪器准备

打开仪器，预热 30 min，设置测量样品状态，选择液体样品。

（二）样品前处理

试验开始前先戴上一次性无菌手套，吸取 25 mL 乳样至 225 mL 无菌水中，混匀。

> **特别提示：**对于固体样品可打开一个无菌取样袋套在 500 mL 烧杯上，用剪刀将样品剪碎直接称量 25 g，倒入无菌水至 250 g，封紧取样袋口，将样品溶液混匀后静置，上清液待用。

（三）准备比色杯

取 5 张吸水纸置于比色杯架中部，从无菌袋中取出比色杯，将比色杯逐个放在比色杯架的孔槽中。

（四）加样与过滤

用移液器吸取 50 μL 无菌水置于 1 号位的比色杯中作为空白对照，同样吸取 50 μL 样液置于过滤比色杯中，做两个重复。向比色杯中滴加 2 滴体细胞裂解液，反应 60 s 后用加压器把液体压出直到吸水纸上无明显液体渗出。

检测操作

（五）检测反应与测量

将比色杯放入仪器的拉动抽屉中，加入 2 滴细菌细胞裂解液，反应 10 s，加入两滴中和液。然后加入 50 μL 荧光反应试剂，用移液器吸排 3～4 次使溶液混匀，立即关闭抽屉，按测量数据键，10 s 后读出数据。

> **特别提示：**不同公司 ATP 检测试剂盒的使用上会有所差异，请遵照其说明书。

（六）操作注意事项

（1）从冰箱取出的生乳样品应在室温平衡一段时间，否则可能导致细菌中的 ATP 没有恢复到自然状态而使检测结果的荧光值偏低。

（2）滴加体细胞裂解试剂后，应将体细胞完全排净，否则影响最终数值。

项目拓展

1. 生活指导

西瓜是夏天消暑解渴的常见水果，切开后剩余部分储藏过程中微生物会不断增长，请设计试验，检测已切开西瓜放置在不同温度条件下、不同深度切面菌落总数变化情况，为我们的生活提供指导。

2. 菌落总数检验方法拓展

NY/T 1331—2007 食品安全国家标准　生乳

SN/T 0168—2015 进出口食品中菌落总数计数方法

SN/T 4544.1—2016 商品化试剂盒检测方法 菌落总数 方法一

T/CBIA 005—2019 饮料中微生物的检验(滤膜前处理法)

理论习题

一、填空题

1. 在有氧的条件下,虫光素酶催化虫荧光素和________之间发生氧化反应,形成氧化荧光素并发出荧光。

2. 当反应系统中,虫光素酶和虫荧光素处于过量时,荧光的强弱取决于________的数量。

3. ATP 检测试剂盒中________裂解试剂,能专一而有效地裂解样品中的非细菌细胞并释出 ATP。

4. ATP 检测试剂盒中________裂解试剂,能专一而有效地裂解样品中的细菌细胞并释出 ATP。

5. 体细胞裂解反应后,加压压出液体的目的是____________________。

6. 荧光强弱可通过________ 10～15 s 内计量。

二、选择题

1. ATP 生物荧光法检测时效性强,一般____ min 内即可检出结果。

A. 5　　B. 15　　C. 30　　D. 60

2. 滴加____,反应后用加压器把液体压出直到吸水纸上无明显液体渗出。

A. 检测缓冲液　　B. 荧光反应试剂

C. 体细胞裂解试剂　　D. 细菌细胞裂解试剂

3. 取出低温保存的样品,立即采用 ATP 荧光法测定样品中的菌落总数可能导致结果____。

A. 偏高　　B. 偏低　　C. 不变　　D. 不确定

三、判断题

1. ATP 荧光法快速检测生乳中的菌落总数,样品处理环节是必须戴手套的,以免手部微生物污染样品,其他操作环节可以不戴手套。(　　)

2. ATP 荧光法快速检测生乳中的菌落总数,需要根据仪器检测上下限和对样品污染情况的估计对样品进行适当的稀释。(　　)

3. 利用 ATP 荧光法快速检测生乳中的菌落总数,要去除体细胞 ATP 的干扰。(　　)

4. ATP 荧光法是生乳中的菌落总数快速检测专用方法,不适合其他样品的检测。(　　)

5. 当荧光反应试剂过量时,检样中细菌细胞越多,ATP 量越高,发出的荧光也就越强。(　　)

四、综合题

你还知道哪些菌落总数快速检测的方法?查阅方法原理、特点、操作步骤及适用范围等信息,用思维导图或表格的形式呈现出来,分享给大家。

技能操作

规范地完成ATP生物荧光法快速检测生乳中的菌落总数。操作开始前请进行设备调试,全面准备物品。操作过程中注意无菌操作,及时填写记录(表2-8)。

表2-8 ATP生物荧光法快速检测生乳中的菌落总数记录单

<table>
<tr><td colspan="2">班级</td><td></td><td>姓名</td><td></td><td>学号</td><td></td><td>组别</td><td></td></tr>
<tr><td colspan="3">检验项目及限值</td><td colspan="6"></td></tr>
<tr><td colspan="3" rowspan="4">检验准备</td><td colspan="2">仪器</td><td colspan="4"></td></tr>
<tr><td colspan="2">试剂</td><td colspan="4"></td></tr>
<tr><td colspan="2">耗材</td><td colspan="4"></td></tr>
<tr><td colspan="2">样品</td><td colspan="4"></td></tr>
<tr><td colspan="3">检验操作步骤</td><td colspan="6"></td></tr>
<tr><td rowspan="7">记录结果</td><td colspan="2">样液/mL</td><td colspan="2"></td><td colspan="2">无菌水/mL</td><td colspan="2"></td></tr>
<tr><td colspan="2" rowspan="2">测量值</td><td colspan="2">空白值</td><td colspan="2">样液1</td><td colspan="2">样液2</td></tr>
<tr><td colspan="2"></td><td colspan="2"></td><td colspan="2"></td></tr>
<tr><td colspan="2">结果</td><td colspan="6"></td></tr>
<tr><td colspan="2">标准值</td><td colspan="6"></td></tr>
<tr><td colspan="2">单项检验结论</td><td colspan="6"></td></tr>
<tr><td colspan="8">检验人员:　　　　　　　　　　检验日期:</td></tr>
</table>

ATP生物荧光法快速检测生乳中菌落总数的操作考核点参考表2-9。

表2-9 ATP生物荧光法快速检测生乳中菌落总数评分表

<table>
<tr><td>班级</td><td></td><td>姓名</td><td></td><td>学号</td><td></td><td>组别</td><td></td></tr>
<tr><td>编号</td><td>配分</td><td colspan="5">评分细则描述</td><td>得分</td></tr>
<tr><td>01</td><td>16</td><td>操作前准备</td><td colspan="4">预热ATP荧光检测仪,检测参数设置正确,得4分
准备225 mL无菌稀释液,得2分
试剂核对全面,得4分
戴好无菌手套,得4分
比色杯架、吸水纸和比色杯依次放置好,得2分</td><td></td></tr>
</table>

续表 2-9

编号	配分	评分细则描述		得分
02	12	微量移液器的使用	选择量程适宜的微量移液器,得 2 分 使用前,先检查是否有漏液现象,得 2 分 牢固安装吸头且不影响脱卸,得 2 分 垂直吸液,慢吸慢放,得 2 分 吸液时按到第一挡,排液时按到第二挡,得 2 分 用完后及时调回到最大量程处,得 2 分	
03	8	样品制备	无菌吸取 25 mL 样品,得 2 分 置于 225 mL 无菌水中,得 2 分 充分混匀,得 4 分	
04	8	准备比色杯	吸水纸数量正确,得 4 分 吸水纸放置正确,得 2 分 比色杯放置正确,得 2 分	
05	12	加样	加空白样,得 2 分 加样正确,有平行,得 4 分 准确加入体细胞裂解液,液滴全部滴入孔中,没有旁落,得 4 分 裂解时间控制准确,得 2 分	
06	6	过滤	过滤至无液体渗出,得 6 分	
07	6	菌裂解	准确加入裂解液,无外滴,得 4 分 裂解时间控制准确,得 2 分	
08	16	荧光反应及测定	准确加入中和液,无外滴,得 4 分 准确加入发光剂,无外滴,得 4 分 混合均匀,得 4 分 及时读数,得 4 分	
09	4	操作熟练	从样品制备到出读数 10 min 内完成,得 4 分	
10	6	原始记录	检测数据直接填入记录表,得 3 分 空缺项规范用"/"表示,得 1 分 填写单位正确,得 1 分 记录表无修改,得 1 分	
11	4	结果报告	结果记录正确,得 2 分 检测结论表述正确,得 2 分	
12	2	职业素养	及时清理台面,清洗物品,得 2 分	
合计得分				

项目三

大肠菌群检验

【项目背景】

大肠菌群是一群在37℃条件下培养48 h能发酵乳糖、产酸产气的需氧和兼性厌氧革兰氏阴性无芽孢杆菌。该菌群主要来源于人、畜粪便,作为粪便污染指标评价食品的卫生状况,推断食品中肠道致病菌污染的可能。

大肠菌群分布较广,在温血动物粪便和自然界广泛存在。调查研究表明,大肠菌群细菌多存在于温血动物粪便、人类经常活动的场所以及有粪便污染的地方,人、畜粪便对外界环境的污染是大肠菌群在自然界存在的主要原因。粪便中多以典型大肠杆菌为主,而外界环境中则是大肠菌群其他型别较多。

大肠菌群是作为粪便污染指标菌提出来的,主要是以该菌群的检出情况来表示食品中有无粪便污染。大肠菌群数的高低,表明了粪便污染的程度,也反映了对人体健康危害性的大小。粪便是人类肠道排泄物,其中有健康人粪便,也有肠道患者或带菌者的粪便,所以粪便内除一般正常细菌外,同时也会有肠道致病菌存在(如沙门氏菌、志贺氏菌等),因而食品中有粪便污染,则可以推测该食品中存在着肠道致病菌污染的可能性,潜伏着食物中毒和流行病威胁,必须看作对人体健康具有潜在的危险性。

常用的大肠菌群检验方法有MPN计数法和平板计数法。其中,大肠菌群MPN计数法适用于大肠菌群含量较低的食品;而大肠菌群平板计数法适用于大肠菌群含量较高的食品。

【学习目标】

知识目标

1. 了解红曲米、冷冻饮品和消毒餐(饮)具大肠菌群检验时采用的具体方法及限量要求
2. 掌握大肠菌群的概念、生物学特征,认识大肠菌群在VRBA平板上形成的特征菌落
3. 清晰地表达出大肠菌群MPN计数法、平板计数法和纸片法的检验步骤
4. 掌握MPN表的使用方法
5. 理解大肠菌群检验原理

能力目标

1. 列出物品清单并完成大肠菌群检验前的准备工作

2. 规范、有序地完成大肠菌群计数 MPN 法初发酵试验和复发酵试验，平板计数法发酵试验和证实试验

3. 会判断大肠菌群发酵阳性管，能在 VRBA 平板上挑选出大肠菌群疑似菌落

4. 能查 MPN 表报告 MPN 值，能根据疑似菌落数和证实试验结果计算大肠菌群数

5. 能规范地进行餐(饮)具表面微生物的采集，餐饮具表面大肠菌群的快速检测和计数

素质目标

1. 培养严谨求实的检验作风及微生物操作安全意识和无菌意识

2. 能够在学习和实践的过程中融入团队，增强团队互助意识

任务一　MPN 计数法检验红曲米中的大肠菌群

任务描述

红曲米是以大米为原料，用红曲霉发酵制得的红色颗粒或粉末状的食品添加剂。常用于米酒、米醋等发酵食品和烘焙食品的生产制作。在对红曲米进行微生物检验时，大肠菌群是必检项目之一，具体采用何种方法进行检验？如何检验呢？请查阅相关标准，进行标准解读后完成红曲米中大肠菌群的检验。

学习导图

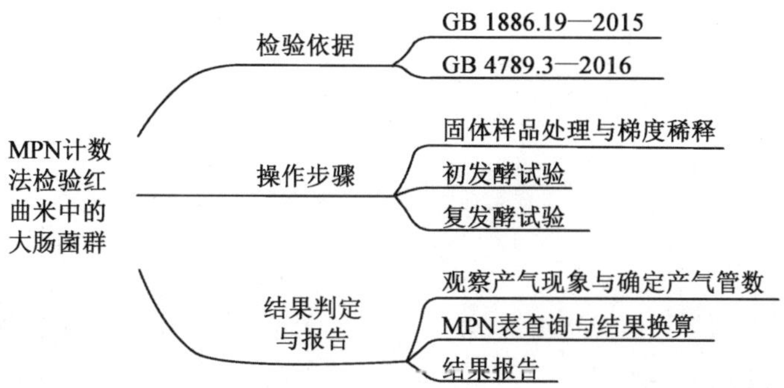

相关知识

一、参考标准

GB 1886.19—2015 食品安全国家标准　食品添加剂　红曲米

GB 4789.3—2016 食品安全国家标准　食品微生物学检验　大肠菌群计数

二、食品添加剂红曲米大肠菌群指标限量

GB 1886.19—2015《食品安全国家标准 食品添加剂 红曲米》明确了食品添加剂红曲米检

验大肠菌群应采用 GB 4789.3 的 MPN 计数法，限量值为≤3.0 MPN/g(表 3-1)。

表 3-1 食品添加剂红曲米大肠菌群限量

项目	限量/(MPN/g)	检验方法
大肠菌群	≤3.0	GB 4789.3

三、大肠菌群

(一)大肠菌群的概念

大肠菌群不是细菌学分类命名，而是卫生细菌领域的用语，它不代表某个或某一属细菌，而指的是具有某些特性的一组与粪便污染有关的细菌，这些细菌在生化及血清学方面并非完全一致，其定义为：大肠菌群是需氧及兼性厌氧，在 37℃能分解乳糖产酸产气的革兰氏阴性无芽孢杆菌。一般认为该菌群细菌可包括大肠埃希氏菌、柠檬酸杆菌、产气克雷伯氏菌和阴沟肠杆菌等。

食品中大肠菌群是以每 1 毫升(克)检样中大肠菌群最可能数(the most probable number，MPN 又称最近似数)表示的。

(二)检验原理

大肠菌群 MPN 法(国标第一法)就是根据大肠菌群在一定培养条件下能发酵乳糖、产酸产气的特性而进行检验的方法。MPN 最可能数是基于泊松分布的一种间接计数方法。MPN 法是统计学和微生物学相结合的一种定量检验法。待检样品经系列稀释并培养后，根据其未生长的最低稀释度与生长的最高稀释度，应用统计学概率论推算出待检样品中大肠菌群的最大可能数。

任务实施

一、检验材料

(一)主要设备

恒温培养箱(36℃±1℃)、恒温水浴锅(46℃±1℃)、天平(感量为 0.1 g)、振荡器、均质器等。

(二)主要培养基和试剂

月桂基硫酸盐胰蛋白胨(lauryl sulfate tryptose，LST)肉汤、煌绿乳糖胆盐(brilliant green lactose bile，BGLB)肉汤、结晶紫中性红胆盐琼脂(violet red bile agar，VRBA)、无菌磷酸盐缓冲溶液、无菌生理盐水等。

(三)主要器皿

无菌 1 mL(具 0.01 mL 刻度)吸管、10 mL(具 0.1 mL 刻度)吸管或微量移液器及吸头、250 mL 锥形瓶、500 mL 锥形瓶、直径 90 mm 培养皿等。

二、检验程序

大肠菌群检验程序见图 3-1。

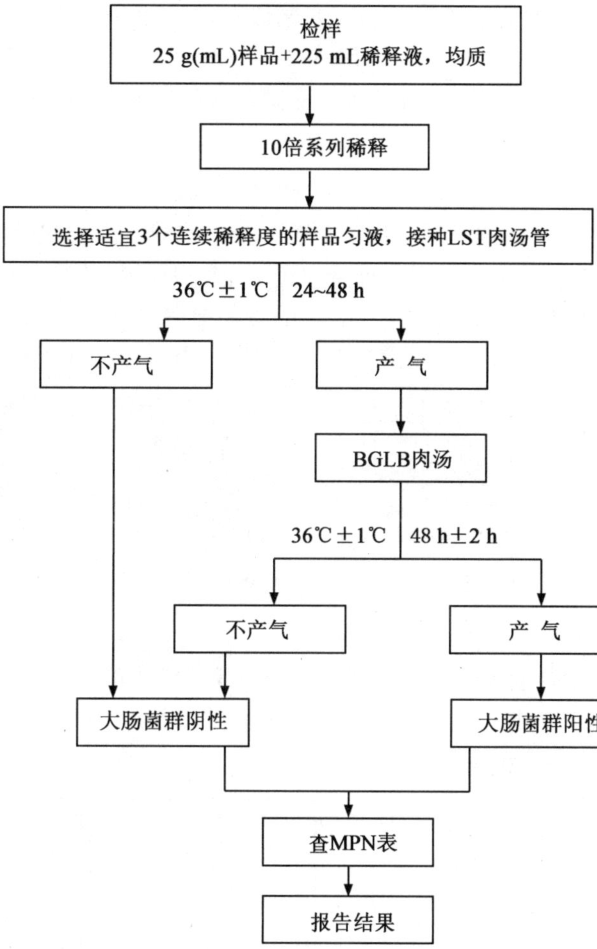

图 3-1　大肠菌群 MPN 计数法的检验程序

三、操作步骤

(一)样品稀释

无菌操作称取 25 g 红曲米检样，放入盛有 225 mL 磷酸盐缓冲液或生理盐水的无菌均质杯内，8 000～10 000 r/min 均质 1～2 min，或放入盛有 225 mL 磷酸盐缓冲液或生理盐水的无菌均质袋中，用拍击式均质器拍打 1～2 min，制成 1∶10 的样品匀液。

样品处理

> **特别提示：**固体和半固体样品的稀释操作同上。液体样品以无菌吸管吸取 25 mL 样品置盛有 225 mL 磷酸盐缓冲液或生理盐水的无菌锥形瓶(瓶内预置适当数量的无菌玻璃珠)中，充分混匀，制成 1∶10 的样品匀液。

样品匀液的 pH 应为 6.5～7.5，必要时分别用 1 mol/L NaOH 或 1 mol/L HCl 调节。

用 1 mL 无菌吸管或微量移液器吸取 1∶10 样品匀液 1 mL，沿管壁缓缓注入 9 mL 磷酸盐缓冲液或生理盐水的无菌试管中(注意吸管或吸头尖端不要触及稀释液面)，振摇试管或换用 1 支 1 mL 无菌吸管反复吹打，使其混合均匀，制成 1∶100 的样品匀液。

根据对样品污染状况的估计，按上述操作，依次制成 10 倍递增系列稀释样品匀液。每递增稀释 1 次，换用 1 支 1 mL 无菌吸管或吸头。从制备样品匀液至样品接种完毕，全过程不得超过 15 min。

（二）初发酵试验

每个样品，选择 3 个适宜的连续稀释度的样品匀液（液体样品可以选择原液），每个稀释度接种 3 管 LST 肉汤，每管接种 1 mL（如接种量超过 1 mL，则用双料 LST 肉汤），于 36℃±1℃培养 24 h±2 h，观察倒管内是否有气泡产生，24 h±2 h 产气者进行复发酵试验，如未产气则继续培养至 48 h±2 h，产气者进行复发酵试验，未产气者为大肠菌群阴性。

初发酵试验（1）　初发酵试验（2）　初发酵结果观察　复发酵试验

（三）复发酵试验

用接种环从产气的 LST 肉汤管中分别取培养物 1 环，移种于 BGLB 肉汤管中，于 36℃±1℃培养 48 h±2 h，观察产气情况，产气者，计为大肠菌群阳性管。

大肠菌群 MPN 法检验流程图见图 3-2。

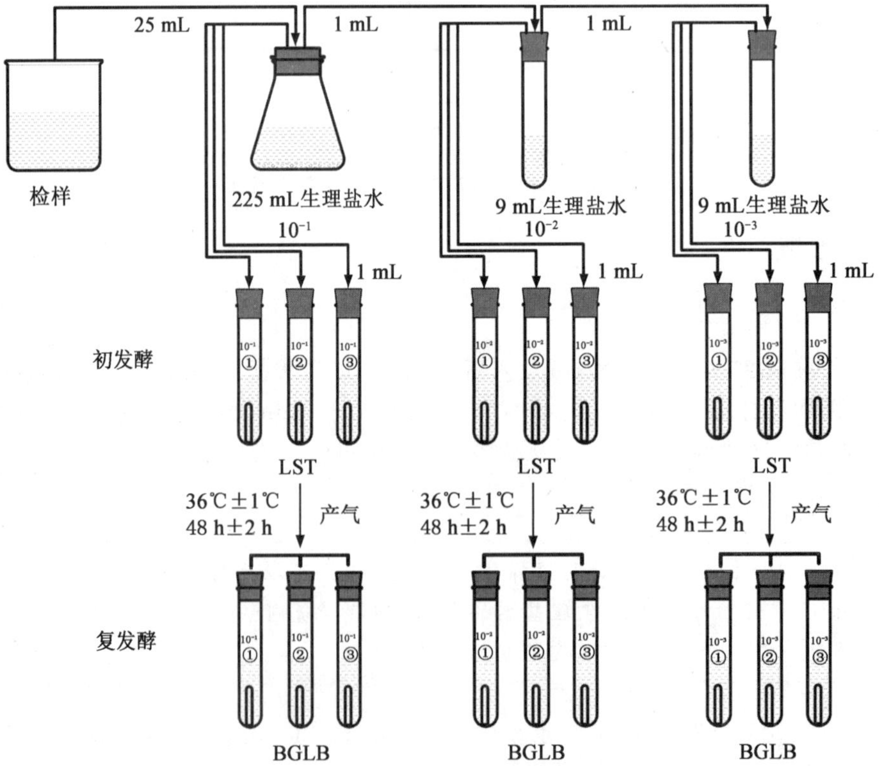

图 3-2　大肠菌群 MPN 法检验流程图

(四)大肠菌群最可能数(MPN)的报告

按确证的大肠菌群 BGLB 阳性管数,检索附录Ⅲ大肠菌群/金黄色葡萄球菌/副溶血性弧菌最可能数(MPN)检索表,报告每克(毫升)样品中大肠菌群的 MPN 值。

复发酵结果观察与记录

理论习题

一、填空题

1. 大肠菌群是在一定培养条件下能发酵________产酸产气的需氧和兼性厌氧革兰氏阴性无芽孢________。

2. GB 4789.3—2016 大肠菌群 MPN 计数法初发酵用的培养基是________,复发酵用的培养基是________。

3. 大肠菌群 MPN 计数,初发酵产气,复发酵不产气的管判定为大肠菌群________性管。

4. 大肠菌群检验 MPN 法计数单位为________。

5. 红曲米中大肠菌群应采用的检验方法为________,限量值为________。

二、选择题

1. MPN 计数法检验大肠菌群初发酵的培养条件是____。

A. 36℃±1℃,48 h±2h　　B. 36℃±1℃,24～48 h

C. 30℃±1℃,48 h±2 h　　D. 30℃±2℃,72 h±3 h

2. 液体样品进行大肠菌群检验时,以无菌吸管吸取____样品置盛有 225 mL 磷酸盐缓冲液中,制成 1∶10 的样品匀液。

A. 10 mL　　B. 1 mL　　C. 50 mL　　D. 25 mL

3. 大肠菌群初发酵试验共需要____支月桂基硫酸盐胰蛋白胨(LST)肉汤培养基。

A. 3　　B. 6　　C. 9　　D. 12

4. 大肠菌群初发酵试验 24 h±2 h 产气者进行复发酵试验,如未产气则继续培养至____。

A. 48 h　　B. 不超过 48 h　　C. 48 h±2 h　　D. 没有规定

三、判断题

1. 大肠菌群可以作为粪便污染指标来评价食品的卫生质量。(　　)

2. 大肠菌群 MPN 计数法无须做空白试验。(　　)

3. 大肠菌群的 MPN 计数初发酵试验有 6 支管产气,复发酵试验需要做 9 支管进行验证。(　　)

4. MPN 法是统计学和微生物学结合的一种定性检验法。(　　)

5. 在对食品进行大肠菌群计数的检验中,如果 3 个稀释度的阳性管数都为 0,则该食品的大肠菌群检验 MPN 值报告为 0。(　　)

四、综合题

对某产品采用 MPN 法进行大肠菌群计数,选取的梯度分别是原液取 10 mL,原液取 1 mL,10^{-1} 稀释度取 1 mL。结果 LST 初发酵对应的阳性管数分别是 3,2,1;BGLB 复发酵对应的阳性管数分别是 1,1,1;问检验结果 MPN 值是多少?

技能操作

一、红曲米中大肠菌群检验物品准备

完成红曲米中大肠菌群检验物品准备，包括 LST、BGLB 培养基及稀释液的制备，器皿包扎和灭菌等，填写表 3-2。

表 3-2 红曲米中大肠菌群检验物品准备记录单

班级		姓名		学号		组别	
样品				检验依据			
检验项目及限值							
配制 LST 培养基	双料管：称量________ g ________培养基，加入________ mL 水溶解。 分装________ mL 到 ________ mm×________ mm 试管中，共分装________支试管，试管中要放入________。 单料管：称量________ g ________培养基，加入________ mL 水溶解。 分装________ mL 到________ mm×________ mm 试管中，共分装 ________支试管，试管中要放入________。						
配制 BGLB 培养基	称量________ g ________培养基，加入________ mL 水溶解。分装________ mL 到试管中，共分装________支试管，试管中放入________。						
配制稀释液	称量________ g 氯化钠，加入________ mL 水溶解，待分装。						
分装稀释液	量取出________ mL 稀释液盛装于锥形瓶中。 量取出________ mL 稀释液盛装于________试管中，共分装________支。						
刻度吸管	包扎________ mL 移液管________支，包扎________ mL 移液管________支。						
干热灭菌	物品： 条件：						
湿热灭菌	物品： 条件：						
设备准备	无菌室及净化工作台杀菌________ min，培养箱恒温至________℃。						

红曲米中的大肠菌群检验准备考核共计 30 分，其中操作为 27 分，职业素养为 3 分。具体评分见表 3-3。

二、实施红曲米中的大肠菌群检验操作

规范地完成红曲米中大肠菌群检验的操作，包括梯度稀释、LST 发酵试验和 BGLB 试验，填写表 3-4。

表 3-3　红曲米中大肠菌群检验物品准备评分表

班级		姓名		学号		组别	
编号	配分	评分细则描述					得分
01	2	试剂选择	培养基选择正确,得 1 分 稀释液成分选择正确,得 1 分				
02	5	称量	检查天平是否平衡,得 1 分 称量操作正确,得 1 分 称量时单、双料质量准确,得 3 分				
03	3	溶解	蒸馏水量取准确,得 1 分 培养基溶解均一,得 1 分 稀释液溶解均一,得 1 分				
04	8	分装	锥形瓶规格选择合适,得 1 分 试管规格选择合适,得 1 分 量取、移液操作规范,得 1 分 单、双料分装数量准确,得 2 分 发酵小倒管放置正确,得 3 分				
05	4	包扎	选取移液管规格正确,数量准确,得 1 分 移液管棉花塞使用规范,得 1 分 包扎捆绑操作规范,得 2 分				
06	3	灭菌	灭菌方法选择正确,得 1 分 灭菌操作规范,得 2 分				
07	2	设备准备	操作环境灭菌规范,得 1 分 设置培养温度准确,得 1 分				
08	3	职业素养	使用灭菌设备安全意识强,得 1 分 试验资源共享意识强,得 1 分 试验过程中整理清洁意识强,得 1 分				
合计得分							

表 3-4　红曲米中的大肠菌群检验操作

班级		姓名		学号		组别	
请根据实际操作情况绘制红曲米中大肠菌群的检验操作流程图或用文字记录检验操作过程。							

红曲米中的大肠菌群检验操作考核共计50分，具体评分见表3-5。

表3-5 红曲米中的大肠菌群检验操作评分表

班级		姓名		学号		组别	
编号	配分	评分细则描述					得分
01	5	操作前准备	物品摆放合理，可防止交叉污染且方便操作，得2分 台面消毒、手部消毒和物品消毒，得2分 试管标识清楚(稀释度、检验人、检验日期)，得1分				
02	5	取样	摇匀样品，得1分 无菌操作称取25 g样品置于225 mL生理盐水中，得2分 充分均质，得2分				
03	4	吸量管的使用	右手持吸量管，得2分 移液过程未漏液，移液体积准确，得2分				
04	6	试管的使用	开、盖、持塞手法规范，得2分 开塞后、盖塞前烧试管口，得2分 试管口开塞后在火焰旁操作，得2分				
05	6	梯度稀释	稀释顺序正确，得2分 吸头尖端不触及低浓度试管里溶液，得2分 反复吹打或涡旋混匀，得2分				
06	6	接种LST肉汤管	LST肉汤管接样前排气泡，得1分 3个稀释度选择适宜，得2分 每个稀释度接样管数正确，得1分 单、双料管接样量正确，得2分				
07	6	接种BGLB复发酵	BGLB管接样前排气泡，得1分 产气判断正确，得2分 接种环灼烧完全，得1分 接种环冷却后取样，得1分 接种管数正确，得1分				
08	4	培养	初发酵36℃±1℃培养24～48 h，得2分 复发酵36℃±1℃培养48 h±2 h，得2分				
09	4	手法熟练	操作在酒精灯附近无菌区进行，得2分 取样到接种完成在15 min内完成，得2分				
10	4	职业素养	无菌意识强，得2分 小心谨慎过程中未损坏器皿，得1分 及时清洁整理台面，清洗物品，得1分				
合计得分							

三、红曲米中的大肠菌群检验结果记录

请细致地观察产气现象，如实规范地填写红曲米中大肠菌群的检验结果，得出检验结论，

填写表 3-6。

表 3-6　红曲米中大肠菌群检验结果记录表

<table>
<tr><td>样品名称</td><td colspan="4"></td><td colspan="2">检验方法依据</td><td colspan="3"></td></tr>
<tr><td>样品编号</td><td colspan="4"></td><td colspan="2">样品状态</td><td colspan="3"></td></tr>
<tr><td>样品数量</td><td colspan="4"></td><td colspan="2">检验地点</td><td colspan="3"></td></tr>
<tr><td colspan="10">结　果　记　录</td></tr>
<tr><td>稀释度</td><td colspan="3"></td><td colspan="3"></td><td colspan="3"></td></tr>
<tr><td>初发酵产气情况</td><td></td><td></td><td></td><td></td><td></td><td></td><td></td><td></td><td></td></tr>
<tr><td>培养条件</td><td colspan="3">温度：</td><td colspan="6">时间：</td></tr>
<tr><td>复发酵产气情况</td><td></td><td></td><td></td><td></td><td></td><td></td><td></td><td></td><td></td></tr>
<tr><td>产气数量</td><td colspan="3"></td><td colspan="3"></td><td colspan="3"></td></tr>
<tr><td>培养条件</td><td colspan="3">温度：</td><td colspan="6">时间：</td></tr>
<tr><td>MPN 表查阅结果</td><td colspan="9"></td></tr>
<tr><td>检验结果</td><td colspan="9"></td></tr>
<tr><td>标准值</td><td colspan="9"></td></tr>
<tr><td>单项检验结论</td><td colspan="9"></td></tr>
<tr><td colspan="5">检验人员：</td><td colspan="5">检验日期：</td></tr>
</table>

红曲米中的大肠菌群检验结果及记录共计 20 分，具体评分细则见表 3-7。

表 3-7　红曲米中的大肠菌群检验结果及记录考核评分表

<table>
<tr><td>班级</td><td></td><td>姓名</td><td></td><td>学号</td><td></td><td>组别</td><td></td></tr>
<tr><td>编号</td><td>配分</td><td colspan="5">评分细则描述</td><td>得分</td></tr>
<tr><td>01</td><td>6</td><td>发酵结果情况</td><td colspan="4">发酵结果数据记录准确、完整，得 2 分
初发酵产气观察正确，得 1 分
按梯度记录初发酵产气管数，得 1 分
复发酵产气观察正确，得 1 分
按梯度记录复发酵产气管数，得 1 分</td><td></td></tr>
<tr><td>02</td><td>6</td><td>原始记录</td><td colspan="4">试验数据直接填入原始记录表，得 2 分
空缺项规范用“/”表示，得 1 分
填写单位正确，得 2 分
无修改，得 1 分</td><td></td></tr>
<tr><td>03</td><td>8</td><td>结果报告</td><td colspan="4">MPN 表使用正确，得 4 分
梯度换算正确，得 2 分
结论表述正确，得 2 分</td><td></td></tr>
<tr><td colspan="7">合计得分</td><td></td></tr>
</table>

任务二 平板计数法检验冰淇淋中的大肠菌群

任务描述

冰淇淋中含有较丰富的营养物质，加工过程灭菌后到封口前仍有多个环节，在生产设备、杀菌设备、生产工人卫生情况和包装、运输、销售等多个方面，若把控不严，都有可能导致大肠菌群超标，如冷链运输时温度过高，可能造成微生物迅速繁殖，生产人员不注意卫生，也会带来超标风险。因此，为保证冰淇淋产品质量，控制生产环境清洁度、严格过程管理和产品检验等都非常重要。冷冻饮品冰淇淋大肠菌群的限值是多少？应采用何种方法进行检验？如何检验呢？请查阅相关标准，完成冰淇淋中大肠菌群的检验。

学习导图

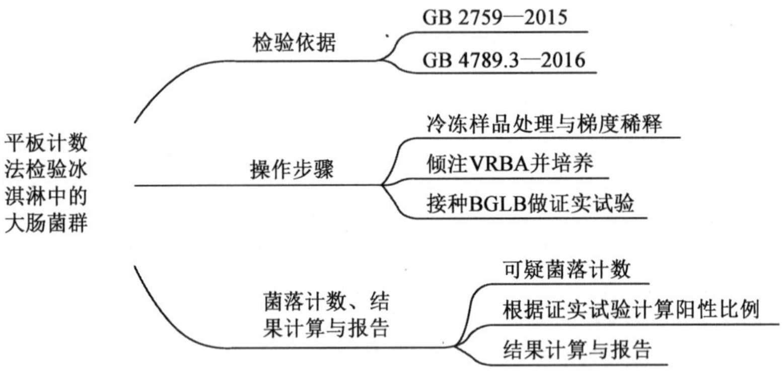

相关知识

一、参考标准

GB 2759—2015 食品安全国家标准 冷冻饮品和制作料

GB 4789.3—2016 食品安全国家标准 食品微生物学检验 大肠菌群计数

二、冰淇淋大肠菌群指标限量

GB 2759—2015《食品安全国家标准 冷冻饮品和制作料》中明确了冰淇淋大肠菌群检验应采用 GB 4789.3 平板计数法，具体限量值见表 3-8。

表 3-8 冰淇淋中大肠菌群限量

项目	采样方案及限量				检验方法
	n	c	m	M	
大肠菌群	5	2	10	10^2	GB 4789.3 平板计数法

三、大肠菌群平板计数法检验原理

样品经过稀释后，使样品悬液中的微生物充分分散，定量接种 1 mL 到平皿中和培养基充分混匀，微生物在培养基中分散而呈单个（理想状态下）存在，一个菌体长出一个肉眼可见的菌落，计数典型和可疑大肠菌群菌落数，经过证实试验可推出大肠菌群数，最终以菌落形成单位数（CFU）报告。

任务实施

一、检验材料

结晶紫中性红胆盐琼脂（violet red bile agar，VRBA）配制：称取蛋白胨 7.0 g，酵母膏 3.0 g，乳糖 10.0 g，氯化钠 5.0 g，胆盐或 3 号胆盐 1.5 g，中性红 0.03 g，结晶紫 0.002 g，琼脂 15～18 g，溶于 1 000 mL 蒸馏水中，静置几分钟，充分搅拌，调节 pH 至 7.4±0.1。煮沸 2 min，将培养基融化并恒温至 45～50℃倾注平板。使用前临时制备，不得超过 3 h。

其他检验材料参考本项目任务一 MPN 计数法检验红曲米中的大肠菌群。

二、检验程序

大肠菌群平板计数检验程序见图 3-3。

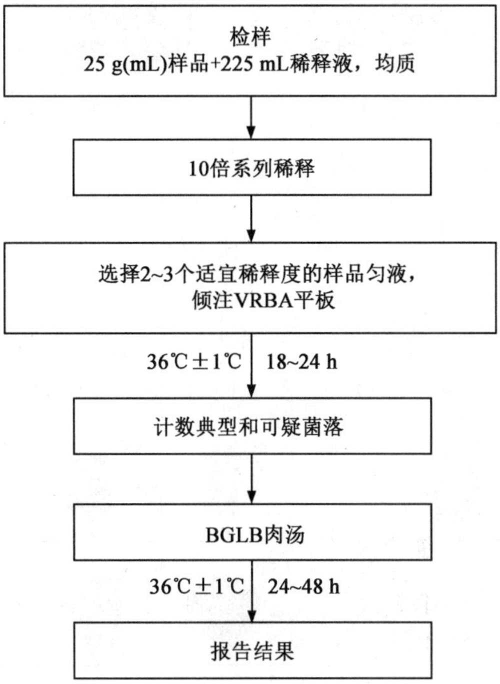

图 3-3　大肠菌群平板计数检验程序

三、操作步骤

（一）样品稀释、取样、倾注培养基

无菌操作将冰淇淋放在灭菌容器内，待其融化，立即称取 25 g 或移取 25 mL 进行稀释检验。平板计数的样品稀释的操作与 MPN 法的样品稀释操作一致。

选取 2～3 个适宜的连续稀释度，每个稀释度接种 2 个无菌平皿，每皿 1 mL。同时取 1 mL 生理盐水加入无菌平皿作空白对照。

及时将 15～20 mL 熔化并恒温至 46℃ 的结晶紫中性红胆盐琼脂（VRBA）倾注于每个平皿中。小心旋转平皿，将培养基与样液充分混匀，待琼脂凝固后，再加 3～4 mL 的 VRBA 覆盖于平板表层。翻转平板，置于 36℃±1℃ 培养 18～24 h。

（二）平板菌落数的选择

选取菌落数在 15～150 CFU 之间的平板，分别计数平板上出现的典型和可疑大肠菌群菌落（如菌落直径较典型菌落小）。典型菌落为紫红色，菌落周围有红色的胆盐沉淀环，菌落直径为 0.5 mm 或更大，最低稀释度平板低于 15 CFU 的记录具体菌落数。

（三）证实试验

从 VRBA 平板上挑取 10 个不同类型的典型和可疑菌落，少于 10 个菌落的挑取全部典型和可疑菌落。分别移种于 BGLB 肉汤管内，36℃±1℃ 培养 18～24 h，观察产气情况。凡 BGLB 肉汤管产气，即可报告为大肠菌群阳性。

样品处理　　梯度稀释　　倾注培养　　证实试验

平板计数法检验冰淇淋中的大肠菌群操作流程见图 3-4。

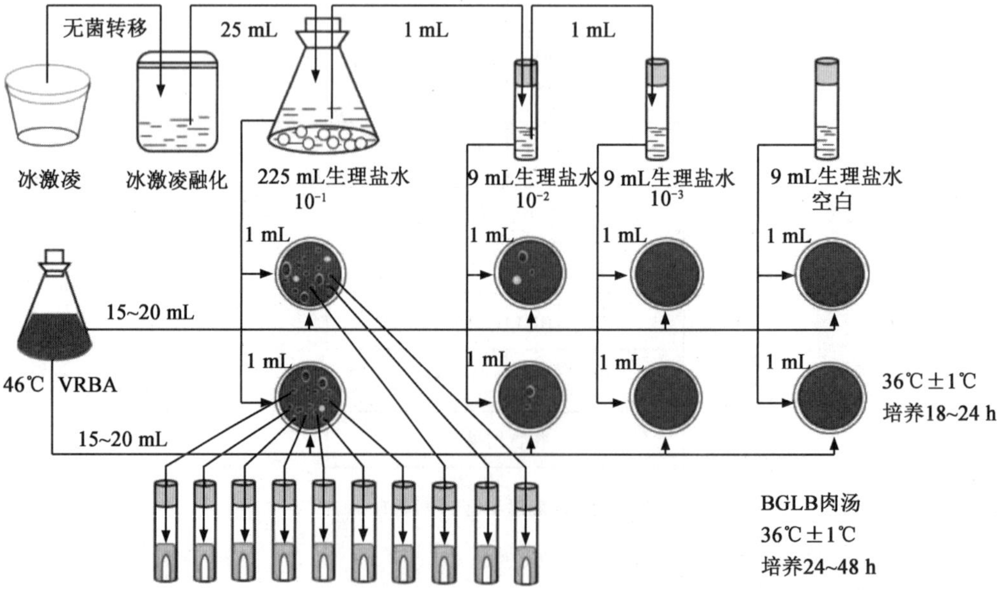

图 3-4　平板计数法检验冰淇淋中的大肠菌群流程图

（四）大肠菌群平板计数的报告

经最后证实为大肠菌群阳性的试管比例乘以计数的平板菌落数，再乘以稀释倍数，即为每克(毫升)样品中大肠菌群数。

例:10^{-4} 样品稀释液 1 mL,在 VRBA 平板上有 100 个典型和可疑菌落,挑取其中 10 个接种 BGIB 肉汤管,证实有 6 个阳性管,则该样品的大肠菌群数为:$100\times6/10\times10^4=6.0\times10^5$ [CFU/g(mL)]。若所有稀释度(包括液体样品原液)平板均无菌落生长,则以小于 1 乘以最低稀释倍数计算。

理论习题

一、填空题

1. 结晶紫中性红胆盐琼脂(VRBA)使用前临时制备,放置不得超过________。

2. 冰淇淋融化后称取________ g 样品,放入盛有 225 mL 磷酸盐缓冲液或生理盐水的无菌均质杯内,制成 1∶10 的样品匀液。

3. 平板计数法检验大肠菌群,结果单位为________。

4. 冰淇淋中大肠菌群限量 M 值为________ CFU/g 或 CFU/mL。

二、选择题

1. 平板计数法检验大肠菌群需及时将 15~20 mL 熔化并恒温至 46℃的____倾注于每个平皿中。

A. 乳糖胆盐培养基　　B. 结晶紫中性红胆盐琼脂(VRBA)

C. 月桂基硫酸盐胰蛋白胨　　D. 煌绿乳糖胆盐肉汤(BGLB)

2. 选取菌落数在____之间的平板,分别计数平板上出现的典型和可疑大肠菌群菌落(如菌落直径较典型菌落小)。

A. 5~10 CFU　　B. 15~150 CFU

C. 30~300 CFU　　D. 200~500 CFU

3. 大肠菌群典型菌落为____,菌落周围有红色的胆盐沉淀环,菌落直径为 0.5 mm 或更大。

A. 紫红色　　B. 紫黑色　　C. 红色　　D. 黑色

4. 10^{-3} 样品稀释液 1 mL,在 VRBA 平板上有 80 个典型和可疑菌落,挑取其中 10 个接种 BGLB 肉汤管,证实有 8 个阳性管,则该样品的大肠菌群数为____ CFU/g(mL)。

A. 64000　　B. 6400　　C. 16000　　D. 1600

三、判断题

1. 大肠菌群最低稀释度平板菌落数低于 30 CFU 的记录具体菌落数。(　　)

2. 从 VRBA 平板上挑取 10 个不同类型的典型和可疑菌落,少于 10 个菌落的挑取全部典型和可疑菌落。(　　)

3. 大肠菌群平板计数法需要做空白试验,并且空白长菌,此次检验无效。(　　)

4. 食品中大肠菌群检验时,按国标中两种检验方法任选一种。(　　)

5. 大肠菌群平板计数法证实试验接种的培养基是 BGLB 肉汤管,36℃±1℃培养 24~48 h,观察产气情况。凡 BGLB 肉汤管产气,即可报告为大肠菌群阳性。(　　)

四、综合题

请绘制表格,比较大肠菌群 MPN 法和平板计数法的异同。

技能操作

一、准备冰淇淋中大肠菌群检验的物品

规范地完成冰淇淋中大肠菌群检验物品的准备，注意 VRBA 培养基配制的特殊要求，并填写表 3-9。

结晶紫中性红胆盐琼脂（VRBA）培养基的制作

课程思政　操作安全

表 3-9　冰淇淋中大肠菌群检验物品准备记录单

班级		姓名		学号		组别	
样品				检验依据			
检验项目及限值							
配制 VRBA 培养基	称量______ g VRBA 培养基，加入______ mL 水溶解，盛装于______ mL 锥形瓶中，煮沸______ min，水浴锅中恒温至______℃备用。						
配制 BGLB 肉汤	称量______ g BGLB 肉汤培养基，加入______ mL 水溶解。分装______ mL 到试管中，试管中放入______，共分装______支试管。						
配制稀释液	称量______ g 氯化钠，加入______ mL 水溶解，待分装。						
分装稀释液	量取出______ mL 稀释液盛装于______ mL 锥形瓶中。 量取出______ mL 稀释液盛装于______试管中，共分装______支。						
包扎器皿	包扎______ mL 移液管______支，包扎______ mL 移液管______支。 包扎直径______ cm 平皿______个。						
干热灭菌	物品： 条件：						
煮沸灭菌	物品： 条件：						
高温高压蒸汽灭菌	物品： 条件：						
设备准备	水浴锅恒温至______℃；培养箱恒温至______℃； 无菌室及净化工作台杀菌______ min。						

冰淇淋中大肠菌群检验物品准备考核共计 30 分，其中操作为 27 分，职业素养为 3 分。具体评分见表 3-10。

表 3-10　冰淇淋中大肠菌群检验物品准备评分表

班级		姓名		学号		组别	
编号	配分	评分细则描述					得分
01	2	试剂选择	培养基选择正确,得 1 分 稀释液成分选择正确,得 1 分				
02	3	称量	检查天平是否平衡,得 1 分 称量操作规范,得 1 分 称量质量准确,得 1 分				
03	3	溶解	蒸馏水量取准确,得 1 分 培养基溶解均一,得 1 分 稀释液溶解均一,得 1 分				
04	6	分装	盛装 VRBA 培养基用的锥形瓶规格合适,得 1 分 分装 BGLB 肉汤试管规格合适,得 1 分 量取、移液操作规范,得 1 分 分装数量准确,得 1 分 BGLB 肉汤中发酵小倒管管口朝下放置,得 2 分				
05	4	包扎	选择移液管规格正确,数量准确,得 1 分 选择平皿规格正确,数量准确,得 1 分 包扎捆绑操作规范,得 2 分				
06	3	煮沸灭菌	VRBA 培养基选择灭菌方法正确,得 1 分 VRBA 培养基煮沸时间正确,得 1 分 VRBA 培养基恒温至 45～50℃备用,得 1 分				
07	3	高压蒸汽灭菌	BGLB 肉汤灭菌参数选择正确,得 1 分 灭菌操作规范,得 2 分				
08	3	设备准备	规范进行操作环境灭菌,得 1 分 设置培养温度准确,得 1 分 设置培养基保温温度准确,得 1 分				
09	3	职业素养	使用灭菌设备安全意识强,得 1 分 试验资源共享意识强,得 1 分 试验过程中整理清洁意识强,得 1 分				
合计得分							

二、实施冰淇淋中大肠菌群检验操作

规范地完成冰淇淋中大肠菌群检验,具体包括梯度稀释、倾注平板和证实试验,填写表 3-11。冰淇淋中大肠菌群检验操作考核共计 50 分,具体见表 3-12。

表 3-11　冰淇淋中大肠菌群检验操作

班级		姓名		学号		组别	
请根据实际操作情况绘制冰淇淋中大肠菌群检验操作流程图或用文字记录检验操作过程。							

表 3-12　冰淇淋中大肠菌群检验操作评分表

<table>
<tr><td>班级</td><td></td><td>姓名</td><td></td><td>学号</td><td></td><td>组别</td><td></td></tr>
<tr><td>编号</td><td>配分</td><td colspan="5">评分细则描述</td><td>得分</td></tr>
<tr><td>01</td><td>4</td><td>操作前准备</td><td colspan="4">物品摆放合理,防止交叉污染且方便操作,得 1 分
台面消毒、手部消毒和物品消毒,得 2 分
平皿标识清楚(稀释度、检验人、检验日期),得 1 分</td><td></td></tr>
<tr><td>02</td><td>5</td><td>冰淇淋融化及取样</td><td colspan="4">无菌操作融化冰淇淋,得 2 分
摇匀融化样品,得 1 分
无菌操作吸取 25 mL 样品置于 225 mL 生理盐水,得 1 分
充分混匀,得 1 分</td><td></td></tr>
<tr><td>03</td><td>2</td><td>吸量管的使用</td><td colspan="4">右手持吸量管,得 1 分
移液过程未漏液,移液体积准确,得 1 分</td><td></td></tr>
<tr><td>04</td><td>6</td><td>试管、三角瓶的使用</td><td colspan="4">开、盖、持塞手法规范,得 2 分
开塞后、盖塞前烧试管口或瓶口,得 2 分
摇匀过程中,稀释液未沾到试管塞或瓶塞,得 2 分</td><td></td></tr>
<tr><td>05</td><td>4</td><td>梯度稀释</td><td colspan="4">稀释顺序正确,得 2 分
吸头尖端不触及低浓度试管里溶液,得 1 分
反复吹打或涡旋混匀,得 1 分</td><td></td></tr>
<tr><td>06</td><td>6</td><td>接种平皿</td><td colspan="4">3 个稀释度适宜,得 2 分
做空白对照,得 2 分
做平行,得 2 分</td><td></td></tr>
<tr><td>07</td><td>6</td><td>倾注培养基</td><td colspan="4">VRBA 制备好至倾注使用未超过 3h,得 1 分
VRBA 冷却至 46℃,得 1 分
倾注 VRBA 适量(15～20 mL),得 1 分
转动平皿混合均匀,培养基未溅到皿盖,得 1 分
待琼脂凝固后,再加 3～4 mL VRBA 覆盖平板表层,得 2 分</td><td></td></tr>
<tr><td>08</td><td>2</td><td>培养</td><td colspan="4">判断 VRBA 凝固正确,得 1 分
倒置于培养箱 36℃±1℃培养 18～24 h,得 1 分</td><td></td></tr>
</table>

续表 3-12

编号	配分	评分细则描述		得分
09	4	平板菌落数的选择	选取菌落在合适范围计数，得 2 分 典型菌落和可疑菌落选取正确，得 2 分	
10	3	证实试验	菌落挑取数量正确，得 1 分 菌落接种操作正确，得 1 分 置于 36℃±1℃培养 18～24 h，得 1 分	
11	4	手法熟练	操作在酒精灯附近无菌区进行，得 2 分 取样到倾注培养在 15 min 内完成，得 2 分	
12	4	职业素养	无菌意识强，得 2 分 小心谨慎，过程中未损坏器皿，得 1 分 及时清洁整理台面，清洗物品，得 1 分	
合计得分				

三、冰淇淋中大肠菌群检验结果记录

请如实计数大肠菌群数，填写冰淇淋中大肠菌群检验结果，得出检验结论，规范填写表 3-13。

表 3-13 冰淇淋中大肠菌群检验结果记录表

<table>
<tr><td>样品名称</td><td colspan="4"></td><td colspan="2">检验方法依据</td><td colspan="2"></td></tr>
<tr><td>样品编号</td><td colspan="4"></td><td colspan="2">样品状态</td><td colspan="2"></td></tr>
<tr><td>样品数量</td><td colspan="4"></td><td colspan="2">检验地点</td><td colspan="2"></td></tr>
<tr><td colspan="9">结 果 记 录</td></tr>
<tr><td>稀释度</td><td colspan="2"></td><td colspan="2"></td><td colspan="2"></td><td colspan="2">空白值</td></tr>
<tr><td>菌落数</td><td></td><td></td><td></td><td></td><td></td><td></td><td></td><td></td></tr>
<tr><td>平均值</td><td colspan="2"></td><td colspan="2"></td><td colspan="2"></td><td colspan="2">—</td></tr>
<tr><td>选取菌落数</td><td colspan="2"></td><td colspan="2"></td><td colspan="2"></td><td colspan="2">—</td></tr>
<tr><td>产气情况</td><td colspan="2"></td><td colspan="2"></td><td colspan="2"></td><td colspan="2">—</td></tr>
<tr><td>VRBA 培养条件</td><td colspan="8">温度：　　　　　　　　时间：</td></tr>
<tr><td>BGLB 培养条件</td><td colspan="8">温度：　　　　　　　　时间：</td></tr>
<tr><td>实测结果</td><td colspan="8"></td></tr>
<tr><td>标准值</td><td colspan="8"></td></tr>
<tr><td>单项检验结论</td><td colspan="8"></td></tr>
<tr><td colspan="9">检验人员：　　　　　　　　检验日期：</td></tr>
</table>

冰淇淋中大肠菌群检验结果及记录共计20分，具体评分见表3-14。

表3-14 冰淇淋中大肠菌群检验结果及记录考核评分表

班级		姓名		学号		组别	
编号	配分	评分细则描述					得分
01	5	菌落生长情况	空白对照未长菌落，得2分 菌落在平板上分布均匀，得1分 相邻两个梯度菌落数十倍相比相差小于5%，得1分 平行试验的两块平板菌落数相比小于5%，得1分				
02	4	VRBA平板上大肠菌群典型和可疑菌落识别和计数	选取菌落数在15～150 CFU之间的平板计数，得1分 典型和可疑大肠菌群菌落特征(典型菌落为紫红色，菌落周围有红色的胆盐沉淀环，菌落直径为0.5 mm(或更大)识别正确，得2分 典型和可疑大肠菌群菌落计数正确，得1分				
03	2	BGLB肉汤发酵结果的观察	BGLB肉汤产气结果判断正确，得1分 阳性管数统计正确，得1分				
04	4	原始记录	试验数据直接填入原始记录表，得1分 空缺项规范用"/"表示，得1分 填写单位正确，得1分 无修改，得1分				
05	5	数据处理与结果报告	菌落计数正确，得1分； 选取合适稀释度平板进行计算，得1分； 菌落数结果计算正确，得1分 菌落数结果的有效位数修约正确，得1分； 结论表述正确，得1分				
合计得分							

任务三　测试片法快速检测餐具表面的大肠菌群

任务描述

测试片法快速检测大肠菌群和大肠杆菌在餐饮服务中是非常重要的。该法不仅适用于消毒餐(饮)具，也适用于消毒食品容器和食品生产经营工具、设备等的表面检测，是常被采用的快速检测方法。请学习测试片法后，完成餐具表面大肠菌群的快速检测。

学习导图

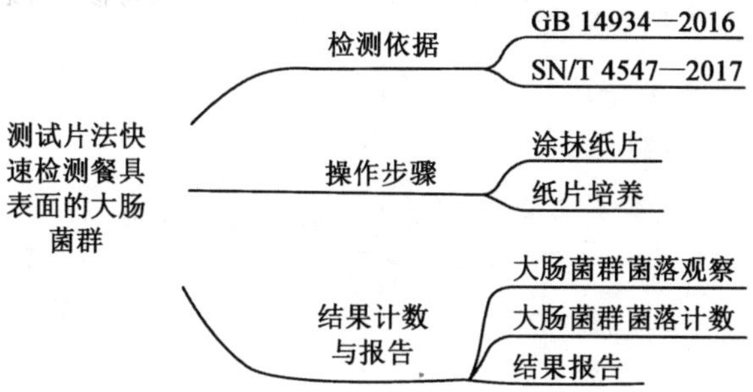

相关知识

一、参考标准

GB 14934—2016 食品安全国家标准　消毒餐(饮)具

SN/T 4547—2017 商品化试剂盒检测方法　大肠菌群与大肠杆菌

二、测试片法快速检测的优点及在餐具表面检测中的应用

测试片法具有检出率高，操作简便，培养时间短，体积较小，占用空间少的特点，逐渐成为食品微生物检测中较有前景的重要手段之一。其优点包括：①快速测试片可测定少量样品，不需要配制试剂，不需要大量的玻璃器皿，操作简便迅速；易于消毒保存，便于运输，携带方便，价格低廉，加之除纸片外无其他任何废液废物，大大减少或消除对环境的污染，以及试验后的清洗工作，减少了工作量。另外，该法避免了热琼脂法不适宜受损细菌恢复的缺陷，故适用于实验室、生产现场和野外环境工作使用。②快速测试片可以在取样的同时接种，结果更能反映当时样本中真实的细菌数，防止延长接种时间导致细菌繁殖造成的数量增多。③常规法一般需要时间较长，而且需要特定的温度，这样导致许多基层单位和食品企业不能实施，也不能达到及时检测的目的。而测试片无须进行使用前的准备工作，大大缩短了时间。

测试片法是对餐具表面中大肠菌群快速检测的常用方法。大肠菌群检测是评价餐具消毒效果的重要指标，多年来一贯使用培养发酵法。该法虽然比较准确，但烦琐复杂，72 h才能获得结果，而纸片法简便、快速、灵敏，已经纳入食(饮)具消毒卫生标准，即大肠菌群纸片法与培养发酵法同为国家标准方法。测试片法无须特殊仪器、设备，给现场监测带来了极大的便利，不但节省了大量人力、物力，而且还扩大了监测覆盖面，是基层卫生防疫机构对食(饮)具进行卫生监督及餐饮企业快速自检的一种较理想的检测方法。

三、测试片法快速检测大肠菌群的原理

大肠菌群、大肠杆菌检测纸片含有改良的VRB(violet red bile)培养基及葡萄糖醛酸酶指示剂。绝大多数大肠杆菌能产生β-葡萄糖醛酸酶，与培养基中的指示剂反应，产生蓝色沉淀环绕在大肠杆菌菌落周围；表面覆盖的胶膜，可留住发酵乳糖产生的气体，形成蓝色和深蓝色的菌落并有气泡相连。大肠菌群菌落在测试片上产酸，pH指示剂使培养基变为暗红色，在红色菌落周围有气泡者为大肠菌群。所以，一次测试即可测出大肠杆菌和大肠菌群数：带气泡的

蓝色和红色菌落为大肠菌群，带气泡的蓝色菌落为大肠杆菌。

四、餐具表面大肠菌群指标限量

GB 14934—2016《食品安全国家标准　消毒餐（饮）具》中明确了餐具表面大肠菌群可采用纸片法，且不得检出大肠菌群。

表 3-15　餐具表面大肠菌群指标限量

项目	限量	检验方法
大肠菌群 纸片法/(50 cm^2)	不得检出	GB 14934—2016

任务实施

一、检验材料

(一)主要设备

恒温培养箱(36℃±1℃)。

(二)主要试剂

专用的大肠菌群快速检验纸片，纸片规格为 5 cm×5 cm(面积 25 cm^2)。

二、检验程序

测试片法快速检测大肠菌群程序见图 3-5。

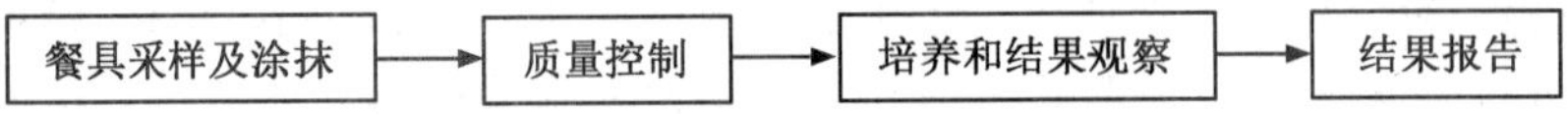

图 3-5　测试片法快速检测大肠菌群程序

三、操作步骤

(一)餐具采样

筷子：以 5 根筷子为一件样品，将 5 根筷子的下段(进口端)5 cm 处(长 5 cm×周长 2 cm×5 根，50 cm^2)，置 10 mL 灭菌生理盐水大试管中，充分振荡 20 次后，移出筷子。视具体情况，5 根筷子可分别振荡。或用无菌生理盐水湿润棉拭子，分别在 5 根筷子的下段(进口端) 5 cm 处表面范围均匀涂抹 3 次后，用灭菌剪刀剪去棉拭子与手接触的部分，将棉拭子置相应的液体培养基内。

用无菌生理盐水湿润餐具大肠菌群快速检验纸片后，立即将筷子下段(进口端)(约 5 cm)涂抹纸片，每件样品涂抹两张快速检验纸片，置无菌塑料袋内。

其他餐(饮)具：用无菌生理盐水湿润餐具大肠菌群快速检验纸片后，立即贴于餐(饮)具通常与食物或口唇接触的内壁表面或与口唇接触处，每件贴两张快速检验纸片，30 s 后取下，置无菌塑料袋内。

特别提示：以上操作时，可用无菌磷酸盐缓冲液替代无菌生理盐水作为采样和稀释液。

(二)质量控制

采样过程中，应对纸片或棉拭子按照采样步骤同时处理；不经过采样步骤，作为空白对照。

(三)培养和结果观察

将已采样的大肠菌群快速检验纸片置 36℃±1℃培养 16～18 h，观察结果。结果判定按产品说明书执行。

特别提示：若空白对照有微生物生长，则此次检验结果无效。

(四)结果报告

综合以上试验结果，报告每 50 cm^2 检出或未检出大肠菌群。

项目拓展

1. 生活指导

生活中我们经常将餐具洗净后并不消毒，而是暴露在空气中让其晾干后再使用，这样的做法不能使餐具表面的大肠菌群消除，请设计试验并检测餐具中大肠菌群，为我们餐具的使用提供卫生指导。

2. 大肠菌群测定方法拓展

GB 18869—2019 饲料中大肠菌群的测定

SN/T 3924—2014 出口贝类中大肠菌群、粪大肠菌群检测方法等方法标准

GB 7918.3—1987 化妆品微生物标准检验方法　粪大肠菌群

理论习题

一、填空题

1. 测试片法快速检测大肠菌群具有检出率高，操作简便，________，体积较小，占用空间少，逐渐成为食品微生物检测中较有前景的重要手段之一。

2. 筷子取样时，用无菌生理盐水湿润餐具大肠菌群快速检测纸片后，立即将筷子下段(进口端)________ cm 涂抹纸片。

3. 餐具表面大肠菌群指标限量为________。

4. 大肠菌群快速检测纸片置 36℃±1℃培养________ h，观察结果。

5. 测试片法快速检测餐具表面的大肠菌群执行的标准为________食品安全国家标准消毒餐(饮)具。

二、选择题

1. 测试片法快速检测餐具表面的大肠菌群所用纸片规格为____。

A. 5 cm　B. 25 cm×25 cm　C. 15 cm×15 cm　D. 5 cm×5 cm

2. 大肠菌群、大肠杆菌检测纸片含有改良的 VRB(violet red bile)培养基及____指示剂。

A. 检测缓冲液　B. 葡萄糖醛酸酶　C. 亚甲蓝　D. 酸碱

3. 筷子及其他餐具取样时，每件样品涂抹____张快速检测纸片。

A. 2 张　　B. 3 张　　C. 1 张　　D. 根据实际情况定

三、判断题

1. 测试片法快速检测不仅适用于消毒餐(饮)具，同时适用于消毒食品容器和食品生产经营工具、设备表面的大肠菌群检测，是常被采用的方法。(　　)

2. 测试片法快速检测大肠菌群大大减少或消除对环境的污染，以及试验后的清洗工作，减少了工作量。(　　)

3. 大肠菌群培养发酵法需要 72 h 才能出结果。(　　)

4. 大肠菌群菌落在测试片上产酸，pH 指示剂使培养基变为暗红色，在红色菌落周围有气泡者为大肠菌群。(　　)

5. 测试片法快速检测大肠菌群，若空白对照有微生物生长，则此次检测结果无效。(　　)

四、综合题

描述大肠菌群在测试片上的菌落特征，说明大肠菌群在测试片上显现特征菌落的原因。

技能操作

规范地完成测试片法快速检测餐具表面大肠菌群的检验，包括物品准备、检验操作和结果记录，如实填写表 3-16。

表 3-16　测试片法快速检测餐具表面的大肠菌群记录单

<table>
<tr><td>姓名</td><td></td><td>学号</td><td></td><td>班级</td><td></td><td>组别</td><td></td></tr>
<tr><td colspan="2">检验项目及限值</td><td colspan="6"></td></tr>
<tr><td colspan="2" rowspan="4">检验准备</td><td>仪器</td><td colspan="5"></td></tr>
<tr><td>试剂</td><td colspan="5"></td></tr>
<tr><td>耗材</td><td colspan="5"></td></tr>
<tr><td>样品</td><td colspan="5"></td></tr>
<tr><td colspan="2" rowspan="4">检验操作</td><td>采样</td><td colspan="5"></td></tr>
<tr><td>涂抹</td><td colspan="5"></td></tr>
<tr><td>空白</td><td colspan="5"></td></tr>
<tr><td>培养</td><td colspan="5"></td></tr>
<tr><td rowspan="7">记录结果</td><td>样品/cm</td><td colspan="6"></td></tr>
<tr><td rowspan="2">测量值</td><td colspan="2">空白值</td><td colspan="2">样品 1</td><td colspan="2">样品 2</td></tr>
<tr><td colspan="2"></td><td colspan="2"></td><td colspan="2"></td></tr>
<tr><td>结果</td><td colspan="6"></td></tr>
<tr><td>标准值</td><td colspan="6"></td></tr>
<tr><td>单项检验结论</td><td colspan="6"></td></tr>
<tr><td colspan="4">检验人员：</td><td colspan="3">检验日期：</td></tr>
</table>

测试片法快速检测餐具表面的大肠菌群操作考核点参考表3-17。

表3-17　测试片法快速检测餐具表面的大肠菌群评分表

<table>
<tr><td>姓名</td><td></td><td>学号</td><td colspan="2"></td><td>班级</td><td></td><td>组别</td><td></td></tr>
<tr><td>编号</td><td>配分</td><td colspan="6">评分细则描述</td><td>得分</td></tr>
<tr><td>01</td><td>10</td><td>操作前准备</td><td colspan="5">大肠菌群快速检测纸片准备,得2分
戴好无菌手套,得2分
无菌稀释液准备,得2分
灭菌刻度吸管或无菌移液枪头,灭菌镊子等物品准备,得4分</td><td></td></tr>
<tr><td>02</td><td>12</td><td>微量移液器的使用</td><td colspan="5">选择量程适宜的移液枪,得2分
使用前,先检查是否有漏液现象,得2分
牢固安装吸头且不影响脱卸,得2分
垂直吸液,慢吸慢放,得2分
吸液时按到第一挡,排液时按到第二挡,得2分
用完后及时调回到最大量程处,得2分</td><td></td></tr>
<tr><td>03</td><td>15</td><td>采样</td><td colspan="5">采样方法准确,得7分
每个样品做2张测试片,得4分
放回无菌袋中,得4分</td><td></td></tr>
<tr><td>04</td><td>10</td><td>空白</td><td colspan="5">空白操作正确,得6分
空白数量正确,得4分</td><td></td></tr>
<tr><td>05</td><td>12</td><td>培养</td><td colspan="5">培养温度正确,得6分
培养时间准确,得6分</td><td></td></tr>
<tr><td>06</td><td>12</td><td>结果观察</td><td colspan="5">阳性结果判断正确,得6分
空白无微生物生长,得6分</td><td></td></tr>
<tr><td>07</td><td>6</td><td>操作熟练</td><td colspan="5">从采样到培养完成在18 h内,得6分</td><td></td></tr>
<tr><td>08</td><td>10</td><td>原始记录</td><td colspan="5">检测数据直接填入记录表,得3分
空缺项规范用“/”表示,得2分
填写正确,得3分
记录表无修改,得2分</td><td></td></tr>
<tr><td>09</td><td>8</td><td>结果报告</td><td colspan="5">结果正确,得4分
检测结论表述正确,得4分</td><td></td></tr>
<tr><td>10</td><td>5</td><td>职业素养</td><td colspan="5">及时清理台面,清洗物品,得5分</td><td></td></tr>
<tr><td colspan="8">合计得分</td><td></td></tr>
</table>

项目四

乳酸菌检验

【项目背景】

诺贝尔奖获得者梅契尼科夫博士曾经发现乳酸菌可能是一个重要的长寿因子。随后的100年以来，人们对乳酸菌的钟情有增无减，发达国家毫无例外地在商场货柜上陈列着各种各样的乳酸菌制品。乳酸菌是一类可发酵糖并主要产生大量乳酸的细菌的通称。在我国，乳酸菌与人们生活密切相关，含乳酸菌的食品种类众多，我国原卫生部在2001年公布了《保健食品的益生菌菌种名单》，其中包含乳酸菌的10个种。在2010年和2011年，原卫生部公布了两个可食用菌种名单。其中，在2010年公布的可用于食品的菌种名单，包括乳杆菌属的14个种，双歧杆菌数的6个种，乳球菌属的3个种，链球菌属的1个种，丙酸杆菌属的1个种，以及明串球菌属的1个种。2011年公布的可用于婴幼儿食品的菌种名单中，包括了2株乳酸杆菌和2株双歧杆菌。乳酸菌是一种复杂的生命体，是食品生产和加工的一种特殊原料，也是食品安全的重要内容。GB 4789.35—2016适用于含活性乳酸菌的食品中乳酸菌的检验，包括乳杆菌属(*Lactobacillus*)、双歧杆菌属(*Bifidobacterium*)和嗜热链球菌属(*Streptococcus*)。检验数据可以衡量发酵乳的质量，根据GB 19302—2010发酵乳乳酸菌数不得低于1×10^{6} CFU/mL。

课程思政　小菌种 大梦想

【学习目标】

知识目标

1. 了解GB 4789.35检验要求
2. 掌握发酵乳乳酸菌的检测方法、操作步骤、生化反应及结果计算

能力目标

1. 能列出发酵乳中乳酸菌检验物品清单，规范地完成物品准备
2. 能规范地进行采样并完成乳酸菌的检验。
3. 能规范地编写实验报告

素质目标

1. 具有较强的质量安全意识和规范操作意识
2. 树立生态平衡观，引领健康生活

任务一　发酵乳中乳酸菌的检验

任务描述

发酵乳生产中，乳酸菌是衡量产品质量的标准，具体要检验哪些乳酸菌？如何检验呢？请查阅相关标准，进行标准解读后完成发酵乳的乳酸菌检验并提交报告单。

学习导图

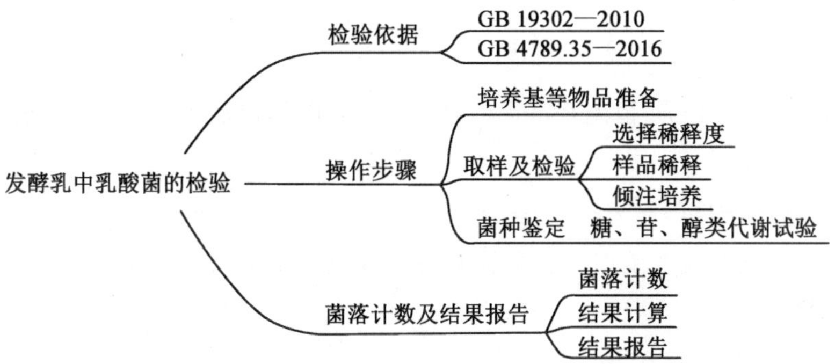

相关知识

一、参考标准

GB 19302—2010 食品安全国家标准　发酵乳

GB 4789.35—2016 食品安全国家标准　食品微生物学检验　乳酸菌检验

二、发酵乳乳酸菌数限量

发酵乳(fermented milk)是以生牛(羊)乳或乳粉为原料，经杀菌、发酵后制成的 pH 降低的产品。

发酵乳检验依据 GB 19302—2010 中乳酸菌的限量作出了规定及检验方法见表 4-1。

表 4-1　发酵乳中乳酸菌数要求

项目	限量/[CFU/g(mL)]	检验方法
乳酸菌[a]	$\geqslant 1\times 10^6$	GB 4789.35

[a] 发酵后经热处理的产品对乳酸菌数不作要求。

三、乳酸菌检验

(一)菌落总数的概念

乳酸菌　一类可发酵糖并主要产生大量乳酸的细菌的通称。本标准中乳酸菌主要为乳杆菌属(*Lactobacillus*)、双歧杆菌属(*Bifidobacterium*)和链球菌属(*Streptococcus*)。

(二)检测原理

样品经稀释,并使样品悬液中的微生物充分分散,定量接种 1mL 到平皿中和培养基充分混匀,微生物在培养基中分散而呈单个(理想状态下)存在,一个菌体长出一个肉眼可见的菌落,计算菌落数可推出菌体数,最终以菌落形成单位数(CFU)报告。

任务实施

一、检验材料

(一)主要设备

恒温培养箱(36℃±1℃)、恒温水浴锅(46℃±1℃)、电热恒温干燥箱、天平(感量为 0.1 g)、振荡器、菌落计数器等。

(二)主要培养基和试剂

MC 琼脂培养基、莫匹罗星锂盐和半胱氨酸盐改良 MRS 琼脂培养基、MRS 培养基、磷酸盐缓冲液、氯化钠等。

(三)主要器皿

1 mL(具 0.01 mL 刻度)吸管、10 mL(具 0.1 mL 刻度)吸管、250 mL 锥形瓶、500 mL 锥形瓶、直径 90 mm 培养皿。

二、检验程序

乳酸菌的检验程序见图 4-1。

三、操作步骤

(一)检测前培养基及准备工作

1. MC 培养基的制作

称取 9.1 gMC 琼脂培养基放入三角瓶中→加入 120 mL 水→塞上硅胶塞→包牛皮纸(标注 MC 培养基、日期及班组)→ 0.11 MPa(121℃)灭菌 15 min。

2. MRS 培养基的制作

称取 7.9 g MRS 琼脂培养基放入三角瓶中→加入 120 mL 水→塞上硅胶塞→包牛皮纸(标注 MRS 培养基、日期及班组)→ 0.11 MPa(121℃)灭菌 15 min。

3. 莫匹罗星锂盐和半胱氨酸盐酸盐改良 MRS 培养基

(1)莫匹罗星锂盐储备液制备　称取 50 mg 莫匹罗星锂盐(Li－Mupirocin)加到 50 mL 蒸馏水中,用 0.22 μm 微孔滤膜过滤除菌。

(2)半胱氨酸盐酸盐储备液制备　称取 250 mg 半胱氨酸盐酸盐加到 50 mL 蒸馏水中,用 0.22 μm 微孔滤膜过滤除菌。

(3)制法　称取 7.9 gMRS 琼脂培养基放入三角瓶中→加入 102 mL 水→塞上硅胶塞→包牛皮纸(标注 MRS 培养基、日期及班组)→ 0.11 MPa(121℃)灭菌 15 min→水浴中冷至

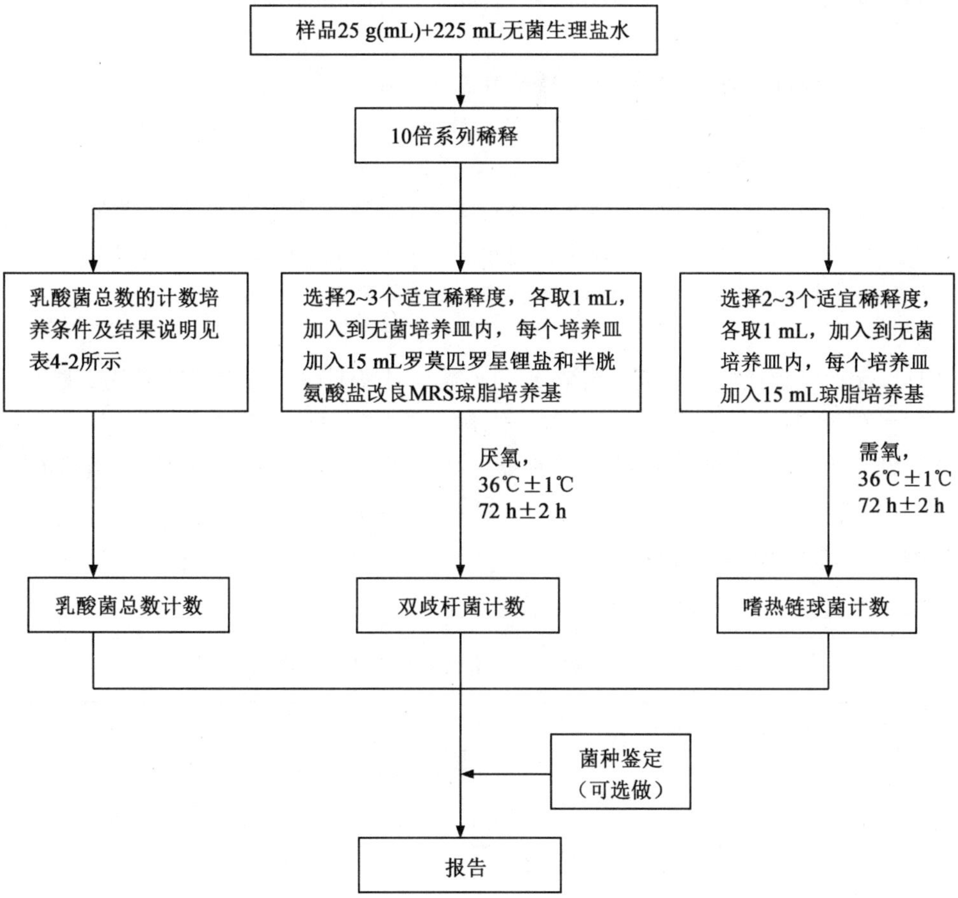

图 4-1　乳酸菌检验程序

48℃→用带有 0.22 μm 微孔滤膜的注射器将 6 mL 莫匹罗星锂盐储备液及 12 mL 半胱氨酸盐酸盐储备液加到熔化 MRS 琼脂中，使培养基中莫匹罗星锂盐的浓度为 50 μg/mL，半胱氨酸盐酸盐的浓度为 500 μg/mL。

4. 0.85%生理盐水的制备

称取 2.55 g 氯化钠放入烧杯中，加入 300 mL 水，搅拌溶解。用量筒量取 225 mL 放入 300 mL 的三角瓶中，并加入 20 颗左右玻璃珠，包牛皮纸。用吸量管吸 9 mL 分装于试管中。塞好硅胶塞，包牛皮纸，0.11 MPa(121℃)灭菌 15 min。

5. 无菌培养皿的准备

将培养皿清洗干净→放入烘箱烘干→再装入培养皿筒中→灭菌(湿热灭菌 121℃ 30 min 或干热灭菌 165℃ 2 h)

6. 做多个棉球，包一支 25 mL 的吸管和 6 支 1 mL 的吸管，包一把镊子和一把剪刀，0.11 MPa(121℃)灭菌 15 min。

(二) 样品稀释、取样

以无菌吸管吸取 25 mL 样品置盛有 225 mL 磷酸盐缓冲液或生理盐水的无菌锥形瓶(瓶

内预置适当数量的无菌玻璃珠)中,充分混匀,制成 1∶10 的样品匀液。

特别提示:样品的全部稀释过程均应遵循无菌操作程序。

冷冻样品可先使其在 2~5℃条件下解冻,时间不超过 18 h,也可在温度不超过 45℃的条件下解冻,时间不超过 15 min。

固体和半固体样品需称取 25 g,置于盛有 225 mL 磷酸盐缓冲液或生理盐水的无菌均质杯内,8 000~10 000 r/min 均质 1~2 min,或放入盛有 225 mL 稀释液的无菌均质袋中,用拍击式均质器拍打 1~2 min,制成 1∶10 的样品匀液。

用 1 mL 无菌吸管或微量移液器吸取 1∶10 样品匀液 1 mL,沿管壁缓慢注于盛有 9 mL 稀释液的无菌试管中(注意吸管或吸头尖端不要触及稀释液面),振摇试管或换用 1 支无菌吸管反复吹打使其混合均匀,制成 1∶100 的样品匀液。按此操作程序,制备 10 倍系列稀释样品匀液。每递增稀释一次,换用 1 次 1 mL 无菌吸管或吸头。

(三)倾注培养基、培养

乳酸菌总数计数培养条件的选择及结果说明见表 4-2。

表 4-2 乳酸菌总数计数培养条件的选择及结果说明

样品中所包含乳酸菌菌属	培养条件的选择及结果说明
仅包括双歧杆菌属	按 GB4789.34 的规定执行
仅包括乳杆菌属	按照下面的 3 操作,结果即为乳杆菌属总数
仅包括嗜热链球菌	按照下面的 2 操作。结果即为嗜热链球菌总数
同时包括双歧杆菌属和乳杆菌属	1)按照下面的 3 操作。结果即为乳酸菌总数; 2)如需单独计数双歧杆菌属数目,按下面的 1 操作
同时包括双歧杆菌属和嗜热链球菌	1)按照下面的 1、2 操作,二者结果之和即为乳酸菌总数; 2)如需单独计数双歧杆菌属数目,按照下面的 1 操作
同时包括乳杆菌属和嗜热链球菌	1)按照下面的 2、3 操作,二者结果之和即为乳酸菌总数; 2)按照下面的 2 操作,结果为嗜热链球菌总数; 3)按照下面的 3 操作,结果为乳杆菌属总数
同时包括双歧杆菌属,乳杆菌属和嗜热链球菌	1)按照下面的 2、3 操作,二者结果之和即为乳酸菌总数; 2)如需单独计数双歧杆菌属数目,按照下面的 1 操作

1. 双歧杆菌计数

根据对待检样品双歧杆菌含量的估计,选择 2~3 个连续的适宜稀释度,每个稀释度吸取 1 mL 样品匀液于灭菌平皿内,每个稀释度做两个平皿。稀释液移入平皿后,将冷却至 48℃的莫匹罗星锂盐和半胱氨酸盐酸盐改良的 MRS 培养基倾注入平皿约 15mL,转动平皿使其混合均匀。36℃±1℃厌氧培养 72 h±2 h,培养后计数平板上的所有菌落数。从样品稀释到平板倾注要求在 15 min 内完成。

2. 嗜热链球菌计数

根据对待检样品嗜热链球菌活菌数的估计，选择 2～3 个连续的适宜稀释度，每个稀释度吸取 1 mL 样品匀液于灭菌平皿内，每个稀释度做两个平皿。稀释液移入平皿后，将冷却至 48℃的 MC 培养基倾注入平皿约 15 mL，转动平皿使其混合均匀。36℃±1℃需氧培养 72 h±2 h，培养后计数。嗜热链球菌在 MC 琼脂平板上的菌落特征为：菌落中等偏小，为边缘整齐光滑的红色菌落，直径 2 mm±1 mm，菌落背面为粉红色。从样品稀释到平板倾注要求在 15 min 内完成。

3. 乳杆菌计数

根据对待检样品活菌总数的估计，选择 2～3 个连续的适宜稀释度，每个稀释度吸取 1 mL 样品匀液于灭菌平皿内，每个稀释度做两个平皿。稀释液移入平皿后，将冷却至 48℃的 MRS 琼脂培养基倾注入平皿约 15 mL，转动平皿使其混合均匀。36℃±1℃厌氧培养 72 h±2 h。从样品稀释到平板倾注要求在 15 min 内完成。检验流程见图 4-2。

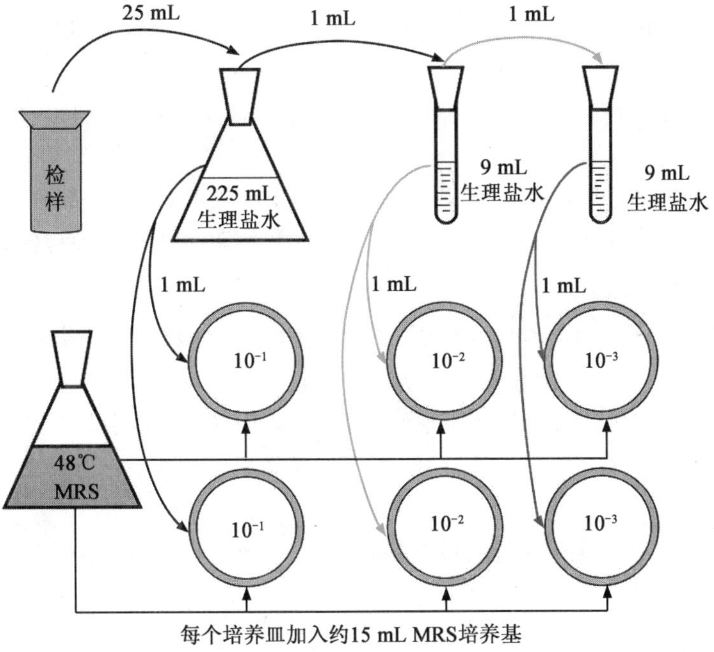

图 4-2　乳杆菌计数流程

四、菌落计数

选取菌落数在 30～300 CFU 之间，无蔓延菌落生长的平板计数菌落总数。低于 30 CFU 的平板记录具体菌落数，大于 300 CFU 的可记录为多不可计。每个稀释度的菌落数应采用两个平板的平均数。其中一个平板有较大片状菌落生长时，则不宜采用，而应以无片状菌落生长的平板作为该稀释度的菌落数；若片状菌落不到平板的一半，而其余一半中菌落分布又很均匀，即可计算半个平板后乘以 2，代表一个平板菌落数。

当平板上出现菌落间无明显界线的链状生长时，则将每条单链作为一个菌落计数。

(一)菌落总数的计算方法

1. 若只有一个稀释度平板上的菌落数在适宜计数范围内，则计算两个平板菌落数的平均值，再将平均值乘以相应稀释倍数，作为每克(毫升)样品中菌落总数结果。

2. 若有两个连续稀释度的平板菌落数在适宜计数范围内时，按下列公式计算：

$$N = \frac{\sum C}{(n_1 + 0.1n_2)d}$$

式中：N 为样品中菌落数；$\sum C$ 为平板(含适宜范围菌落数的平板)菌落数之和；n_1 为第一稀释度(低稀释倍数)平板个数；n_2 为第二稀释度(高稀释倍数)平板个数；d 为稀释因子(第一稀释度)。

3. 若所有稀释度的平板上菌落数均大于 300 CFU，则对稀释度最高的平板进行计数，其他平板可记录为多不可计，结果按平均菌落数乘以最高稀释倍数计算。

4. 若所有稀释度的平板菌落数均小于 30 CFU，则应按稀释度最低的平均菌落数乘以稀释倍数计算。

5. 若所有稀释度(包括液体样品原液)平板均无菌落生长，则以小于 1 乘以最低稀释倍数计算。

6. 若所有稀释度的平板菌落数均不在 30～300 CFU 之间，其中一部分小于 30 CFU 或大于 300 CFU 时，则以最接近 30 CFU 或 300 CFU 的平均菌落数乘以稀释倍数计算。

(二)菌落总数的报告

菌落数小于 100 CFU 时，按“四舍五入”原则修约，以整数报告；菌落数大于或等于 100 CFU 时，第 3 位数字采用“四舍五入”原则修约后，取前 2 位数字，后面用 0 代替位数；也可用 10 的指数形式来表示，按“四舍五入”原则修约后，采用两位有效数字。

若所有平板上为蔓延菌落而无法计数，则报告菌落蔓延。若空白对照上有菌落生长，则此次检测结果无效。

根据菌落计数结果出具报告，称重取样以 CFU/g 为单位报告，体积取样以 CFU/mL 为单位报告。

五、乳酸菌的鉴定(可选做)

(一)纯培养

挑取 3 个或 3 个以上单个菌落，嗜热链球菌接种于 MC 琼脂平板，乳杆菌属接种于 MRS 琼脂平板，置 36℃±1℃厌氧培养 48 h。

(二)鉴定

1. 双歧杆菌的鉴定按 GB4789.34—2016 的规定操作。

2. 涂片镜检

乳杆菌属菌体形态多样，呈长杆状、弯曲杆状或短杆状。无芽孢，革兰氏染色阳性。嗜热链球菌菌体呈球形或球杆状，直径为 0.5～2.0 μm，成对或成链排列，无芽孢，革兰氏染色阳性。

3. 乳酸菌菌种主要生化反应见表 4-3 和表 4-4。

表 4-3　常见乳杆菌属内种的碳水化合物反应

菌种	七叶苷	纤维二糖	麦芽糖	甘露醇	水杨苷	山梨醇	蔗糖	棉子糖
干酪乳杆菌干酪亚种 (*L. casei* subsp. *casei*)	+	+	+	+	+	+	+	−
德氏乳杆菌保加利亚亚种 (*L. delbrueckii* subsp. *bulgaricus*)	−	−	−	−	−	−	−	−
嗜酸乳杆菌 (*L. acidophilus*)	+	+	+	−	+	−	+	d
罗伊氏乳杆菌 (*L. reuteri*)	ND	−	+	−	−	−	+	+
鼠李糖乳杆菌 (*L. rhamnosus*)	+	+	+	+	+	+	+	−
植物乳杆菌 (*L. plantarum*)	+	+	+	+	+	+	+	+

注：+表示 90%以上菌株阳性；−表示 90%以上菌株阴性；d 表示 11%～89%菌株阳性；ND 表示未测定。

表 4-4　嗜热链球菌的主要生化反应

菌种	菊糖	乳糖	甘露醇	水杨苷	水杨醇	马尿酸	七叶苷
嗜热链球菌(*S. thermophilus*)	−	+	−	−	−	−	−

注：+表示 90%以上菌株阳性；−表示 90%以上菌株阴性。

理论习题

一、判断题

1. 乳酸菌是人体的有益菌。(　　)

2. 发酵乳中允许含有少量的金黄色葡萄球菌。(　　)

3. 没有加热杀菌的中会含有活的乳酸菌。(　　)

4. fermented milk 是以生牛(羊)乳或乳粉为原料，经杀菌、发酵后制成的 pH 降低的产品。(　　)

5. 发酵乳中乳酸杆菌是限量检出的。(　　)

6. 乳酸菌检测时从取检样开始必须在 30 min 内完成。(　　)

7. 乳杆菌属菌体形态多样，呈长杆状、弯曲杆状或短杆状。无芽孢，革兰氏染色阳性。(　　)

8. 嗜热链球菌菌体呈球形或球杆状，直径为 0.5～2.0 μm，成对或成链排列，无芽孢，革兰氏染色阳性。(　　)

9. 双歧杆菌的鉴定按 GB 4789.34—2016 的规定操作。(　　)

10. 乳酸菌检测中，倒平板时培养基的温度宜控制在 48℃。(　　)

二、单选题

1. 乳酸菌检测中，乳酸菌主要不包括____?

A. 双歧杆菌属　　B. 乳杆菌属　　C. 嗜热链球菌　　D. 大肠杆菌属

2. 双歧杆菌计数检测所用的培养基为____？

A. MC 培养基　　B. MRS 培养基

C. 莫匹罗星锂盐和半胱氨酸盐酸盐改良 MRS 培养基　　D. PCA 培养基

三、主观讨论题

1. 半胱氨酸盐酸盐储备液制作好后为什么不用灭菌？

2. 乳酸菌检验的关键点是什么？

四、项目拓展

请用表格的形式设计一份发酵乳产品质量出厂检验报告单。

技能操作

一、准备发酵乳中乳酸菌检验物品

完成发酵乳乳酸菌检验物品准备，并填写表 4-5，具体操作要求见考核标准表 4-6，发酵乳中乳酸菌检验物品准备考核共计 30 分，其中操作为 27 分，职业素养为 3 分。

表 4-5　发酵乳中乳酸菌检验物品准备记录单

<table>
<tr><td>班级</td><td></td><td>姓名</td><td></td><td>学号</td><td></td><td>组别</td><td></td></tr>
<tr><td colspan="2">样品编号</td><td colspan="2"></td><td colspan="2">检验依据</td><td colspan="2"></td></tr>
<tr><td colspan="2">检验项目及限值</td><td colspan="6"></td></tr>
<tr><td colspan="2" rowspan="3">配制培养基</td><td>MC
培养基</td><td colspan="5">称量____g ____培养基，加入____mL 水溶解，盛装于____mL 锥形瓶中。</td></tr>
<tr><td>MRS
培养基</td><td colspan="5">称量____g ____培养基，加入____mL 水溶解，盛装于____mL 锥形瓶中。</td></tr>
<tr><td>改良 MRS
培养基</td><td colspan="5">称量____g ____培养基，加入____mL 水溶解，盛装于____mL 锥形瓶中，0.11 MPa(121℃)灭菌 15 min，水浴中冷却至 48℃，用带有 0.22 μm 微孔滤膜的注射器将____mL 莫匹罗星锂盐储备液及____mL 半胱氨酸盐酸盐储备液加入到熔化 MRS 琼脂中。</td></tr>
<tr><td colspan="2">配制稀释液</td><td colspan="6">称量____g 氯化钠，加入____mL 水溶解，待分装。</td></tr>
<tr><td colspan="2">分装稀释液</td><td colspan="6">量取出____mL 稀释液盛装于____mL 锥形瓶中，内置____。
量取出____mL 稀释液盛装于____试管中，共分装____支。</td></tr>
</table>

续表 4-5

包扎器皿	包扎________mL 移液管________支，包扎________mL 移液管________支。 包扎________平皿________套。
干热灭菌	物品： 条件：
湿热灭菌	物品： 条件：
设备准备	水浴锅恒温至________℃；培养箱恒温至________℃； 无菌室及净化工作台杀菌________min。

表 4-6　发酵乳中乳酸菌检验物品准备评分表

班级		姓名		学号		组别	
编号	配分	评分细则描述					得分
01	2	试剂选择	培养基选择正确，得 1 分 稀释液成分选择正确，得 1 分				
02	6	称量	检查天平是否平衡，得 1 分 称量操作正确，得 3 分 称量质量准确，得 2 分				
03	4	溶解	蒸馏水量取准确，得 1 分 培养基溶解均一，得 2 分 稀释液溶解均一，得 1 分				
04	5	分装	锥形瓶规格选择合适，得 1 分 试管规格选择合适，得 1 分 量取、移液操作准确，得 2 分 分装数量准确，得 1 分				
05	4	包扎	选择移液管规格正确，数量准确，得 1 分 选择平皿规格正确，数量准确，得 1 分 包扎捆绑操作规范，得 2 分				
06	3	灭菌	灭菌方法选择正确，得 1 分 灭菌操作规范，得 2 分				
07	3	设备准备	操作环境灭菌规范，得 1 分 设置培养温度准确，得 1 分 设置培养基保温温度准确，得 1 分				
08	3	职业素养	灭菌设备使用安全意识，得 1 分 试验资源共享意识，得 1 分 全过程 7S 管理，得 1 分				
合计得分							

二、实施发酵乳中乳酸菌检验操作

完成发酵乳中乳酸菌检验操作，并填写表4-7，具体操作考核标准见表4-8，发酵乳微生物检验操作考核共计50分。

表4-7 发酵乳中乳酸菌检验操作

班级		姓名		学号		组别	
样品编号				检验依据			
检验项目及限值							
操作前准备	完成________和________消毒，点燃________，平皿标识清楚(稀释度、检验人、检验日期)。						
制备样品	无菌吸取________ mL样品，置于225 mL生理盐水中混匀。制成________的样品匀液。						
样品梯度稀释	用________ mL无菌吸管吸取________ mL 1∶10的样品匀液，置于9 mL生理盐水中反复吹打或涡旋混匀。每递增稀释一次，即换用1次1mL灭菌吸管或吸头，吸头尖端________稀释液面。						
加样	分别选择________个连续的适宜稀释度，每一个稀释度做________平皿						
倾注培养基	双歧杆菌计数：________培养基冷却至________，倾注培养基________ mL，转动平皿，混合均匀。 嗜热链球菌计数：________培养基冷却至________，倾注培养基________ mL，转动平皿，混合均匀。 乳杆菌计数：________培养基冷却至________，倾注培养基________ mL，转动平皿，混合均匀。						
培养	待琼脂凝固后 双歧杆菌计数：36℃±1℃________培养72 h±2 h。 嗜热链球菌计数：36℃±1℃________培养72 h±2 h。 乳杆菌计数：36℃±1℃________培养72 h±2 h						
清理	把桌面清理干净，对检验后存在有害菌的样品在处理时，必须进行________灭活处理后方能进行其他处理。						

表 4-8　发酵乳中乳酸菌检验操作评分表

班级		姓名		学号		组别	
编号	配分	评分细则描述					得分
01	4	操作前准备	完成台面清洁消毒和手部消毒，得 2 分 点燃酒精灯，得 1 分 平皿标识清楚(稀释度、检验人、检验日期)，得 1 分				
02	8	制备样品	无菌吸取 25 mL 样品，得 4 分 置于 225 mL 生理盐水，得 2 分 充分混匀，得 2 分				
03	11	样品梯度稀释	吸头尖端不触及稀释液面，得 5 分 反复吹打或涡旋，得 2 分 更换吸管，得 4 分				
04	8	加样	选择 3 个连续的适宜稀释度，得 4 分 每一个稀释度做两个平皿，得 4 分				
05	8	倾注培养基	培养基冷却至 48℃，得 2 分 倾注培养基 15 mL，得 3 分 转动平皿，混合均匀，得 3 分				
06	6	培养	待琼脂凝固后 双歧杆菌计数：36℃±1℃厌氧培养 72 h±2 h。得 2 分 嗜热链球菌计数：36℃±1℃需氧培养 72 h±2 h。得 2 分 乳杆菌计数：36℃±1℃厌氧培养 72 h±2 h 得 2 分				
07	5	职业素养	把桌面清理干净并作消毒处理，对检验后存在有害细菌的样品在处理时，必须进行灭活处理后方能进行其他处理，得 5 分				
合计得分							

三、发酵乳中乳酸菌检验结果记录

请如实规范地填写发酵乳中乳酸菌检验结果记录表 4-9，发酵乳微生物检验结果及记录共计 20 分，具体考核评分见表 4-10。

表 4-9 发酵乳乳酸菌检验结果记录表

样品名称				检验方法依据			
样品编号				样品状态			
样品数量				检验地点			
结果记录							
双歧杆菌计数	稀释度						
	菌落数						
	平均值						
嗜热链球菌计数	稀释度						
	菌落数						
	平均值						
乳杆菌计数	稀释度						
	菌落数						
	平均值						
培养条件	温度：		时间：				
实测结果							
标准值							
检验结论							
检验人员：				检验日期：			

表 4-10 发酵乳乳酸菌检验结果及记录考核评分表

班级		姓名		学号		组别	
编号	配分	评分细则描述					得分
01	3	填写试验报告	正确填写每一项内容，得 2 分 空缺项规范用“/”表示，得 1 分				
02	3	修改规范	无修改，得 2 分 使用“杠改法”，且修改之处≤3 处，得 1 分				
03	1	结果单位	填写单位正确，得 1 分				
04	4	原始记录填写	操作数据直接填入原始记录表，得 2 分 试验数值、样品取样量、稀释度填写及时，得 2 分				
05	9	数据处理	菌落计数正确，得 5 分 选取合适稀释度平板进行计算，得 2 分 结果的有效位数修约正确，得 1 分 结果计算正确，得 1 分				
合计得分							

任务二　益生菌粉中双歧杆菌检验

任务描述

GB 4789.34—2016 适用于双歧杆菌纯菌菌种的鉴定及计数，适用于食品中仅含有单一双歧杆菌的菌种鉴定，适用于食品中仅含有双歧杆菌属的计数，即食品中可包含一个或多个不同的双歧杆菌种。如何检验呢？请查阅相关标准，进行标准解读后完成双歧杆菌检验并提交报告单。

学习导图

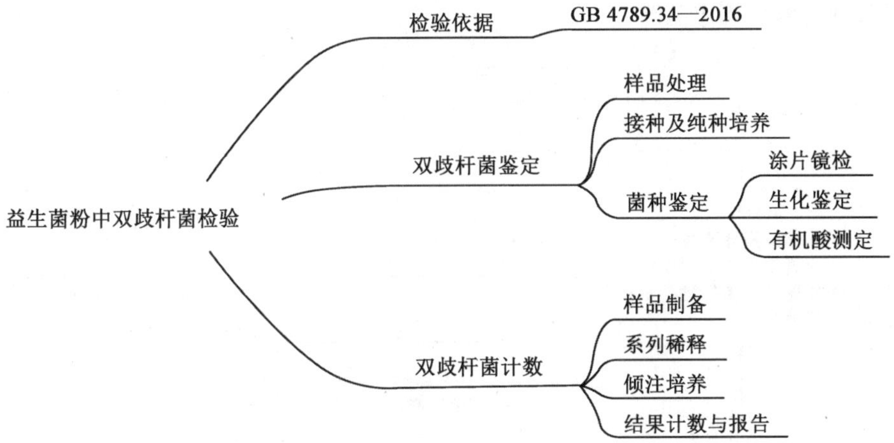

相关知识

一、参考标准

GB 4789.34—2016 食品安全国家标准　双歧杆菌检验

二、双歧杆菌检验

(一)双歧杆菌

双歧杆菌是一个细菌属名。双歧杆菌属是一种革兰氏阳性、不运动、细胞呈杆状、一端有时呈分叉状、严格厌氧的细菌属，广泛存在于人和动物的消化道、阴道和口腔等生境中。双歧杆菌属的细菌是人和动物肠道菌群的重要组成成员之一。一些双歧杆菌的菌株可以作为益生菌而用在食品、医药和饲料方面。

(二)检验原理

检样接种于双歧杆菌琼脂平板或 MRS 琼脂平板。36℃±1℃厌氧培养 48 h±2 h，可延长至 72 h±2 h 菌落计数，算出每毫升检样中的双歧杆数。

任务实施

一、检验材料

(一)主要设备

恒温培养箱(36℃±1℃)、恒温水浴锅(46℃±1℃)、冰箱(2～5℃)、天平(感量为 0.1 g)、振荡器、菌落计数器等。

(二)主要培养基和试剂

MRS 琼脂平板、磷酸盐缓冲液、无菌生理盐水等。

(三)主要器皿

1 mL(具 0.01 mL 刻度)吸管、10 mL(具 0.1 mL 刻度)吸管或微量移液器(200～1 000 μL)及配套吸头、250 mL 锥形瓶、500 mL 锥形无菌瓶、18 mm×180 mm 试管、直径 90 mm 培养皿。

二、检验程序

双歧杆菌的检验程序见图 4-3。

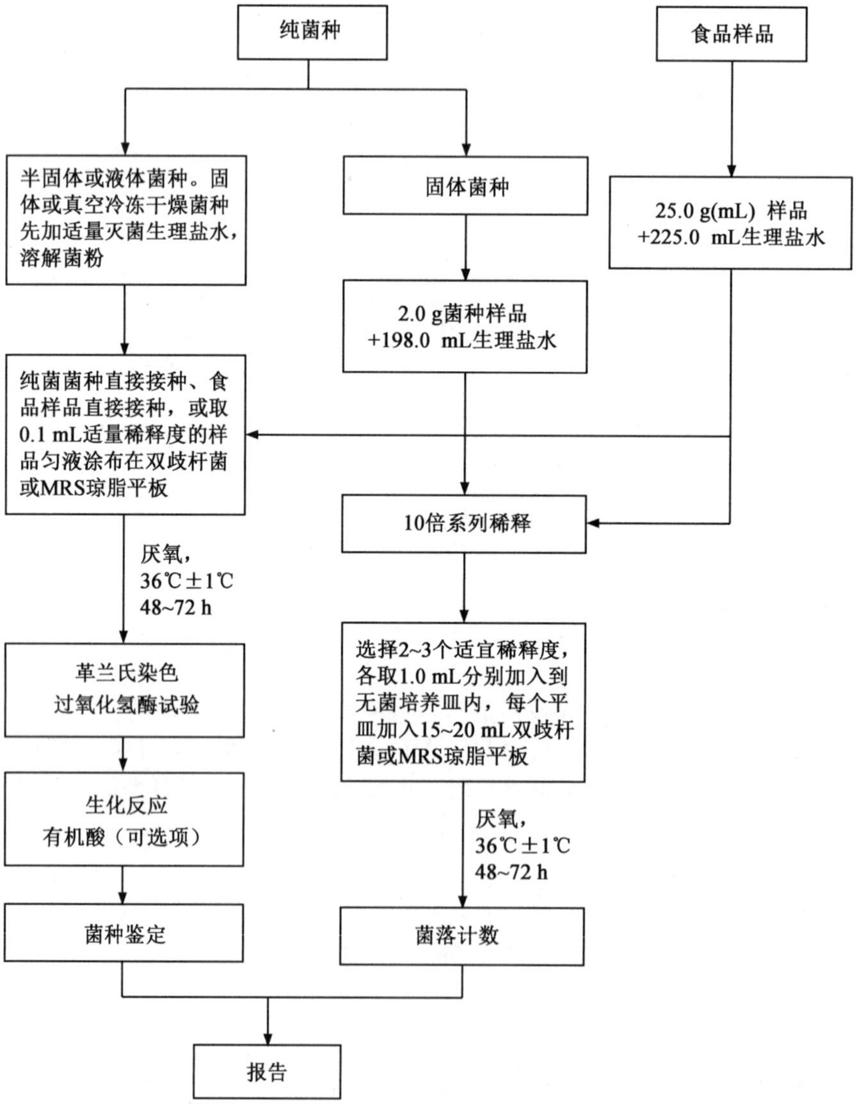

图 4-3 双歧杆菌检验程序

三、操作步骤

(一)双歧杆菌的鉴定

1. 纯菌菌种中双歧杆菌的处理、接种培养

(1)样品处理　半固体或液体菌种直接接种在双歧杆菌琼脂平板或 MRS 琼脂平板。固体菌种或真空冷冻干燥菌种，可先加适量灭菌生理盐水或其他适宜稀释液，溶解菌粉。

(2)接种　接种于双歧杆菌琼脂平板或 MRS 琼脂平板。36℃±1℃厌氧培养 48 h±2 h，可延长至 72 h±2 h。

2. 食品样品双歧杆菌的处理、接种培养

(1)样品处理　取样 25.0 g(mL)，置于装有 225.0 mL 生理盐水的灭菌锥形瓶或均质袋内，于 8 000～10 000 r/min 均质 1～2 min，或用拍击式均质器拍打 1～2 min，制成 1∶10 的样品匀液。冷冻样品可先使其在 2～5℃条件下解冻，时间不超过 18 h；也可在温度不超过 45℃的条件下解冻，时间不超过 15 min。

(2)接种或涂布　将上述样品匀液接种在双歧杆菌琼脂平板或 MRS 琼脂平板，或取 0.1 mL 适当稀释度的样品匀液均匀涂布在双歧杆菌琼脂平板或 MRS 琼脂平板。36℃±1℃厌氧培养 48 h±2 h，可延长至 72 h±2 h。

(3)纯培养　挑取 3 个或以上的单个菌落接种于双歧杆菌琼脂平板或 MRS 琼脂平板。36℃± 1℃厌氧培养 48 h±2 h，可延长至 72 h±2 h。

3. 菌种鉴定

(1)涂片镜检　挑取双歧杆菌平板或 MRS 平板上生长的双歧杆菌单个菌落进行染色。双歧杆菌为革兰氏染色阳性，呈短杆状、纤细杆状或球形，可形成各种分支或分叉等多形态，不抗酸，无芽孢，无动力。

(2)生化鉴定　挑取双歧杆菌平板或 MRS 平板上生长的双歧杆菌单个菌落，进行生化反应检测。过氧化氢酶试验为阴性。双歧杆菌的主要生化反应见表 4-11。可选择生化鉴定试剂盒或全自动微生物生化鉴定系统。

表 4-11　双歧杆菌菌种主要生化反应

编号	项目	两歧双歧杆菌 (*B. bifidum*)	婴儿双歧杆菌 (*B. infantis*)	长双歧杆菌 (*B. longum*)	青春双歧杆菌 (*B. adolescentis*)	动物双歧杆菌 (*B. animalis*)	短双歧杆菌 (*B. breve*)
1	*L*-阿拉伯糖	−	−	+	+	+	−
2	*D*-核糖	−	+	+	+	+	+
3	*D*-木糖	−	+	+	d	+	+
4	*L*-木糖	−	−	−	−	−	−
5	阿东醇	−	−	−	−	−	−
6	*D*-半乳糖	d	+	+	+	d	+

续表4-11

编号	项目	两歧双歧杆菌 (*B. bifidum*)	婴儿双歧杆菌 (*B. infantis*)	长双歧杆菌 (*B. longum*)	青春双歧杆菌 (*B. adolescentis*)	动物双歧杆菌 (*B. animalis*)	短双歧杆菌 (*B. breve*)
7	*D*-葡萄糖	+	+	+	+	+	+
8	*L*-果糖	d	+	+	d	d	+
9	*D*-甘露糖	−	+	+	−	−	−
10	*L*-山梨糖	−	−	−	−	−	−
11	*L*-鼠李糖	−	−	−	−	−	−
12	卫矛醇	−	−	−	−	−	−
13	肌醇	−	−	−	−	−	+
14	甘露醇	−	−	−	−[a]	−	−[a]
15	山梨醇	−	−	−	−[a]	−	−[a]
16	α-甲基-*D*-葡萄糖苷	−	−	+	−	−	−
17	*N*-乙酰-葡萄糖胺	−	−	−	−	−	−
18	苦杏仁甙(扁桃苷)	−	−	−	+	+	−
19	七叶灵	−	−	+	+	+	−
20	水杨苷(柳醇)	−	+	−	+	+	−
21	*D*-纤维二糖	−	+	−	d	−	−
22	*D*-麦芽糖	−	+	+	+	+	+
23	*D*-乳糖	+	+	+	+	+	+
24	*D*-蜜二糖	−	+	+	+	+	+
25	*D*-蔗糖	−	+	+	+	+	+
26	*D*-海藻糖(蕈糖)	−	−	−	−	−	−
27	菊糖(菊根粉)	−	−[a]	−	−[a]	−	−[a]
28	*D*-松三糖	−	−	+	+	−	−
29	*D*-棉子糖	−	+	+	+	+	+
30	淀粉	−	−	−	+	−	−
31	肝糖(糖原)	−	−	−	−	−	−
32	龙胆二糖	−	+	−	+	+	+
33	葡萄糖酸钠	−	−	−	+	−	−

注：+表示90%以上菌株阳性；−表示90%以上菌株阴性；d表示11%～89%以上菌株阳性；[a]表示某些菌株阳性。

(3)有机酸测定　测定双歧杆菌的有机酸代谢产物(可选项)。

①双歧杆菌培养液制备

挑取双歧杆菌琼脂平板或 MRS 琼脂平板上纯培养的双歧杆菌接种于 PYG 液体培养基,同时用未接种菌的 PYG 液体培养基做空白对照,厌氧,36℃±1℃培养 48 h。

②标准液的配制

a. 乙酸标准溶液:准确吸取分析纯冰乙酸 5.7 mL,加水稀释至 100.0 mL,摇匀,进行标定,配成约 1.0 mol/L 的乙酸标准溶液。标定方法为:准确称取乙酸 3.0 g,加水 15.0 mL,酚酞指示液 2 滴,用 1.0 mol/mL 氢氧化钠溶液滴定,并将滴定结果用空白试验校正。1.0 mL 1 mol/mL 氢氧化钠溶液相当于 60.05 mg 的乙酸。

b. 乙酸使用液:将经标定的乙酸标准溶液用水稀释至 20.0 mmol/L。

c. 乳酸标准溶液:吸取分析纯乳酸 8.4 mL,加水稀释至 100.0 mL,摇匀,进行标定,配成约 1.0 mol/L 的乳酸标准溶液。标定方法为:准确称取乳酸 1.0 g,加水 50.0 mL,加入 1 mol/mL 氢氧化钠滴定液 25.0 mL,煮沸 5 min,加入酚酞指示液 2 滴,同时用 0.5 mol/mL 硫酸滴定液滴定并将滴定结果用空白试验校正。

1.0 mL 1 mol/mL 氢氧化钠溶液相当于 90.08 mg 的乳酸。

d. 乳酸使用液:将乳酸标准溶液用水稀释至 20.0 mmol/L。

③方法

a. 乙酸的处理。取双歧杆菌培养液 2.0～3.0 mL 放入 10 mL 离心管中,加入 0.2 mL 50%硫酸溶液(体积分数),混匀,加入 2.0 mL 丙酮,混匀后加过量氯化钠,剧烈振摇 1 min,再加入 2.0 mL 乙醚,振摇 1 min 后,于 3 000 r/min 离心 5 min,将上清液转入另一试管中,下层溶液用 20 mL 丙酮和 2.0 mL 乙醚重复提取 2 次,合并有机相,于 40℃水浴中用氮气吹至尽干,用 20 mmol/L 的磷酸二氢钠溶液(pH 2.0)-乙腈(99+1)溶解并定容至 1.0 mL,混匀后备用。同样操作步骤处理乙酸标准和空白培养液。

b. 乳酸的处理。取双歧杆菌培养液 2.0～3.0 mL 放入 10 mL 比色管中,100℃水浴 10 min,加入 0.2 mL 50%(体积分数)硫酸溶液,混匀,加入 1.0 mL 甲醇,于 58℃水浴 30 min 后加水 1.0 mL,加三氯甲烷 1.0 mL,振摇 3 min,3 000 r/min 离心 5 min,取三氯甲烷层分析。同样操作步骤处理乳酸标准和空白培养液。

c. 液相色谱条件。色谱柱:ZorbaxSb-Aq 液相色谱柱(4.6×150 mm,5 μm)或其他等效色谱柱;流动相:20 mmol/L 的磷酸二氢钠溶液(pH 2.0)-乙腈(99+1),等度洗脱,流速 1 mL/min;柱温箱:35℃;紫外检测波长:210 nm;外标定量。

④结果计算。按下式计算

$$X=\frac{A_{样}-A_{空}}{A_{标}\times C}$$

式中:X 为样品培养液中乙酸或乳酸的含量,单位为微摩尔每毫升(μmol/mL);$A_{样}$ 为样品培养液中乙酸或乳酸的峰面积;$A_{空}$ 为空白培养液中乙酸或乳酸的峰面积;$A_{标}$ 为乙酸标准或乳酸标准的峰面积;C 为乙酸标准或乳酸标准的浓度,单位为微摩尔每毫升(μmol/mL)。

⑤允许差

相对相差≤15%。

⑥结果判定

如果乙酸(μmol/mL)与乳酸(μmol/mL)比值大于1,可判定为是双歧杆菌的有机酸代谢产物。

(二)双歧杆菌的计数

1. 纯菌菌种样

(1)固体和半固体样品的制备　以无菌操作称取2.0 g样品,置于盛有198.0 mL稀释液的无菌均质杯内,8 000～10 000 r/min均质1～2 min,或置于盛有198.0 mL稀释液的无菌均质袋中,用拍击式均质器拍打1～2 min,制成1∶100的样品匀液。

(2)液体样品的制备　以无菌操作量取1.0 mL样品,置于9.0 mL稀释液中,混匀,制成1∶10的样品匀液。

2. 食品样品

样品处理:取样25.0 g(mL),置于装有225.0 mL生理盐水的灭菌锥形瓶或均质袋内,于8 000～10 000 r/min均质1～2 min,或用拍击式均质器拍打1～2 min,制成1∶10的样品匀液。冷冻样品可先使其在2～5℃条件下解冻,时间不超过18 h;也可在温度不超过45℃的条件下解冻,时间不超过15 min。

3. 系列稀释及培养

用1 mL无菌吸管或微量移液器,制备10倍系列稀释样品匀液,于8 000～10 000 r/min均质1～2 min,或用拍击式均质器拍打1～2 min。每递增稀释一次,即换用1次1 mL灭菌吸管或吸头。根据对样品浓度的估计,选择2～3个适宜稀释度的样品匀液,在进行10倍递增稀释时,吸取1.0 mL样品匀液于无菌平皿内,每个稀释度做两个平皿。同时,分别吸取1.0 mL空白稀释液加入两个无菌平皿内作空白对照。及时将15～20 mL冷却至46℃的双歧杆菌琼脂培养基或MRS琼脂培养基(可放置于46℃±1℃恒温水浴箱中保温)倾注平皿,并转动平皿使其混合均匀。从样品稀释到平板倾注要求在15 min内完成。待琼脂凝固后,将平板翻转,36℃±1℃厌氧培养48 h±2 h,可延长至72 h±2 h。培养后计数平板上的所有菌落数。

四、结果与报告

菌落总数的计算方法与任务一 发酵乳乳酸菌检验中的菌落总数的计算方法相同。菌落总数的报告与任务一 发酵乳乳酸菌检验中的菌落总数的报告相同。

理论习题

一、判断题

1. 双歧杆菌属是一种革兰氏阳性、不运动、细胞呈杆状、一端有时呈分叉状、严格厌氧的细菌属。(　　)

2. 双歧杆菌是一种好氧菌。(　　)

3. 双歧杆菌广泛存在于人和动物的消化道、阴道和口腔等生境中。(　　)

4. 双歧杆菌检测时取0.1 mL适当稀释度的样品匀液均匀涂布在双歧杆菌琼脂平板或MRS琼脂平板。(　　)

5. 双歧杆菌属的细菌是人和动物肠道菌群的重要组成成员之一。一些双歧杆菌的菌株可

以作为益生菌而用在食品、医药和饲料方面。(　　)

6. 纯培养：挑取 3 个或以上的单个菌落接种于双歧杆菌琼脂平板或 MRS 琼脂平板。36℃± 1℃厌氧培养 48 h±2 h，可延长至 72 h±2 h。(　　)

7. 双歧杆菌为革兰氏染色阳性，呈短杆状、纤细杆状或球形，可形成各种分支或分叉等多形态，不抗酸，有芽孢，有动力。(　　)

8. 挑取双歧杆菌平板或 MRS 平板上生长的双歧杆菌单个菌落，进行生化反应检测。(　　)

9. 双歧杆菌纯菌菌种直接接种、食品样品直接接种，或取 0.1 mL 适量稀释度的样品匀液涂布在双歧杆菌或 MRS 琼脂平板。(　　)

10. 双歧杆菌检验时要做革兰氏染色、过氧化氢酶试验。(　　)

二、单选题

1. 双歧杆菌属于下列____呼吸。

A. 严格厌氧呼吸　　B. 好氧呼吸　　C. 兼性厌氧呼吸　　D. 微好氧呼吸

2. 双歧杆菌纯培养：挑取____或以上的单个菌落接种于双歧杆菌琼脂平板或 MRS 琼脂平板。36℃± 1℃厌氧培养 48h±2h，可延长至 72 h±2 h。

A. 3 个　　B. 4 个　　C. 1 个　　D. 2 个

三、设计题

双歧杆菌是重要的益生菌，学完双歧杆菌的检验鉴定，你能设计试验选取合适的样品分离鉴定双歧杆菌吗？写出你的设计方案。

技能操作

一、准备双歧杆菌检验物品

完成双歧杆检验物品准备，并填写表 4-12，杆菌检验物品准备考核共计 30 分，其中操作为 27 分，职业素养为 3 分。具体考核评分见表 4-13。

表 4-12　双歧杆检验物品准备记录单

班级		姓名		学号		组别	
样品编号				检验依据			
检验项目及限值							
制备培养基	称量______g______培养基，加入______mL 水溶解，盛装于______mL 锥形瓶中。						
配制稀释液	称量______g 氯化钠，加入______mL 水溶解，待分装。						
分装稀释液	量取出______mL 稀释液盛装于______mL 锥形瓶中，内置______。 量取出______mL 稀释液盛装于______试管中，共分装______支。						

续表 4-12

包扎器皿	包扎________ mL 移液管________支，包扎________ mL 移液管________支。 包扎________平皿________套。
革兰氏染色	物品：
干热灭菌	物品： 条件：
湿热灭菌	物品： 条件：
设备准备	水浴锅恒温至________℃；培养箱恒温至________℃； 无菌室及净化工作台杀菌________ min。

表 4-13 双歧杆菌物品准备评分表

班级		姓名		学号		组别	
编号	配分	评分细则描述					得分
01	2	试剂选择	培养基选择正确，得 1 分 稀释液成分选择正确，得 1 分				
02	6	称量	检查天平是否平衡，得 1 分 称量操作正确，得 3 分 称量质量准确，得 2 分				
03	4	溶解	蒸馏水量取准确，得 1 分 培养基溶解均匀一致，得 2 分 稀释液溶解均匀一致，得 1 分				
04	5	分装	锥形瓶规格选择合适，得 1 分 试管规格选择合适，得 1 分 量取、移液操作准确，得 2 分 分装数量准确，得 1 分				
05	4	包扎	选择移液管规格正确，数量准确，得 1 分 选择平皿规格正确，数量准确，得 1 分 包扎捆绑操作规范，得 2 分				
06	3	灭菌	灭菌方法选择正确，得 1 分 灭菌操作规范，得 2 分				
07	3	设备准备	操作环境灭菌规范，得 1 分 设置培养温度准确，得 1 分 设置培养基保温温度准确，得 1 分				
08	3	职业素养	有灭菌设备使用安全意识 有试验资源共享意识 全过程 7S 管理				
合计得分							

二、实施双歧杆菌检验操作

双歧杆菌检验操作见表4-14，双歧杆菌检验操作考核共计50分，具体考核评分见表4-15。

表4-14　双歧杆菌检验操作

班级		姓名		学号		组别	
样品编号				检验依据			
检验项目及限值							
操作前准备	完成________和________消毒，点燃________，平皿标识清楚（稀释度、检验人、检验日期）。						
制备样品	无菌吸取 ________ mL 样品，置于225 mL生理盐水中混匀，制成 ________样品匀液						
样品梯度稀释	用________ mL 无菌吸管吸取 ________ mL 1∶10的样品匀液，置于9 mL生理盐水中反复吹打或涡旋混匀。每递增稀释一次即换用1次1 mL灭菌吸管或吸头，吸头尖端________稀释液面。						
加样	分别选择________个连续的适宜稀释度，每一个稀释度做________平皿。						
倾注培养基	培养基冷却至________，倾注培养基________ mL，转动平皿，混合均匀。						
培养	待琼脂凝固后 36℃±1℃________培养48 h±2 h，可延长至72 h±2 h。						
革兰氏染色及镜检	涂片区域不超过________ cm，结晶紫染色________ min，碘液媒染________ min，酒精脱色________ s，番红复染________ min，显微镜观察顺序应从________。						
清理	把桌面清理干净，在处理对检验后存在有害细菌的样品时，必须进行________灭活处理后方能进行其他处理。						

表4-15　双歧杆菌检验操作评分表

班级		姓名		学号		组别	
编号	配分	评分细则描述				得分	
01	4	操作前准备	完成台面清洁消毒和手部消毒，得2分 点燃酒精灯，得1分 平皿标识清楚（稀释度、检验人、检验日期），得1分				
02	8	制备样品	无菌吸取25 mL样品，得4分 置于225 mL生理盐水，得2分 充分混匀，得2分				
03	6	样品梯度稀释	吸头尖端不触及稀释液面，得2分 反复吹打或涡旋，得2分 更换吸管，得2分				
04	6	加样	选择3个连续的适宜稀释度，得34分 每一个稀释度做两个平皿，得3分				
05	6	倾注培养基	培养基冷却至48℃，得2分 倾注培养基15 mL，得2分 转动平皿，混合均匀，得2分				

续表 4-15

编号	配分	评分细则描述		得分
06	5	培养	待琼脂凝固后。得 2 分 36℃±1℃厌氧培养 48 h±2 h,可延 长至 72 h±2 h。得 3 分	
07	6	革兰氏染色及镜检	染色正确,得 2 分 显微镜使用正确,得 2 分 判断结果正确,得 2 分	
08	4	生化反应	生化反应操作正确,得 2 分 生化鉴定判断正确,得 2 分	
09	5	职业素养	把桌面清理干净并做消毒处理,在处理对检验后存在有害细菌的样品时,必须进行灭活处理后方能进行其他处理。5 分	
合计得分				

三、双歧杆菌检验结果记录

请如实规范地填写双歧杆菌检验结果记录表 4-16,双歧杆菌检验结果及记录共计 20 分,具体考核评分见表 4-17。

表 4-16 双歧杆菌检验结果记录表

样品名称			检验方法依据			
样品编号			样品状态			
样品数量			检验地点			
结　果　记　录						
稀释度						
菌落数						
平均值						
培养条件	温度:			时间:		
实测结果						
标准值						
革兰氏染色						
生化反应						
检验结论 (单位:CFU/mL)	两歧双歧杆菌: 婴儿双歧杆菌: 长双歧杆菌: 青春双歧杆菌: 动物双歧杆菌: 短双歧杆菌:					
检验人员:				检验日期:		

表 4-17　双歧杆菌检验结果及记录考核评分表

班级		姓名		学号		组别	
编号	配分	评分细则描述					得分
01	3	填写实验报告	正确填写每一项内容，得 2 分 空缺项规范用“/”表示，得 1 分				
02	3	修改规范	无修改，得 2 分 使用“杠改法”，且修改之处≤3 处，得 1 分				
03	1	结果单位	填写单位正确，得 1 分				
04	4	原始记录填写	操作数据直接填入原始记录表，得 2 分 试验数值、样品取样量、稀释度填写及时，得 2 分				
05	9	数据处理	菌落计数正确，得 5 分 选取合适稀释度平板进行计算，得 2 分 结果的有效位数修约正确，得 1 分 结果计算正确，得 1 分				
合计得分							

项目五

霉菌和酵母检验

【项目背景】

霉菌和酵母广泛分布于自然界并可作为食品中正常菌相的一部分。长期以来，人们利用某些霉菌和酵母加工一些食品，如用霉菌加工干酪和肉，使其味道鲜美；利用霉菌和酵母酿酒、制酱。食品、化学、医药等工业都少不了霉菌和酵母。

在某些情况下，霉菌和酵母也可造成食品腐败变质。和细菌相比，由于它们生长缓慢和竞争能力不强，常常在不适于细菌生长的食品中出现，这些食品包括 pH 低、湿度低、含盐和含糖高、低温贮藏、含有抗生素等的食品。由于霉菌和酵母能抵抗热、冷冻，以及抗生素和辐照等贮藏及保藏技术，所以它们能转换某些不利于细菌的物质，而促进致病细菌的生长；有些霉菌能够合成有毒代谢产物——霉菌毒素。霉菌和酵母往往使食品失去色、香、味。例如，酵母在新鲜的和加工的食品中繁殖，可使食品产生难闻的异味；它还可以使液体混浊，产生气泡，形成薄膜，改变颜色及散发不正常的气味等。

因此，霉菌和酵母也作为评价食品卫生质量的指示菌，并以霉菌和酵母计数来评价食品被污染的程度。目前已有若干个国家和地区制定了某些食品的霉菌和酵母限量标准。我国也制定了一些食品中霉菌和酵母的限量标准。

霉菌和酵母检验方法有平板计数法、显微镜计数法、霉菌检测纸片法等。

【学习目标】

知识目标

1. 了解果冻和番茄酱霉菌和酵母限量要求
2. 清晰地表达出霉菌和酵母计数的操作步骤，包括固体样品的制备、梯度稀释和倾注培养
3. 理解显微直接计霉菌数的原理
4. 清晰地表达出显微直接计数法的操作，包括视野校正、涂片、观测等

能力目标

1. 列出霉菌、酵母检验物品清单，规范地完成物品准备

2. 规范地完成霉菌和酵母计数，包括样品制备、梯度稀释和倾注培养操作

3. 熟练地完成显微计数法检测霉菌数

4. 熟练地进行结果计算，规范地进行结果报告

素质目标

1. 具有一丝不苟的学习与检验工作作风

2. 培养学生创新思维和发展能力

任务一　平板计数法检验果冻中的霉菌和酵母菌

任务描述

果冻是以水、食糖为主要原料，辅以增稠剂和其他原料而制成的胶冻食品，出厂前要求检验菌落总数、大肠菌群、霉菌和酵母等指标。应采用何种方法检验霉菌和酵母呢？如何检验？请查阅相关标准进行方法学习后完成果冻中霉菌和酵母的计数。

学习导图

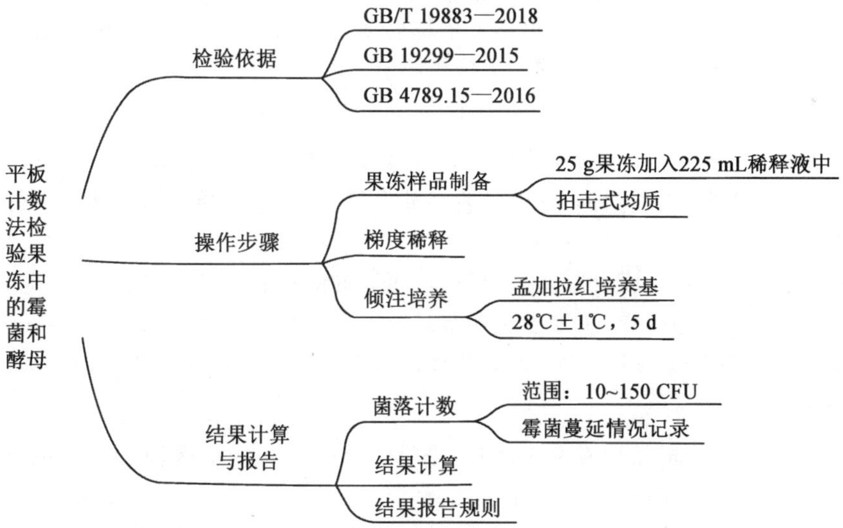

相关知识

一、参考标准

GB/T 19883—2018 果冻　微生物限量要求

GB 19299—2015 食品安全国家标准　果冻 微生物限量

GB 4789.15—2016 食品安全国家标准　食品微生物学检验　霉菌和酵母计数

二、果冻饮料微生物指标限量

果冻是以水、食糖为主要原料，辅以增稠剂等食品添加剂，添加或不添加果蔬制品、乳及乳制品等原料，经溶胶、调配、灌装、杀菌、冷却等工序加工而成的胶冻食品。

GB 19299—2015《食品安全国家标准 果冻》中明确了果冻中霉菌和酵母检验应采用 GB 4789.15 的方法，霉菌、酵母限量都为 20 CFU/ g。

表 5-1 果冻霉菌和酵母限量

项目	限量/(CFU/g)	检验方法
霉菌	≤20	GB 4789.15
酵母	≤20	GB 4789.15

三、霉菌和酵母

(一)霉菌

霉菌是形成分枝菌丝的真菌的统称。它不是分类学的名词，在分类上，它属于真菌门的各个亚门。构成霉菌体的基本单位称为菌丝。菌丝呈长管状，宽度 2～10 μm，可不断地自前端生长并分枝。大量菌丝交织成绒毛状、絮状或网状等，称为菌丝体。菌丝体常呈白色、褐色、灰色，或呈鲜艳的颜色(菌落为白色毛状的是毛霉，绿色的为青霉，黄色的为黄曲霉)，有的可产生色素使基质着色。霉菌常造成食品、用具大量霉腐变质，但许多有益霉菌种类已被广泛应用，是人类实践活动中最早利用和认识的一类微生物。

(二)酵母菌

酵母菌是单细胞真核微生物，在有氧和无氧环境下都能生存，属于兼性厌氧菌。其形态通常有球形、卵圆形、腊肠形、椭圆形、柠檬形或藕节形等，比细菌的单细胞个体要大得多，一般为 1～5 μm 或 5～20 μm。酵母菌无鞭毛，不能游动。它属于高等微生物的真菌类，和高等植物的细胞一样，有细胞核、细胞膜、细胞壁、线粒体、相同的酵素和代谢途经。

酵母菌在自然界分布广泛，主要生长在偏酸性的潮湿的含糖环境中，比如在一些水果(葡萄、苹果、桃等)或者植物分泌物(如仙人掌的汁)中，也有一些酵母在昆虫体内生活。

(三) 检验原理

样品经过稀释后，使样品悬液中的霉菌和酵母充分分散，定量接种 1mL 到平皿中和培养基充分混匀，霉菌和酵母在培养基中分散而呈单个(理想状态下)存在，一个菌体长出一个肉眼可见的菌落，计算菌落数可推出菌体数，最终以菌落形成单位数(CFU)报告。

任务实施

一、检验材料

(一)主要设备

恒温培养箱(28℃±1℃)、拍击式均质器及均质袋、电子天平(感量为 0.1 g)、旋涡混合器、恒温水浴箱(46℃±1℃)等。

(二)主要培养基和试剂

马铃薯葡萄糖琼脂,孟加拉红培养基、磷酸盐缓冲液、无菌生理盐水等。

(三)主要器皿

1 mL(具 0.01 mL 刻度)无菌吸管、10 mL(具 0.1 mL 刻度)无菌吸管、250 mL 无菌锥形瓶、500 mL 无菌锥形瓶、18 mm×180 mm 无菌试管、直径 90 mm 无菌平皿、微量移液器及吸头。

二、检验程序

霉菌和酵母计数检验程序见图 5-1。

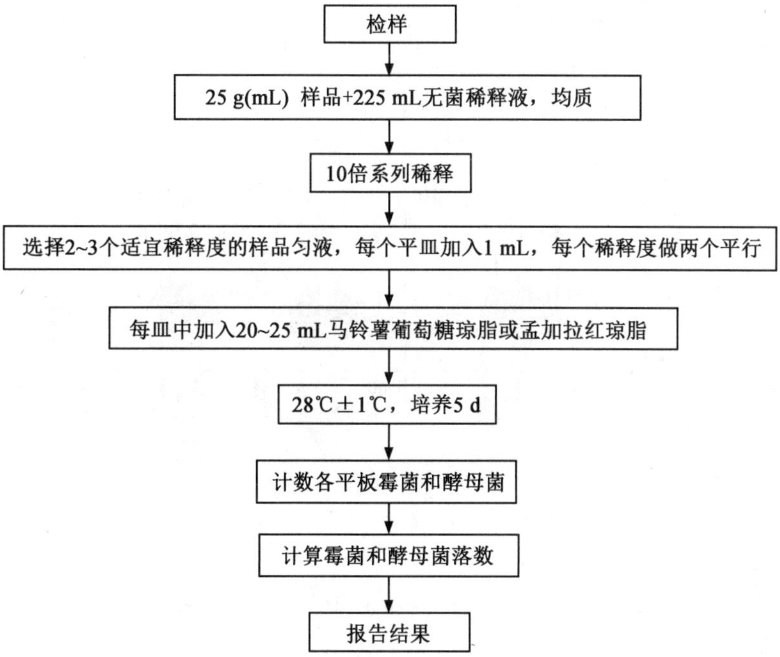

图 5-1　霉菌和酵母的检验程序

三、操作步骤

(一)稀释样品、取样、倾注培养基

样品处理

无菌去除外包装,采取不同部位称取 25 g 样品置盛有 225 mL 无菌稀释液(蒸馏水或生理盐水或磷酸盐缓冲液)的锥形瓶中,充分振摇,即为 1∶10 稀释液;或放入盛有 225 mL 无菌稀释液的均质袋中,用拍击式均质器拍打 1~2 min,制成 1∶10 的样品匀液。

特别提示:液体样品,以无菌吸管吸取 25 mL 样品置盛有 225 mL 无菌稀释液(蒸馏水或生理盐水或磷酸盐缓冲液)的适宜容器内(可在瓶内预置适当数量的无菌玻璃珠)或无菌均质袋中,充分振摇或用拍击式均质器拍打 1~2 min,制成 1∶10 的样品匀液。

梯度稀释

取 1∶10 稀释液 1 mL 注入含有 9 mL 无菌稀释液的试管中，另换一支 1 mL 无菌吸管反复吹吸，或在旋涡混合器上混匀，此液为 1100 的样品匀液。

按此操作程序，制备 10 倍系列稀释样品匀液。每递增稀释一次，换用 1 支 1 mL 无菌吸管或吸头。

根据对样品污染状况的估计，选择 2～3 个适宜稀释度的样品匀液（液体样品可包括原液），在进行 10 倍递增稀释的同时，每个稀释度分别吸取 1 mL 样品匀液于 2 个无菌平皿内。同时分别取 1 mL 样品稀释液加入 2 个无菌平皿作空白对照。果冻中霉菌和酵母检验流程如图 5-2 所示。

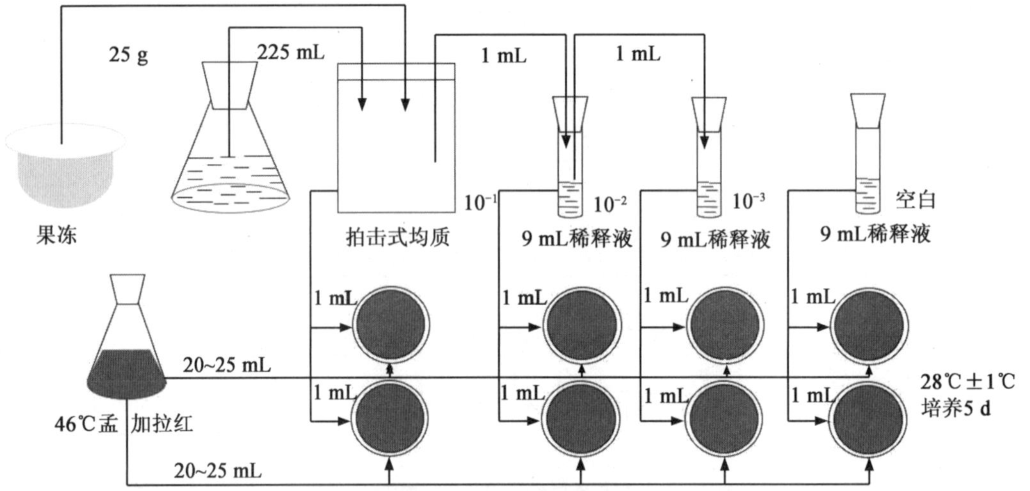

图 5-2　果冻中霉菌和酵母检验流程图

倾注培养

及时将 20～25 mL 冷却至 46℃的马铃薯葡萄糖琼脂或孟加拉红培养基（可放置于 46℃±1℃恒温水浴箱中保温）倾注平皿，并转动平皿使其混合均匀，然后置水平台面使培养基完全凝固。

特别提示：马铃薯葡萄糖琼脂和孟加拉红培养基中都含有氯霉素，可抑制细菌的生长；孟加拉红培养基中含有的孟加拉红（虎红）能限制霉菌菌落的蔓延生长，同时也可抑制细菌的生长，从而利于霉菌和酵母的观察和计数。

（二）培养

待琼脂凝固后，正置平板，置 28℃±1℃培养箱中培养，观察并记录培养至第 5 d 的结果。

（三）计数

用肉眼观察，必要时可用放大镜或低倍镜，记录稀释倍数和相应的霉菌和酵母菌落数。以菌落形成单位表示。

选取菌落数在 10～150 CFU 的平板，根据菌落形态分别计数霉菌和酵母。霉菌蔓延生长覆盖整个平板的可记录为菌落蔓延。

四、结果与报告

(一)结果与计算

1.计算同一稀释度两个平板菌落数的平均值,再将平均值乘以相应稀释倍数。

2.若有两个稀释度平板上菌落数均在10~150 CFU之间,则按照项目二中菌落总数的计算方法进行计算。

3.若所有平板上菌落数均大于150 CFU,则对稀释度最高的平板进行计数,其他平板可记录为多不可计,结果按平均菌落数乘以最高稀释倍数计算。

4.若所有平板上菌落数均小于10 CFU,则应按稀释度最低的平均菌落数乘以稀释倍数计算。

5.若所有稀释度(包括液体样品原液)平板均无菌落生长,则以小于1乘以最低稀释倍数计算。

6.若所有稀释度的平板菌落数均不在10~150 CFU之间,其中一部分小于10 CFU或大于150 CFU时,则以最接近10 CFU或150 CFU的平均菌落数乘以稀释倍数计算。

(二)菌落数的报告

1.菌落数按“四舍五入”原则修约。菌落数在10以内时,采用一位有效数字报告;菌落数在10~100之间时,采用两位有效数字报告。

2.菌落数大于或等于100时,前3位数字采用“四舍五入”原则修约后,取前2位数字,后面用0代替位数来表示结果;也可用10的指数形式来表示,此时也按“四舍五入”原则修约,采用两位有效数字。

3.若空白对照平板上有菌落出现,则此次检测结果无效。

4.称重取样以CFU/g为单位报告,体积取样以CFU/mL为单位报告,报告或分别报告霉菌和/或酵母数。

理论习题

一、填空题

1.霉菌和酵母计数样液接种后,及时将凉至________℃培养基倾注平皿。

2.霉菌和酵母计数样液接种后,及时将________ mL培养基倾注平皿,并转动平皿使其混合均匀。

3.霉菌和酵母平板计数,平板上菌落数量一般在____________________范围有效。

4.霉菌和酵母平板计数时使用的培养基为____________________。

5.霉菌和酵母培养时培养皿应__________放置,培养温度和时间分别为__________和________。

6.果冻中霉菌数的限定值为____________________。

二、选择题

1.检验果冻中霉菌、酵母菌的培养条件是____。

A.需氧,28℃±1℃,5 d　　B.厌氧,28℃±1℃,5 d

C.需氧,37℃±2℃,3 d　　D.厌氧,37℃±2℃,3 d

2. 霉菌和酵母菌检验原理是依据霉菌和酵母菌通常在 pH 低、湿度高、____、低温储存等，并含有抗生素的食品中出现而制定的检验方法。

A. 高氮低盐　B. 高氮低糖　C. 高盐高糖　D. 低糖低盐

3. 孟加拉红培养基中添加的孟加拉红可抑制霉菌菌落的蔓延生长，同时还具有____的作用。

A. 指示剂　B. 抑制细菌　C. 显色剂　D. 营养素

4. 食品中霉菌和酵母的计数一般以第____天的读数为最终计数。

A. 2　B. 3　C. 5　D. 7

5. 按照国家标准规定，霉菌和酵母数检验时可以使用的培养基为____琼脂。

A. 平板计数　B. 察氏　C. 营养　D. 孟加拉红

6. 进行食品中霉菌和酵母的计数，从稀释第一份样品到倾注最后一个平皿所用时间不超过____ min。

A. 20　B. 30　C. 60　D. 120

7. ____是引起柑橘类水果变质的最常见原因。

A. 曲霉　B. 青霉　C. 镰刀菌　D. 根霉

8. 霉菌分类鉴定，不需要使用____显微镜。

A. 低倍　B. 高倍　C. 荧光　D. 双目

9. ____法最常用于食品样品的微生物检验。

A. 表面涂布平板　B. 直接计数　C. 稀释平板　D. 平板划线

10. 部分霉菌可以在不低于____的温度下生长。

A. −7℃　B. −10℃　C. −20℃　D. −30℃

三、综合题

列表说明霉菌、酵母菌数检验与菌落总数检验有什么不同的地方。

技能操作

一、准备果冻中霉菌和酵母菌检验物品

采用平板计数法完成果冻中霉菌和酵母菌检验物品准备，并填写表 5-2，具体操作要求见考核评价表 5-3。

（一）物品准备记录单

（二）物品准备考核单

果冻中霉菌和酵母菌检验物品准备考核共计 30 分，其中操作为 27 分，职业素养为 3 分。具体考核评分标准见表 5-3。

表 5-2 果冻中霉菌和酵母菌平板计数法检验物品准备记录单

班级		姓名		学号		组别	
样品				检验依据			
检验项目及限值							
配制培养基	称量________ g ________培养基，加入________ mL 水溶解，盛装于________ mL 锥形瓶中。						
配制稀释液	1. 磷酸盐缓冲液贮存液：称量________ g 磷酸二氢钾，溶于________ mL 蒸馏水，用大约 175 mL 的 1 mol/L 氢氧化钠溶液调节 pH 至 7.2±0.1，用蒸馏水稀释至 1 000 mL 后贮存于冰箱。 2. 磷酸盐缓冲液稀释液：取贮存液________ mL，用蒸馏水稀释至 1 000 mL，分装于适宜容器中，121℃高压灭菌 15 min。 备注：除磷酸盐缓冲液外，稀释液还可使用________和________。						
分装稀释液	量取出________ mL 稀释液盛装于________ mL 锥形瓶中。 量取出________ mL 稀释液盛装于________ mm×________ mm 试管中，共分装________支。						
包扎器皿	包扎________ mL 移液管________支，包扎________ mL 移液管________支。 包扎直径________ cm 平皿________个。						
干热灭菌	物品： 条件：						
湿热灭菌	物品： 条件：						
培养基存放	孟加拉红培养基如不及时使用要________保存，应存放于________处，最好能放于________内。						
设备准备	水浴锅恒温至________℃；培养箱应选用霉菌培养箱恒温至________℃，并应定期进________；无菌室及净化工作台杀菌________ min。						

表 5-3 果冻中霉菌和酵母菌检验物品准备评分表

班级		姓名		学号		组别	
编号	配分	评分细则描述				得分	
01	2	试剂选择	培养基选择正确，得 1 分 稀释液成分选择正确，得 1 分				
02	6	称量	检查天平是否平衡，得 1 分 称量操作正确，得 3 分 称量质量准确，得 2 分				

续表 5-3

编号	配分	评分细则描述		得分
03	4	溶解	蒸馏水量取准确,得 1 分 培养基溶解均匀,得 2 分 稀释液溶解均匀,得 1 分	
04	5	分装	锥形瓶规格选择合适,得 1 分 试管规格(18 mm×180 mm)选择合适,得 1 分 量取、移液操作准确,得 2 分 分装数量准确,得 1 分	
05	4	包扎	选择移液管规格正确,数量准确,得 1 分 选择平皿规格正确,数量准确,得 1 分 包扎捆绑操作规范,得 2 分	
06	3	灭菌	灭菌方法选择正确,得 1 分 灭菌操作规范,得 1 分 培养基保存规范,得 1 分	
07	3	设备准备	操作环境灭菌规范,得 1 分 培养箱维护正确,培养温度设置准确,得 1 分 设置培养基保温温度准确,得 1 分	
08	3	职业素养	灭菌设备使用安全意识强 试验资源共享意识强 试验过程中有整理、清洁意识	
合计得分				

二、实施果冻中霉菌和酵母菌检验操作

完成平板计数法检验果冻中霉菌和酵母菌的操作,并填写表 5-4,具体操作要求见考核标准表 5-5。

(一)检验操作记录单

表 5-4 果冻霉菌和酵母平板计数法检验操作

班级		姓名		学号		组别	
请根据实际操作情况绘制平板计数法检验果冻中霉菌和酵母菌的操作流程图或用文字记录检验操作过程。							

(二)检验操作考核单

平板计数法检验果冻中霉菌和酵母菌的操作考核共计 50 分,具体评分标准见表 5-5。

表 5-5 平板计数法检验果冻中霉菌和酵母菌的操作评分表

班级		姓名		学号		组别	
编号	配分	评分细则描述					得分
01	5	操作前准备	物品摆放合理,防止交叉污染且方便操作,得 2 分 台面消毒、手部消毒和物品消毒,得 2 分 平皿标识清楚(稀释度、检验人、检验日期),得 1 分				
02	4	取样	无菌操作称取 25 g 样品置于 225 mL 稀释液,得 2 分 将样品用拍击式均质器拍打均匀,得 2 分				
03	4	吸量管的使用	右手持吸量管,得 2 分 移液过程未漏液,移液体积准确,得 2 分				
04	6	试管、三角瓶的使用	开、盖、持塞手法规范,得 2 分 开塞后、盖塞前烧试管口或瓶口,得 2 分 摇匀过程中,稀释液未沾到试管塞或瓶塞,得 2 分				
05	6	梯度稀释	稀释顺序正确,得 2 分 吸头尖端不触及低浓度试管里溶液,得 2 分 涡旋混匀,得 2 分				
06	6	接种平皿	3 个稀释度适宜,得 2 分 做空白对照,得 2 分 做平行,得 2 分				
07	6	倾注培养基	培养基冷却至 46℃,得 2 分 倾注培养基适量(20~25 mL),得 2 分 转动平皿混合均匀,培养基未溅到皿盖,得 2 分				
08	4	培养	判断培养基凝固正确,得 2 分 正置于培养箱 28℃±1℃培养 5 天,得 2 分				
09	4	手法熟练	操作在酒精灯附近无菌区进行,得 2 分 取样到倾注培养在 15 min 内完成,得 2 分				
10	5	职业素养	无菌意识强,得 2 分 小心谨慎操作过程中未损坏器皿,得 1 分 及时清洁整理台面,清洗物品,得 2 分				
合计得分							

三、果冻霉菌检验结果记录

(一)结果记录单

请如实、规范地填写平板计数法检验果冻中霉菌和酵母菌结果记录表 5-6。

表 5-6　果冻中霉菌和酵母菌检验结果记录表

样品名称				检验方法依据				
样品编号				样品状态				
样品数量				检验地点				
霉菌菌落数结果记录								
稀释度							空白值	
霉菌菌落数(3 d)								
霉菌菌落数(4 d)								
霉菌菌落数(5 d)								
平均值								
培养条件	温度：			时间：				
实测结果								
标准值								
单项检验结论								
酵母菌落数结果记录								
稀释度							空白值	
酵母菌落数								
平均值								
培养条件	温度：			时间：				
实测结果								
标准值								
单项检验结论								
检验人员：			检验日期：					

(二)结果考核单

平板计数法检验果冻中霉菌和酵母菌结果及记录共计 20 分，具体见表 5-7。

表 5-7　平板计数法检验果冻中霉菌和酵母菌结果及记录考核评分表

班级		姓名		学号		组别	
编号	配分	评分细则描述					得分
01	8	霉菌和酵母菌菌落生长情况	空白对照未长菌落，得 2 分 菌落在平板上分布均匀，得 2 分 相邻两个梯度菌落数十倍相比相差小于 5%，得 2 分 平行试验的两块平板菌落数相比小于 5%，得 2 分				

续表 5-7

编号	配分	评分细则描述		得分
02	4	霉菌和酵母菌菌落计数	从第 3 天开始进行霉菌、酵母菌计数，得 3 分 正确区分霉菌和酵母菌，得 1 分	
03	8	结果计算与报告	选取合适稀释度平板进行计算，得 2 分； 结果计算正确，得 4 分 结论表述正确，得 2 分	
合计得分				

任务二　直接镜检计数法检验番茄酱罐头中的霉菌

任务描述

番茄酱罐头生产企业要对番茄酱罐头进行检验，符合质量要求的番茄酱罐头才能出厂。番茄酱罐头检验要进行感官、理化、部分重金属和微生物等方面的检验，其中微生物检验包括商业无菌检验和霉菌计数。霉菌计数如何检验呢？请查阅相关标准，进行标准解读后完成番茄酱罐头的霉菌计数检验。

学习导图

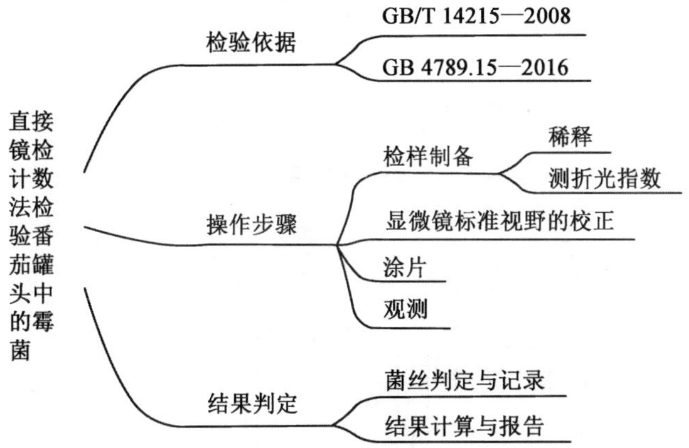

相关知识

一、参考标准

GB/T 14215—2008 番茄酱罐头

GB 4789.15—2016 食品安全国家标准　食品微生物学检验　霉菌和酵母计数

二、番茄酱罐头微生物指标限量

番茄酱罐头是以成熟的番茄为原料，经清洗、打浆、去皮、去籽、浓缩、杀菌或无菌灌装、密封而制成的罐头食品。

依据 GB/T 14215—2008 和 GB 4789.15—2016，可采用直接镜检计数法检验番茄酱罐头中的霉菌，霉菌计数(阳性视野占比)要求≤50%。同时依据 GB 4789.26—2013 进行商业无菌检验。

三、霉菌直接镜检计数法的应用

本方法适用于各种加工的水果和蔬菜制品，如番茄酱(包括罐头和软包装产品)、果酱和果汁等。霉菌可以作为一种指示菌，表明加工制品的原料有霉菌所致的腐烂存在。此法系在一个标准计数玻片上计数含有霉菌菌丝的显微镜视野。

四、霉菌直接镜检计数法的原理

霉菌直接镜检计数法利用郝氏计测玻片进行计数，是一种常用的微生物计数法。将经过适当稀释的菌悬液(或孢子悬浮液)放在郝氏计测玻片的计数室内，在显微镜下进行计数。可将在显微镜下观察到的微生物数目换算成单位体积内的微生物数目。此法所测得的结果是活菌体和死菌体的总和。

任务实施

一、检验材料

(一)主要设备

1. 显微镜

直接计数霉菌用的双筒显微镜一定要有标准化视野，在 90～125 倍时视野直径为 1.382 mm。

2. 郝氏计测玻片

包括载玻片、盖玻片和配片(测微器)。如图 5-3，图 5-4 所示。

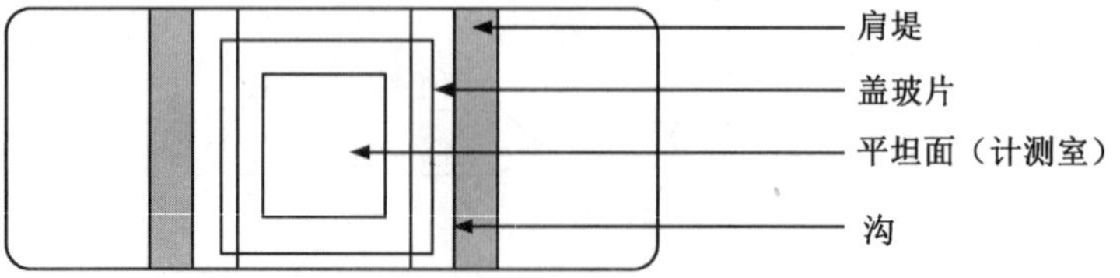

图 5-3 郝氏计测玻片载玻片正视图

(1)载玻片　载玻片中央有 15～20 mm 的长方形平面，周围有界沟，两侧有高于平面 0.1 mm 肩堤，平面和肩堤具光学性能。平面中间刻有相距 1.382 mm 的两条平行线。

(2)盖玻片　盖玻片表面具有光学性能。使用时将盖玻片置于载玻片的两条肩堤上，当两者平面的光洁度达到一定程度时，彼此接触处可出现一圈圈红、黄、蓝、绿等多彩的彩环，称为牛顿环。使用前，用酒精擦载玻片的肩堤和盖玻片，使其达到一定的光洁度，才易使两者紧密结合而产生牛顿环。

(3)配片(测微器)　配片为中央刻有方格的圆形玻片，使用时放在显微镜的光栏孔上，显微镜一定要有一个标准化的视野。在显微镜放大倍数为 90～125 倍时，视野直径为 1.382 mm，则配片小方格的每边长相当于视野直径(光栏孔直径)的 1/6，则该视野为标准视野。

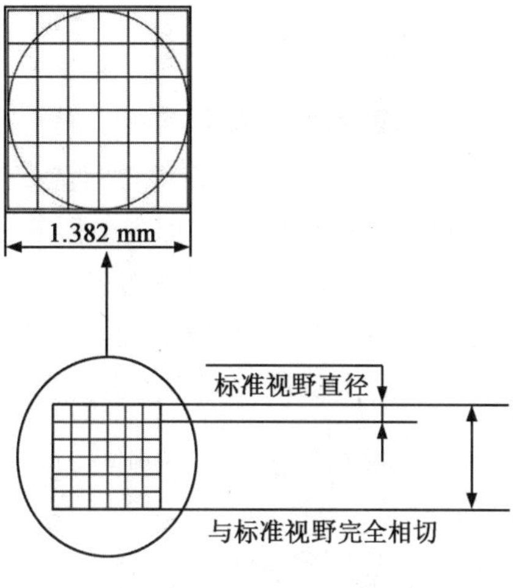

图 5-4　配片(测微器)

(4)标准视野检查　将载玻片放在显微镜的载物台上，配片置于目镜的光栏孔上，然后观察。标准视野要具备两个条件：①载玻片上相距 1.382 mm 的两条平行线与视野相切；②配片(测微器)大方格四边也与视野相切。上述两条件，只要其中有一条不相符合者，须经校正后再使用。

3. 折光仪。

(二)主要器皿

烧杯、玻璃棒、盖玻片等。

二、操作步骤

(一)检样的制备

取适量检样，加蒸馏水稀释至折光指数为 1.3447～1.3460(即浓度为 7.9%～8.8%)，备用。如果折光指数过大或过小，须加水或样液，直到配成标准样液，方能进行检验。

(二)显微镜标准视野的校正

将显微镜按放大率 90～125 倍调节标准视野，使其直径为 1.382 mm。

用蒸馏水清洗郝氏计载玻片和盖玻片，擦干后，将盖玻片压在计载玻片的肩堤上，观察载玻片和盖玻片之间形成的牛顿环，如无牛顿环，说明载玻片和盖玻片不清洁，应重新清洗。采用 8～12.5 倍目镜和 10 倍物镜，用刻有间距 1.382 mm 平行线的郝氏载玻片调节视野为 1.382 mm。

(三)涂片

洗净郝氏计载玻片，将制好的标准液，用玻璃棒均匀地摊布于计测室，加盖玻片，以备观察。如果发现样液涂布不均匀，有气泡，或样液流入沟内，从盖玻片与肩堤流出，即盖玻片和载玻片的肩堤不产生牛顿环，即应弃去，重新制作。

(四)观测

将制好的载玻片置于显微镜标准视野下进行观测。一般每一检样每人观察 50 个视野。同一检样应由两人进行观察。

三、结果分析判定

(一)菌丝判定与记录

在标准视野下,发现有霉菌菌丝的长度超过标准视野(1.382 mm)的1/6或三根菌丝总长度超过标准视野的1/6(即测微器的一格)时即记录为阳性(+),否则记录为阴性(-)。

霉菌菌丝的特征:①平行壁。霉菌菌丝呈管状,多数情况下,整个菌丝体的直径是一致的。因此,在显微镜下菌丝壁看起来像两条平行的线。这是区别霉菌菌丝和其他纤维时最有用的特征之一。②横隔。许多霉菌的菌丝具有横隔,毛霉、根霉等少数霉菌的菌丝没有横隔。③菌丝内呈粒状。薄壁、呈管状的菌丝含有原生质,在高倍显微镜下透过细胞壁可见其呈粒状或点状。④分枝。如菌丝不太短,则多数呈分枝状,分枝与主干的直径几乎相同,有分枝是鉴定霉菌最可靠的特征之一。⑤菌丝的顶端。常呈钝圆形。⑥无折射现象。凡有以上特征之一的丝状体均可判定为霉菌菌丝。如图5-5所示。

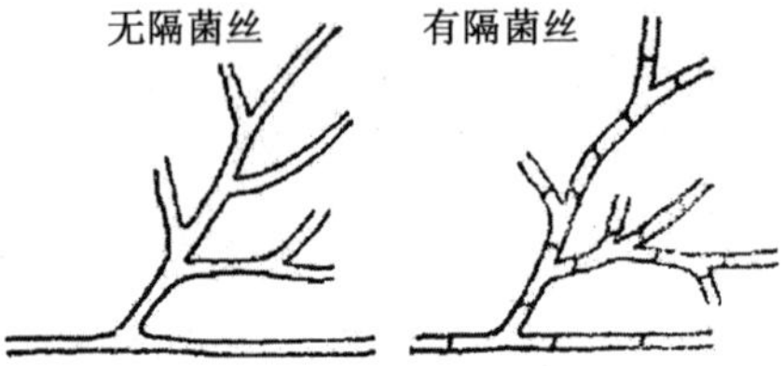

图5-5 霉菌菌丝

阳性视野判定:观察视野中有无菌丝,凡符合下列情况之一者为阳性。①一根菌丝长度超过视野直径1/6。②一根菌丝长度加上分枝的长度超过视野直径1/6。③两根菌丝总长度超过视野直径1/6。④三根菌丝总长度超过视野直径1/6。⑤一丛菌丝可视为一个菌丝,所有菌丝(包括分枝)总长度超过视野直径1/6。

(二)结果计算与报告

1. 计算公式

根据对所有视野的观察结果,计算阳性视野所占比例。

$$每件样品阳性视野占比=\frac{阳性视野数}{观察视野数}\times 100\%$$

2. 报告

报告每100个视野中全部阳性视野数为霉菌的视野占比(%)。

项目拓展

1. 生活指导

大多数家庭使用的木质砧板在用过一段时间后会滋生霉菌,有些霉菌可能产生毒素有害健康。请设计试验测家用砧板霉菌数量,同时思考如何防止砧板发霉,为我们的生活提供指导。

2. 霉菌酵母检验方法拓展

SN/T 5090.1—2018 商品化试剂盒检测方法 霉菌和酵母菌 方法一

LS/T 6132—2018 粮油检验 储粮真菌的检测 孢子计数法

GB 4789.16—2016 食品安全国家标准 食品微生物学检验 常见产毒霉菌的形态学鉴定

理论习题

一、填空题

1. 番茄酱罐头霉菌计数限量，要求霉菌视野占比≤________。

2. 霉菌可以作为一种指示菌，表明加工制品的________有霉菌所致的腐烂存在。

3. 霉菌直接镜检计数法是指利用________进行计数，是一种常用的微生物计数法。

4. 霉菌直接计数用的双筒显微镜一定要有标准化视野，在 90～120 倍时视野直径为________。

5. 盖玻片表面具有光学性能，使用时将盖玻片置于载玻片的两条肩堤上，当两者平面的光洁度达到一定程度时，彼此接触处可出现一圈圈红、黄、蓝、绿等多彩的彩环，称为________。

二、判断题

1. 番茄酱因为含糖量高，所以能有效抑制霉菌的生长。(　　)

2. 番茄酱做了无菌商业检验，商业无菌检验合格的前提下，可不用霉菌检验。(　　)

3. 显微镜下霉菌菌丝壁看起来像两条平行的线。(　　)

4. 霉菌的菌丝都具有横隔。(　　)

5. 菌丝有分枝是鉴定霉菌最可靠的特征之一。(　　)

6. 霉菌菌丝的顶端，常呈直线平面形。(　　)

7. 显微镜下，霉菌菌丝都有折射现象。(　　)

8. 霉菌直接镜检计数法测得的结果是活菌体和死菌体的总和。(　　)

9. 霉菌直接镜检计数法适用于各类食品中霉菌的计数。(　　)

10. 霉菌直接镜检计数法样品制备时不能使用无菌生理盐水，只能使用蒸馏水。(　　)

三、综合题

1. 为什么更换不同放大倍数的目镜或物镜时，必须用镜台测微尺重新对目镜测微尺进行校正？

2. 计数板在洗刷时，为什么不能用硬物洗刷？

技能操作

一、检验记录单

在直接镜检计数法检验番茄酱罐头中霉菌的过程中，完成记录单(表 5-8)的填写。

表 5-8　直接镜检计数法检验番茄酱罐头中霉菌记录单

<table>
<tr><td colspan="2">班级</td><td></td><td>姓名</td><td colspan="3"></td><td>学号</td><td colspan="2"></td><td>组别</td><td></td></tr>
<tr><td colspan="3">检验项目及限值</td><td colspan="9"></td></tr>
<tr><td colspan="3" rowspan="4">检验准备</td><td colspan="2">仪器</td><td colspan="7"></td></tr>
<tr><td colspan="2">试剂</td><td colspan="7"></td></tr>
<tr><td colspan="2">耗材</td><td colspan="7"></td></tr>
<tr><td colspan="2">样品</td><td colspan="7"></td></tr>
<tr><td colspan="3">检验操作</td><td colspan="9">1. 检样的制备：
2. 显微镜标准视野的校正：
3. 涂片：
4. 观测：</td></tr>
<tr><td rowspan="9">记录结果</td><td colspan="2">样液/g</td><td colspan="3"></td><td colspan="3">蒸馏水/mL</td><td colspan="3"></td></tr>
<tr><td colspan="2">折光指数</td><td colspan="3"></td><td colspan="3">标准视野直径/mm</td><td colspan="3"></td></tr>
<tr><td colspan="2" rowspan="3">显微观察</td><td colspan="3"></td><td colspan="3">阳性数</td><td colspan="3">阴性数</td></tr>
<tr><td colspan="3">观察人 1</td><td colspan="3"></td><td colspan="3"></td></tr>
<tr><td colspan="3">观察人 2</td><td colspan="3"></td><td colspan="3"></td></tr>
<tr><td colspan="2">结果</td><td colspan="9"></td></tr>
<tr><td colspan="2">标准值</td><td colspan="9"></td></tr>
<tr><td colspan="2">单项检验结论</td><td colspan="9"></td></tr>
<tr><td colspan="5">检验人员：</td><td colspan="6">检验日期：</td></tr>
</table>

二、检验考核单

直接镜检计数法检验番茄酱罐头中霉菌操作考核点参考表 5-9。

表 5-9　直接镜检计数法检验番茄酱罐头中霉菌操作评分表

班级		姓名		学号		组别	
编号	配分	评分细则描述					得分
01	16	操作前准备	准备样品,无菌稀释液,得 4 分 试剂核对全面,得 4 分 戴好无菌手套,得 4 分 显微镜、血球计数板依次放置好,得 4 分				
02	20	显微镜校正	轻轻换上目镜,得 4 分 轻轻转动物镜,得 4 分 调节聚光镜,得 4 分 调节载玻台上下位置,轻缓有序,得 4 分 调节载玻片位置,轻缓有序,得 4 分				
03	14	检样制备及涂片	检样制备合格,折光指数为 1.3447～1.3460(即浓度为 7.9%～8.8%),得 6 分 涂布均匀,无气泡,有牛顿环,得 8 分				
04	16	观测	调整到合适视野,得 4 分 视野清晰,得 2 分 三次计数偏差合理,得 10 分				
05	8	操作熟练	从样品制备到出读数 15 min 内完成,得 8 分				
06	10	原始记录	检测数据直接填入记录表,得 4 分 空缺项规范用"/"表示,得 2 分 填写单位正确,得 2 分 记录表无修改,得 2 分				
07	6	结果报告	结果计算正确,得 2 分 结果的有效位数修约正确,得 2 分; 检测结论表述正确,得 2 分				
08	10	职业素养	及时清理台面,清洗物品,得 2 分 归还计数板到指定位置,得 4 分 显微镜恢复初始设置,得 4 分				
合计得分							

项目六

金黄色葡萄球菌检验

【项目背景】

金黄色葡萄球菌简称“金葡菌”，隶属于葡萄球菌属，是革兰氏阳性菌的代表，有“嗜肉菌”的别称，是一种常见的食源性致病微生物，广泛存在于自然环境中。金黄色葡萄球菌在适当的条件下，能够产生肠毒素、凝固酶等多种致病物质，引起食物中毒。近几年，金黄色葡萄球菌引发的食物中毒报道层出不穷，由金黄色葡萄球菌引起的食物中毒占食源性微生物食物中毒事件的 25%左右。

检测方法主要有国标法和快速检测法。国标法包括增菌法、平板计数法和 MPN 法，其中平板计数法适用于金黄色葡萄球菌含量较高的食品检验。快速检测法包括 PCR 法、酶联免疫法和免疫胶体金法等。

【学习目标】

知识目标

1. 了解发酵酒和速冻水饺金黄色葡萄球菌的限量要求
2. 了解金黄色葡萄球菌生物学特性和致病性
3. 认识血平板和 BP 平板上金黄色葡萄球菌的菌落特征
4. 理解血浆凝固酶试验原理
5. 熟悉金黄色葡萄球菌增菌法和平板计数法的检验步骤
6. 理解 PCR 法快速检测金黄色葡萄球菌的原理，熟悉操作步骤

能力目标

1. 规范地完成发酵酒中金黄色葡萄球菌的检验，包括增菌、分离、初步鉴定和确证鉴定
2. 规范地完成速冻水饺中金黄色葡萄球菌的检验，包括样品制备、梯度稀释、涂布培养、确认试验
3. 会进行金黄色葡萄球菌平板计数法结果计算
4. 熟练地完成 PCR 法快速检测熟食中金黄色葡萄球菌

素质目标

1. 恪守职业道德，培养操作致病菌的安全意识
2. 培养知其然知其所以然的善学品质

任务一　增菌法检验发酵酒中的金黄色葡萄球菌

任务描述

发酵酒指以粮食、水果、乳类等为主要原料，经发酵或部分发酵酿造而成的饮料酒。根据 GB 2758—2012《食品安全国家标准　发酵酒及其配制酒》，发酵酒在出厂前要进行系列检验，包括感官要求、理化指标、微生物限量等。由于酒的特性，发酵酒只需要对沙门氏菌和金黄色葡萄球菌进行检验。请查阅相关标准，进行标准解读后完成发酵酒金黄色葡萄球菌的检验。

学习导图

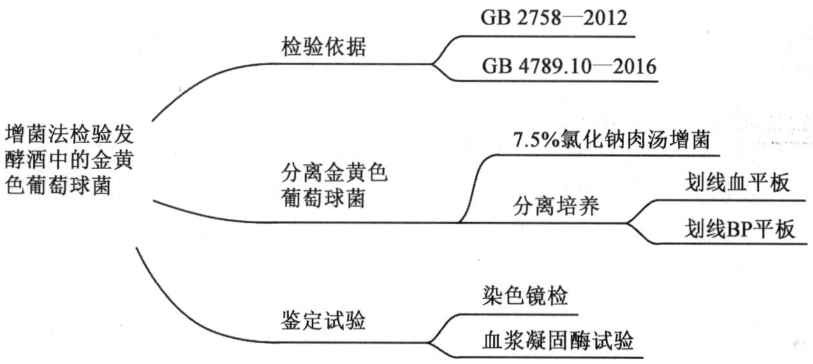

相关知识

一、参考标准

GB 2758—2012 食品安全国家标准　发酵酒及其配制酒

GB 4789.10—2016 食品安全国家标准　食品微生物学检验　金黄色葡萄球检验

二、发酵酒中金黄色葡萄球菌限量

GB 2758—2012《食品安全国家标准　发酵酒及其配制酒》中明确了金黄色葡萄球菌应采用的检验方法为 GB 4789.10 增菌法，采取二级采样方案，限量为不得检出。

表 6-1　发酵酒中金黄色葡萄球限量

项目	n	c	m	检验方法
金黄色葡萄球菌	5	0	0/25 mL	GB 4789.10 增菌法

三、金黄色葡萄球菌特性

(一)生物学特性

1. 形态与染色特性

典型的金黄色葡萄球菌为球形，直径 0.5～1 μm，在显微镜下排列成葡萄串状。金黄色葡萄球菌无芽孢、鞭毛，大多数无荚膜，革兰氏染色阳性。衰老、死亡或被吞噬细胞吞噬的菌体，常转为革兰氏阴性。

2. 培养特性

金黄色葡萄球菌对营养要求不高，在普通培养基上生长良好，需氧或兼性厌氧，最适生长温度 37℃，最适生长 pH 为 7.4。平板上菌落厚、有光泽、圆形凸起，直径 1～2 μm。金黄色葡萄球菌有高度的耐盐性，可在 10%～15% 的 NaCl 肉汤中生长。

3. 生化反应

金黄色葡萄球菌可分解葡萄糖、麦芽糖、乳糖、蔗糖，产酸不产气。甲基红反应阳性，V-P 反应弱阳性。许多菌株可分解精氨酸，水解尿素，还原硝酸盐，液化明胶，能产生 NH_3 和少量的 H_2S；可凝固牛乳，血浆凝固酶阳性。

4. 抵抗力

金黄色葡萄球菌具有较强的抵抗力，是不产芽孢的细菌中抵抗力最强的一种。加热到 80℃，30～60 min 才能将其杀死，在干燥的脓汁和血液中可存活数月，本菌可耐受冷藏，在含有 50%～66%蔗糖或 15%以上食盐的食品中可被抑制。对磺胺类药物敏感性低，但对青霉素、红霉素等高度敏感。

(二)中毒机理及症状

1. 中毒机理

金黄色葡萄球菌食物中毒主要是由摄食菌体产生的肠毒素引起的，单纯摄食菌体一般不会引起中毒，所以属于毒素型食物中毒。当金黄色葡萄球菌肠毒素随着食物进入人体后，可在消化道被吸收进入血液，并由毒素刺激中枢神经系统而引起中毒反应。

2. 致病性

中毒潜伏期一般为 15 h，最短为 15 min，最长不超过 8 h。中毒症状为急性胃肠炎症状，恶心、反复呕吐，并伴有腹痛、头晕、头痛、腹泻等。儿童对肠毒素比成人更敏感，病情也较成人重。

金黄色葡萄球菌是人类化脓感染中最常见的病原菌，可引起局部化脓感染，也可引起肺炎、胃肠炎、心包炎等，甚至败血症、脓毒症等全身感染。金黄色葡萄球菌的致病力强弱主要取决于其产生的毒素和侵袭性酶，如溶血毒素、杀白细胞素、肠毒素、血浆凝固酶、脱氧核糖核酸酶等。

3. 病菌来源

金黄色葡萄球菌的流行病学一般有如下特点：多见于春夏季，中毒食品以乳、肉、蛋、鱼及其制品常见。此外，剩饭、油煎蛋、糯米糕及凉粉等引起的中毒事件也有报道。上呼吸道感染患者鼻腔带菌率 83%，所以人畜化脓性感染部位常成为污染源。

金黄色葡萄球菌通过以下途径污染食品：食品加工人员、炊事员或销售人员带菌，造成食品污染；食品在加工前本身带菌，或在加工过程中受到了污染，产生了肠毒素，引起食物中毒；熟食制品包装不严，运输过程受到污染；奶牛患化脓性乳腺炎或禽畜局部化脓时，对肉体其他部位的污染等。

任务实施

一、检验材料

（一）主要设备

恒温培养箱（36℃±1℃）、恒温水浴锅（46℃±1℃）、天平（感量为0.1 g）、生物安全柜等。

（二）主要培养基和试剂

7.5%氯化钠肉汤、血琼脂平板、Baird-Parker平板、脑心浸出液肉汤（BHI）、兔血浆、营养琼脂斜面、革兰氏染色液等。

（三）主要器皿

1 mL（具0.01 mL刻度）吸管、10 mL（具0.1 mL刻度）吸管、250 mL锥形瓶、500 mL锥形瓶、直径90 mm培养皿等。

二、检验程序

金黄色葡萄球菌增菌法检验程序见图6-1。

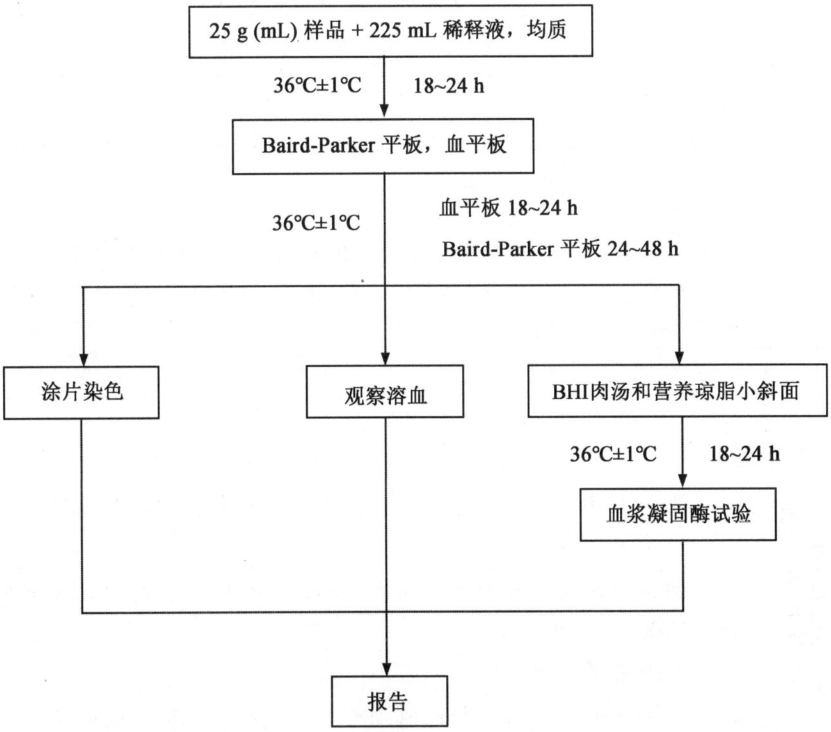

图6-1　金黄色葡萄球菌增菌法检验程序

三、操作步骤

(一)样品的处理

吸取 25 mL 发酵酒至盛有 225 mL 的 7.5%氯化钠肉汤的无菌锥形瓶(瓶内可预置适当数量的无菌玻璃珠)中,振荡混匀。

特别提示:固体样品称取 25 g 样品至盛有 225 mL 7.5%氯化钠肉汤无菌均质杯内,8 000~10 000 r/min 均质 1~2 min,或放入盛有 225 mL 7.5%氯化钠肉汤无菌均质袋中,用拍击式均质器拍打 1~2 min。

增菌与平板分离

菌落观察与革兰氏染色

(二)增菌

将上述样品匀液于 36℃±1℃培养 18~24 h。金黄色葡萄球菌在 7.5%氯化钠肉汤中呈混浊生长。

(三)分离

将增菌后的培养物,分别划线接种到 Baird-Parker 平板和血平板,血平板 3 6℃±1℃培养 18~24 h。Baird-Parker 平板 36℃±1℃培养 24~48 h。

(四)初步鉴定

金黄色葡萄球菌在 Baird-Parker 平板和血平板的菌落特征见表 6-2。根据表 6-2 描述的典型菌落特征进行初步鉴定。

表 6-2 金黄色葡萄球菌典型菌落特征

培养基名称	菌落特征
Baird-Parker 平板	呈圆形,表面光滑、凸起、湿润、菌落直径为 2~3 mm,颜色呈灰色到黑色,有光泽,常有浅色(非白色)的边缘,周围绕以不透明圈(沉淀),其外常有一清晰带。用接种针接触菌落有似黄油黏稠感。 有时可见到不分解脂肪的菌株,除没有不透明圈和清晰带外,其他外观基本相同。 从长期贮存的冷冻或脱水食品中分离的菌落,其黑色常较典型菌落浅些,且外观可能较粗糙,质地较干燥。
血平板	菌落较大,圆形、光滑凸起、湿润、金黄色(有时为白色),菌落周围可见完全透明溶血圈。

(五)确证鉴定

BHI 接种

挑取上述可疑菌落进行革兰氏染色镜检及血浆凝固酶试验。

1. 染色镜检

金黄色葡萄球菌为革兰氏阳性球菌,排列呈葡萄球状,无芽孢,无荚膜,直径约为 0.5~1 μm。

2. 血浆凝固酶试验

挑取 Baird-Parker 平板或血平板上至少 5 个可疑菌落(小于 5 个全选),分别接种到 5 mL BHI 肉汤和营养琼脂小斜面,36℃±1℃培养 18~24 h。

取新鲜配制兔血浆 0.5 mL，放入小试管中，再加入 BHI 培养物 0.2～0.3 mL，振荡摇匀，置 36℃±1℃恒温箱或水浴箱内，每 30 min 观察一次，共观察 6 h，如呈现凝固（即将试管倾斜或倒置时，呈现凝块）或凝固体积大于原体积的一半，被判定为阳性结果。同时以血浆凝固酶试验阳性和阴性葡萄球菌菌株的肉汤培养物作为对照。也可用商品化的试剂，按说明书操作，进行血浆凝固酶试验。

血浆凝固酶试验

结果如可疑，挑取营养琼脂小斜面的菌落到 5 mL 的 BHI 中，36℃±1℃培养 18～48 h，重复试验。

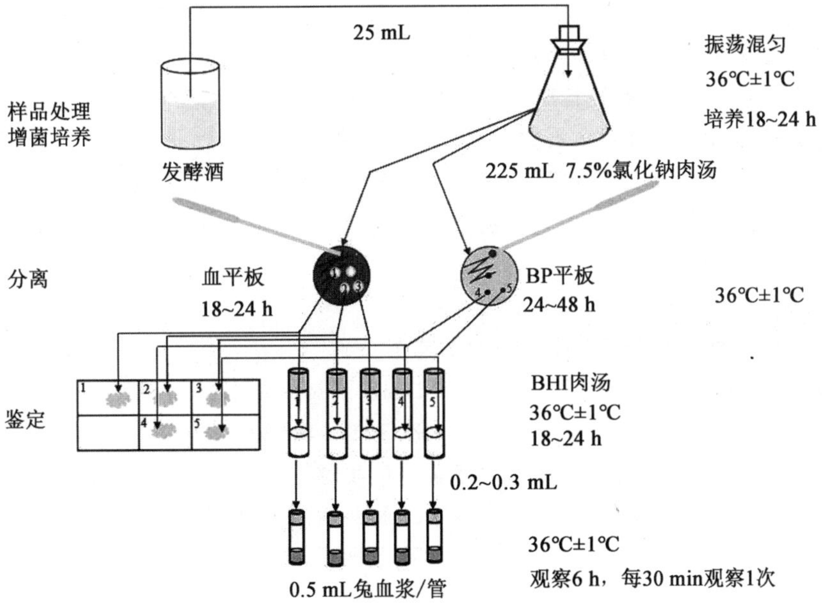

图 6-2　发酵酒中金黄色葡萄球菌检验流程图

（六）结果与报告

1. 结果判定

符合操作确证鉴定（五）中染色镜检和血浆凝固酶实验，可判定为金黄色葡萄球菌。

2. 结果报告

在 25 g(mL)样品中检出或未检出金黄色葡萄球菌。

知其然　知其所以然
——融通操作步骤与生物学特性

理论习题

一、填空题

1. 金黄色葡萄球菌是革兰氏__________球菌，是一种常见的食源性致病微生物。

2. __________是鉴别葡萄球菌有无致病性的重要指标。一般使用__________增菌培养。

二、选择题

1. 金黄色葡萄球菌在血平板上的菌落特点是__________。

A. 金黄色，大而凸起的圆形菌落
B. 金黄色，表面光滑的圆形菌落，周围有溶血环
C. 金黄色，透明，大而凸起的圆形菌落
D. 白色透明圆形菌落
2. 金黄色葡萄球菌检验的限量国标是__________。
A. GB 2726—2014　　B. GB 29921—2013
C. GB 2992—2013　　D. GB 2921—2013
3. 金黄色葡萄球菌检验最新现行有效的国标是__________年颁布的。
A. 2003　　B. 2008　　C. 2012　　D. 2016
4. 发酵酒中金黄色葡萄球菌的检验采取的是__________。
A. 定性检验　　B. 定量检验　　C. MPN 计数
5. 金黄色葡萄球菌的溶血素主要为__________。
A. α 溶血素　　B. β 溶血素　　C. Υ 溶血素　　D. δ 溶血素
6. 金黄色葡萄球菌在初步鉴定后，需要进行__________。
A. 革兰氏染色镜检　　B. 血浆凝固酶试验
C. 革兰氏染色镜检和血浆凝固酶试验
7. 金黄色葡萄球菌在 Baird-Parker 平板的培养条件为__________
A. 36℃ 24～48 h　　B. 42℃ 24～48 h
C. 36℃ 24 h　　D. 36℃ 18～24 h
8. 在制备 Baird-Parker 平板时，加入的卵黄亚碲酸钾增菌剂__________。
A. 121℃15 min 灭菌后混匀　　B. 预热后冷却加入
C. 直接加入　　D. 预热至 50℃加入

三、判断题

1. 培养平板上典型金黄色葡萄球菌个数少于 5 个时，全部进行生化鉴定试验。(　　)
2. 金黄色葡萄球菌的鉴定试验包括染色镜检和血浆凝固酶试验。(　　)
3. 血浆凝固酶能使兔或人血发生凝固。(　　)
4. 因为金黄色葡萄球菌耐盐，因此培养基中都需加盐。(　　)
5. 血浆凝固酶试验凝集阳性时不需做阴性对照。(　　)

四、综合题

在金黄色葡萄球菌定性检验中 Baird-Parker 平板和血平板长出典型菌落后如何操作？

技能操作

一、准备发酵酒金黄色葡萄球检验物品

完成发酵酒金黄色葡萄球菌检验物品准备，并填写表 6-3，具体操作要求见考核标准表 6-4。

表 6-3　发酵酒金黄色葡萄球菌检验物品准备记录单

班级		姓名		学号		组别	
样品				检验依据			
检验项目及限值							
增菌液	7.5%氯化钠肉汤：称取_____ g，加入_____ mL 蒸馏水，加热溶化，调节 pH 至_____，分装于锥形瓶中，每瓶_____ mL，_____℃高压灭菌_____ min。						
平板分离准备	血平板：称取_____ g，加入_____ mL 蒸馏水，加热溶化，冷却至_____℃，以无菌操作加入_____，摇匀，倾注平板； Baird-Parker：称取_____ g，加入_____ mL 蒸馏水，加热煮沸至完成溶解，调节 pH 至_____，分装每瓶_____ mL，_____℃高压灭菌_____ min，临用时加热溶化琼脂，冷至_____℃，每_____ mL 加入预热至 50℃的_____增菌剂_____ mL 摇匀后倾注平板。培养基应是致密不透明的，使用前在冰箱储存不得超过 48 h。						
确证鉴定准备	革兰氏染色液：初染液_____，媒染_____， 脱色液_____，复染液_____； 油镜处理液_____和_____； BHI：称取_____ g，加热溶解，调节 pH 至_____，分装_____试管，每管 5 mL，置于_____℃高压灭菌_____ min； 营养琼脂小斜面：称取_____ g 加入_____ mL 蒸馏水，加热煮沸，分装_____试管中，121℃高压灭菌 15 min。						
设备准备	水浴锅恒温至_____℃；培养箱恒温至_____℃； 生物安全柜杀菌_____ min，微量移液器规格_____。						
玻璃器材准备	包扎____ mL 移液管____支，包扎____平皿____个，包扎____试管____个。						
阳性对照	活化血浆凝固酶试验阴、阳性菌株供对照试验用。						

表 6-4　发酵酒中金黄色葡萄球菌检验物品准备评分表

班级		姓名		学号		组别	
编号	配分	评分细则描述					得分
01	6	一般培养基的制作	称量及量取操作规范、准确，得 2 分 溶解完全，调 pH 操作规范，得 2 分 摆斜面方法正确，得 2 分				
02	14	特殊培养基的制作	先加热熔化琼脂，冷却至 50℃后加入脱纤维羊血并摇匀，得 2 分 膜过滤操作规范，得 2 分 增菌剂各成分配制比例准确，加入增菌剂时培养基温度条件控制良好，得 4 分 倾注平板操作规范，得 2 分 制作平板数量合理，得 2 分 BP 平板培养基致密不透明，得 2 分				
03	3	分装	分装用容器规格合适，得 1 分 量取、移液操作准确，得 1 分 分装数量准确，得 1 分				

续表 6-4

编号	配分	评分细则描述		得分
04	2	灭菌	灭菌条件设置准确,得 1 分 灭菌设备操作规范,得 1 分	
05	2	染色及镜检	革兰氏染色物品准备齐全,得 1 分 镜检物品准备齐全,得 1 分	
06	3	职业素养	有灭菌设备使用安全意识,得 1 分 物品准备过程中有整洁意识,得 1 分 物品准备过程中有合作分享意识,得 1 分	
合计得分				

二、实施发酵酒金黄色葡萄球菌检验操作

规范地完成发酵酒金黄色葡萄球菌检验操作,包括选择性增菌、血平板分离、BP 平板分离、革兰氏染色和血浆凝固酶试验,填写表 6-5。

表 6-5　发酵酒金黄色葡萄球菌检验操作

班级		姓名		学号		组别	
请根据实际操作情况绘制发酵酒金黄色葡萄球菌检验操作流程图或用文字记录检验操作过程。							

发酵酒金黄色葡萄球菌检验操作考核共计 50 分,具体评分标准见表 6-6。

表 6-6　发酵酒中金黄色葡萄球菌检验操作评分表

班级		姓名		学号		组别	
编号	配分	评分细则描述					得分
01	6	操作前准备	完成台面及手部消毒,得 2 分 开启红外灭菌器,得 2 分 标识清楚(样品名称、检验人、检验日期),得 2 分				
02	4	样品的处理	无菌吸取 25 mL 样品移入 7.5% 氯化钠肉汤中,得 2 分 充分混匀,得 2 分				
03	6	平板分离	接种环使用正确,得 2 分 划线方法正确,没有划破平板,得 2 分 每一区划完后接种环红外灭菌,冷却后从前一区划线,得 2 分				

续表 6-6

编号	配分	评分细则描述		得分
04	12	染色镜检	灭菌接种环挑取可疑菌落,得 2 分 涂片区域直径不超过 1.5 mm,得 2 分 染液滴加顺序正确,染液量完全覆盖涂菌区域,染色时间控制准确,得 6 分 无染色液滴漏,染色后水洗完全,得 2 分	
05	8	镜检	粗细准焦螺旋使用熟练,镜头未碰及玻片,得 2 分 正确滴加香柏油,观察顺序从低倍镜到油镜调节,得 2 分 镜检视野清晰,菌体数量合适,得 2 分 镜检鉴定结论正确,得 2 分	
06	10	血浆凝固酶试验	挑取可疑菌落规范接种 BHI,得 2 分 挑取可疑菌落接种营养琼脂小斜面,斜面划线规范,得 2 分 接种兔血浆规范,得 2 分 培养条件符合标准要求,得 2 分 每隔 30 min 观察一次血浆凝固情况,得 2 分	
07	4	职业素养	遵守无菌操作,得 2 分 致病菌操作安全意识强,废弃物进行无害化处理,得 2 分	
合计得分				

三、发酵酒金黄色葡萄球菌检验结果记录

请如实规范地填写发酵酒金黄色葡萄球菌检验结果,包括准确描述特征性菌落、记录染色结果和血浆凝固酶试验结果并得出检验结论,填写表 6-7。

表 6-7　发酵酒金黄色葡萄球菌检验结果记录表

<table>
<tr><td>样品名称</td><td></td><td>检验方法依据</td><td colspan="2"></td></tr>
<tr><td>样品编号</td><td></td><td>样品状态</td><td colspan="2"></td></tr>
<tr><td>样品数量</td><td></td><td>检验地点</td><td colspan="2"></td></tr>
<tr><td colspan="5">结　果　记　录</td></tr>
<tr><td rowspan="2">菌落形态</td><td>Baird-Parker 平板</td><td colspan="3"></td></tr>
<tr><td>血平板</td><td colspan="3"></td></tr>
<tr><td rowspan="2">革兰氏染色镜检</td><td>Baird-Parker 平板</td><td colspan="3"></td></tr>
<tr><td>血平板</td><td colspan="3"></td></tr>
<tr><td rowspan="2">血浆凝固酶试验</td><td>样品</td><td colspan="2">阳性对照</td><td>阴性对照</td></tr>
<tr><td></td><td colspan="2"></td><td></td></tr>
<tr><td>单项检验结论</td><td colspan="4"></td></tr>
<tr><td colspan="2">检验人员:</td><td colspan="3">检验日期:</td></tr>
</table>

发酵酒金黄色葡萄球菌检验结果及记录共计20分，具体考核标准见表6-8。

表6-8 发酵酒金黄色葡萄球菌检验结果及记录考核评分表

班级		姓名		学号		组别	
编号	配分	评分细则描述					得分
01	6	菌落形态	Baird-Parker平板菌落特征描述正确，得3分 血平板菌落特征描述正确，得3分				
02	4	染色形态特征	革兰氏染色形态特征描述正确，得2分 显微镜下菌体区域选择适宜，得2分				
03	6	血浆凝固酶试验	阴阳性对照结果准确，得4分 仔细观察、规范记录样品试验结果，得2分				
04	4	结果报告	结果判定正确，得2分； 结果表述正确，得2分				
合计得分							

任务二 平板计数法检验速冻水饺中的金黄色葡萄球菌

任务描述

速冻水饺除了感官和理化指标外也要进行微生物检验，具体要检验哪些微生物项目呢？如何检验呢？请查阅相关标准，进行标准解读后完成速冻水饺的金黄色葡萄球菌检验。

学习导图

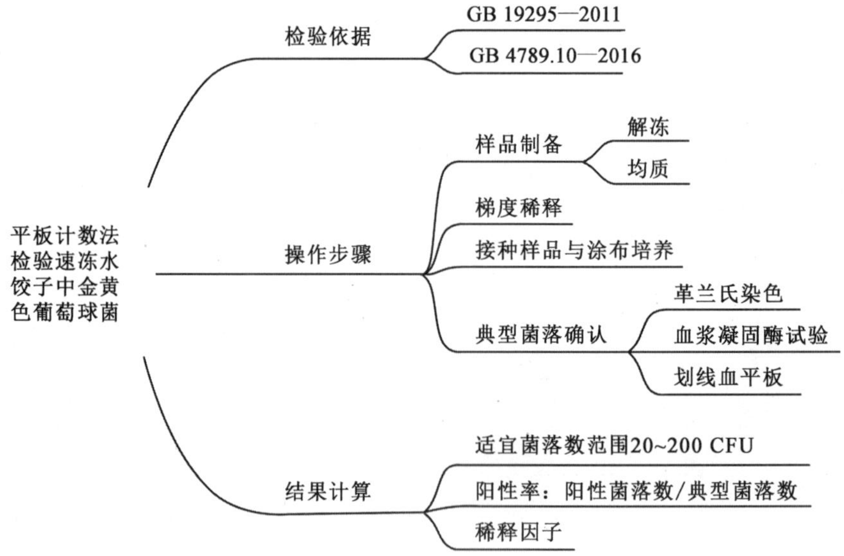

相关知识

一、参考标准

GB 19295—2011 食品安全国家标准 速冻面米制品

GB 4789.10—2016 食品安全国家标准 食品微生物学检验 金黄色葡萄球菌检验

二、速冻水饺金黄色葡萄球菌指标限量

速冻水饺是将包好的饺子经过速冻并冷藏，可以随时食用的一种食物。饺子是受中国汉族人民喜爱的传统特色食品，是每年春节必吃的年节食品。速冻面米食品是以小麦粉、大米、杂粮等谷物为主要原料，或同时配以肉、禽、蛋、水产品、蔬菜、果料、糖、油、调味品等单一或多种配料为馅料，经加工成型（或熟制）、速冻而成的食品。根据加工方式可分为生制品（产品冻结前未经加热成熟的制品）和熟制品（产品冻结前经加热成熟的非即食制品），包括速冻水饺、汤圆元宵、馄饨、包子、花卷、馒头、南瓜饼、八宝饭等。

速冻水饺检验依据 GB 19295—2011《食品安全国家标准　速冻面米制品》标准，标准中明确了速冻米面制品中微生物检验指标中的金黄色葡萄球菌限量（表 6-9），应采用的检验方法为 GB 4789.10—2016 平板计数法，采取三级取样方案。

表 6-9　速冻水饺中金黄色葡萄球菌限量

项目	采样方案及限量（若非指定，均以 CFU/g 表示）				检验方法
	n	*c*	*m*	*M*	
金黄色葡萄球菌	5	1	1 000	10 000	GB 4789.10 平板计数法

任务实施

一、检验材料

（一）主要设备

恒温培养箱（36℃±1℃）、恒温水浴锅（46℃±1℃）、天平（感量为 0.1 g）、振荡器、菌落计数器、生物安全柜、均质器（旋刀式或拍击式）或等效设备等。

（二）主要培养基和试剂

7.5%氯化钠肉汤、血琼脂平板、Baird-Parker 平板、脑心浸出液肉汤（BHI）、兔血浆、营养琼脂斜面、革兰氏染色液等。

（三）主要器皿

1 mL（具 0.01 mL 刻度）吸管、10 mL（具 0.1 mL 刻度）吸管、250 mL 锥形瓶、500 mL 锥形瓶、直径 90 mm 培养皿等。

二、检验程序

金黄色葡萄球菌平板计数法检验程序见图 6-3。

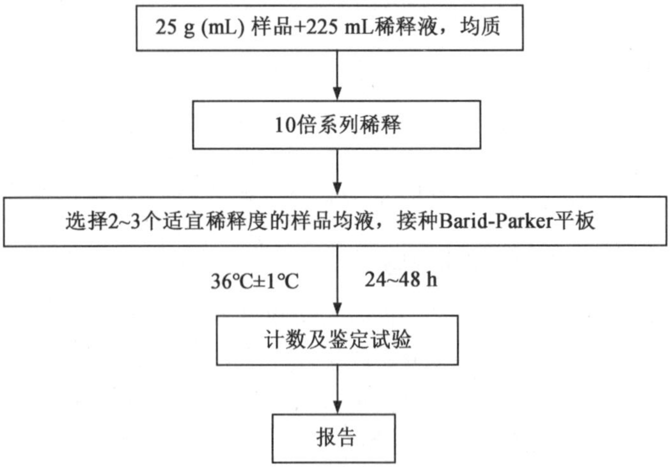

图 6-3　金黄色葡萄球菌平板计数法检验程序

三、操作步骤

(一)样品的稀释

速冻水饺在 45℃ 以下不超过 15 min,或 2～5℃ 不超过 18 h 解冻。解冻后,称取 25 g 水饺置于盛有 225 mL 磷酸盐缓冲液或生理盐水的无菌均质杯内,8 000～10 000 r/min 均质 1～2 min,或置于盛有 225 mL 稀释液的无菌均质袋中,用拍击式均质器拍打 1～2 min,制成 1∶10 的样品匀液。

特别提示:液体样品以无菌吸管吸取 25 mL 样品置于盛有 225 mL 磷酸盐缓冲液或生理盐水的无菌锥形瓶(瓶内预置适当数量的无菌玻璃珠)中,充分混匀,制成 1∶10 的样品匀液。

用 1 mL 无菌吸管或微量移液器吸取 1∶10 样品匀液 1 mL ,沿管壁缓慢注于盛有 9 mL 磷酸盐缓冲液或生理盐水的无菌试管中(注意吸管或吸头尖端不要触及稀释液面),振摇试管或换用 1 支 1 mL 无菌吸管反复吹打使其混合均匀,制成 1∶100 的样品匀液。

按上述操作,制备 10 倍系列稀释样品匀液。每递增稀释一次,换用 1 次 1 mL 无菌吸管或吸头。

梯度稀释及涂布培养

(二)样品的接种

根据对样品污染状况的估计,选择 2～3 个适宜稀释度的样品匀液,在进行 10 倍递增稀释的同时,每个稀释度分别吸取 1 mL 样品匀液以 0.3 mL、0.3 mL、0.4 mL 接种量分别加入 3 块 Baird-Parker 平板,然后用无菌涂布棒涂布整个平板,注意不要触及平板边缘。使用前,如 Baird-Parker 平板表面有水珠,可放在 25～50℃的培养箱里干燥,直到平板表面的水珠消失。

特别提示:1. 液体样品可以取原样;

2. 1 mL 样液需要接种到 3 块 Baird-Parker 平板。

(三)培养

在通常情况下,涂布后,将平板静置 10 min,如样液不易吸收,可将平板放在培养箱 36℃±1℃培养 1 h;等样品匀液吸收后翻转平板,倒置后于 36℃±1℃培养 24～48 h。

(四)典型菌落计数和确认

金黄色葡萄球菌在 Baird-Parker 平板上呈圆形,表面光滑、凸起、湿润、菌落直径为 2～3 mm,颜色呈灰黑色至黑色,有光泽,常有浅色(非白色)的边缘,周围绕以不透明圈(沉淀),其外常有一清晰带。当用接种针触及菌落时具有黄油样黏稠感。有时可见到不分解脂肪的菌株,除没有不透明圈和清晰带外,其他外观基本相同。从长期贮存的冷冻或脱水食品中分离的菌落,其黑色常较典型菌落浅些,且外观可能较粗糙,质地较干燥。

选择有典型的金黄色葡萄球菌菌落,且同一稀释度 3 个平板所有菌落数合计在 20～200 CFU 之间的平板,计数典型菌落数。

从典型菌落中至少选 5 个可疑菌落(小于 5 个全选)进行鉴定试验。分别做染色镜检,血浆凝固酶试验(见增菌法);同时划线接种到血平板 36℃±1℃培养 18～24 h 后观察菌落形态,金黄色葡萄球菌菌落较大,圆形、光滑凸起、湿润、金黄色(有时为白色),菌落周围可见完全透明溶血圈。

(五)结果计算

1. 若只有一个稀释度平板的典型菌落数在 20～200 CFU 之间,计数该稀释度平板上的典型菌落,按式(1)计算。

2. 若最低稀释度平板的典型菌落数小于 20 CFU,计数该稀释度平板上的典型菌落,按式(1)计算。

3. 若某一稀释度平板的典型菌落数大于 200 CFU,但下一稀释度平板上没有典型菌落,计数该稀释度平板上的典型菌落,按式(1)计算。

4. 若某一稀释度平板的典型菌落数大于 200 CFU,而下一稀释度平板上虽有典型菌落但不在 20～200 CFU 范围内,应计数该稀释度平板上的典型菌落,按式(1)计算。

5. 若 2 个连续稀释度的平板典型菌落数均在 20～200 CFU 之间,按式(2)计算。

6. 计算公式

式(1):

$$T=\frac{AB}{Cd}$$

式中:T 为样品中金黄色葡萄球菌菌落数;A 为某一稀释度典型菌落的总数;B 为某一稀释度鉴定为阳性的菌落数;C 为某一稀释度用于鉴定实验的菌落数;d 为稀释因子。

式(2):

$$T=\frac{A_1B_1/C_1+A_2B_2/C_2}{1.1d}$$

式中:T 为样品中金黄色葡萄球菌菌落数;A_1 为第一稀释度(低稀释倍数)典型菌落的总数;B_1 为第一稀释度(低稀释倍数)鉴定为阳性的菌落数;C_1 为第一稀释度(低稀释倍数)用于鉴定实验的菌落数;A_2 为第二稀释度(高稀释倍数)典型菌落的总数;B_2 为第二稀释度(高稀释倍数)鉴定为阳性的菌落数;C_2 为第二稀释度(高稀释倍数)用于鉴定实验的菌落数;1.1 为计算系数;d 为稀释因子(第一稀释度)。

(六)报告

根据上述公式计算结果,报告每克(毫升)样品中金黄色葡萄球菌数,以 CFU/g (mL)表示;如 T 值为 0,则以小于 1 乘以最低稀释倍数报告。

课程思政 实事求是

理论习题

一、填空题

1. 按照葡萄球菌的生理化学组成,将葡萄球菌分为________、________和________3 种。其中________多为致病菌。

2. 葡萄球菌的________抗原为完全抗原,有种属特异性,能抑制吞噬细胞的吞噬作用。

二、选择题

1. 吸取新鲜兔血浆 0.5 mL,再加入____ BHI 培养物振荡摇匀,放在 36℃±1℃恒温箱或水浴内,观察结果。

A. 2~3 μL　B. 2~3 mL　C. 0.2~0.3 mL　D. 0.2~0.3 μL

2. 葡萄球菌的溶血素是一种____。

A. 内毒素　B. 杀白细胞素　C. 外毒素　D. 肠毒素

3. 致病葡萄球菌____能破坏人体白细胞使之膨胀破裂。

A. 内毒素　B. 杀白细胞素　C. 外毒素　D. 肠毒素

4. 金黄色葡萄球菌定量检验时接种到 Baird-Parker 平板,使用的接种工具为____。

A. 涂布棒　B. 接种针　C. 接种环

5. 金黄色葡萄球菌检验的国标是____。

A. 强制性国标　B. 推荐性国标　C. 产品标准　D. 指导性技术文件

6. 血浆凝固酶试验有效观察时间为____ h,每 30 min 观察一次。

A. 4　B. 5　C. 6　D. 7

7. 金黄色葡萄球菌定量检验的分离培养基是____。

A. BP 平板　B. 营养琼脂平板　C. 血平板　D. TSA-YE 平板

8. 金黄色葡萄球菌检验血浆凝固酶试验在____必须呈现试管倒置或倾斜呈完全而坚固的凝块,为凝固酶阳性。

A. 0.5 h　B. 1 h　C. 6 h　D. 24 h

三、判断题

1. 长期保存的冷冻或干燥食品中所分离的金黄色葡萄球菌菌落比典型菌落所产生的黑色较淡些,外观没有改变。(　)

2. 金黄色葡萄球菌定量检验不需要做血浆凝固酶试验。(　)

3. 金黄色葡萄球菌定量检验时,涂布后的 BP 平板要 36℃培养 48 h。(　)

4. 金黄色葡萄球菌平板计数法时接种到一个 Baird-Parker 平板的每个稀释匀液需要 1 mL。(　)

四、综合题

试比较金黄色葡萄球菌定性检验与定量检验时操作步骤的异同。

技能操作

一、准备速冻水饺中的金黄色葡萄球菌检验物品

完成速冻水饺中的金黄色葡萄球检验物品准备，并填写表 6-10，具体操作要求见考核标准表 6-11。

氯化钠肉汤和豆粉琼脂配制　　**基础和营养琼脂配制**　　**BHI 配制**　　**血琼脂平板和 BP 平板制作**

表 6-10　速冻水饺中的金黄色葡萄球菌检验物品准备记录单

班级		姓名		学号		组别	
样品				检验依据			
检验项目及限值							
样品准备	取速冻水饺放在_____条件下，解冻_____ h。						
配制稀释液	称量_____ g 氯化钠，加入_____ mL 水溶解，待分装。						
分装稀释液	量取出_____ mL 稀释液盛装于_____ mL 锥形瓶中，内置_____。 量取出_____ mL 稀释液盛装于_____试管中，共分装_____支。_____						
配制培养基	血平板：称取_____ g，加入_____ mL 蒸馏水，加热溶化，冷却至_____℃，以无菌操作加入_____，摇匀，倾注平板； Baird-Parker 平板：称取_____ g，加入_____ mL 蒸馏水，加热煮沸至完成溶解，调节 pH 至_____，分装每瓶_____ mL，_____℃高压灭菌_____ min，临用时加热熔化琼脂，冷至_____℃，每_____ mL 加入预热至 50℃的_____增菌剂_____ mL 摇匀后倾注平板。 BHI：称取_____ g，加热溶解，调节 pH 至_____，分装_____试管，每管 5 mL； 营养琼脂小斜面：称取_____ g 加入_____ mL 蒸馏水，加热煮沸，分装_____试管中。						
染色镜检	革兰氏染色液：初染液_____，媒染_____， 脱色液_____，复染液_____； 油镜处理液_____和_____。						
稀释接种工具	样品稀释工具：__________ 样品接种工具：__________ 确认试验接种工具：__________						
包扎器皿	包扎_____平皿____个，包扎_____试管____个，包扎枪头______盒；						
干热灭菌	物品： 条件：						
湿热灭菌	物品： 条件：						
设备准备	水浴锅恒温至________℃；培养箱恒温至________℃； 生物安全柜杀菌________ min。						

速冻水饺中的金黄色葡萄球菌检验物品准备考核共计30分，其中操作为27分，职业素养为3分。具体评分标准见表6-11。

表6-11 速冻水饺中的金黄色葡萄球菌检验物品准备评分表

班级		姓名		学号		组别	
编号	配分	评分细则描述					得分
01	2	试剂选择	培养基选择正确，得1分 稀释液成分选择正确，得1分				
02	7	培养基制备	称量量取正确，得1分 培养基配制正确，得2分 血平板倾注正确，得1分 Baird-Parker倾注正确，得1分 试管分装正确，得1分 斜面制备正确，得1分				
03	2	染色及镜检	革兰氏染色物品准备齐全，得1分 镜检物品准备齐全，得1分				
04	4	接种工具	稀释工具选择合适，得2分 接种工具选择合适，得2分				
05	3	包扎	选择枪头规格正确，数量准确，得1分 选择平皿规格正确，数量准确，得1分 试管规格选择合适，得1分				
06	4	灭菌	灭菌方法选择正确，得1分 灭菌操作规范，得1分 灭菌物品和条件正确，得2分				
07	3	设备准备	操作环境灭菌规范，得1分 设置培养温度准确，得1分 设置培养基保温温度准确，得1分				
08	2	熟练程度	操作过程正确，手法熟练，得1分 按时完成，得1分				
09	3	职业素养	有灭菌设备使用安全意识，得1分 有试验资源共享意识，得1分 有试验过程中整理清洁意识，得1分				
合计得分							

二、实施速冻水饺中的金黄色葡萄球菌检验操作

表6-12 速冻水饺中的金黄色葡萄球菌检验操作

班级		姓名		学号		组别	
请根据实际操作情况绘制速冻水饺中的金黄色葡萄球菌检验操作流程图或用文字记录检验操作过程。							

速冻水饺金黄色葡萄球菌检验操作考核共计50分，具体评分见表6-13。

表6-13　速冻水饺中金黄色葡萄球菌检验操作评分表

班级		姓名		学号		组别	
编号	配分	评分细则描述					得分
01	2	操作前准备	消毒，打开红外灭菌器，得1分； 标识清楚，得1分。				
02	4	样品的制备	无菌称取25 g样品，得1分 置于225 mL生理盐水，得1分 均质方法得当，得1分 转移方法正确，得1分				
03	4	样品梯度稀释	无菌操作规范，得2分 枪头不触及稀释液面，及时更换枪头，得1分 反复吹打或涡旋，得1分				
04	8	涂布	稀释度选择正确，得2分 样品匀液1 mL接种3个平板，得2分 涂布方法均匀，得2分 涂布棒灭菌正确，得2分				
05	4	培养	判断琼脂凝固正确，得2分 翻转平板，得1分 倒置于培养箱36℃±1℃培养48 h±2 h，得1分				
06	4	典型菌落计数	Baird-Parker平板典型菌落识别准确，得2分 平板典型菌落计数正确，得2分				
07	8	革兰氏染色	染色操作熟练规范，得2分 显微镜使用规范，得2分 镜检后显微镜处理规范，得2分 结果描述准确，得2分				
08	8	血浆凝固酶试验	接种环取菌加入BHI操作规范，得2分 取菌划线营养琼脂小斜面操作规范，得2分 振荡摇匀，得2分 接种工具灭菌正确，得2分				
09	6	血平板划线	接种环使用正确，挑菌正确，得2分 划线方法得当，没有划破培养基，得2分 接种工具灭菌正确，得2分				
10	2	职业素养	无菌意识强，得1分 安全意识强，废弃物无害化处理，得1分				
合计得分							

三、速冻水饺中的金黄色葡萄球菌检验结果记录

请如实规范填写速冻水饺金黄色葡萄球菌检验结果记录表 6-14。

表 6-14 速冻水饺金黄色葡萄球菌检验结果记录表

样品名称					检验方法依据				
样品编号					样品状态				
样品数量					检验地点				
结 果 记 录									
稀释度									
典型菌落数									
典型菌落总数									
用于凝固酶试验的菌落数									
血浆凝固酶阳性的菌落数									
金黄色葡萄球菌菌落总数									
单项检验结论									
检验人员：					检验日期：				

速冻水饺金黄色葡萄球菌检验结果及记录共计 20 分，具体考核评分见表 6-15。

表 6-15 速冻水饺金黄色葡萄球菌检验结果记录考核评分表

班级		姓名		学号		组别	
编号	配分	评分细则描述					得分
01	4	典型菌落数	典型菌落辨认准确，得 2 分 选取合适平板进行鉴定试验，得 2 分				
02	4	革兰氏染色	显微镜下菌体染色均匀，涂片均匀，得 2 分 革兰氏染色形态特征描述正确，得 2 分				
03	2	血平板菌落特征	血平板溶血现象判断准确，得 2 分				
04	6	血浆凝固酶试验	做对照试验结果正确，得 2 分 每隔半小时观察阳性判断准确，得 2 分 凝聚结果判断准确，得 2 分				
05	4	结果计算与报告	计算正确，得 2 分 报告规范，得 2 分				
合计得分							

任务三　PCR 法快速检测金黄色葡萄球菌

学习导图

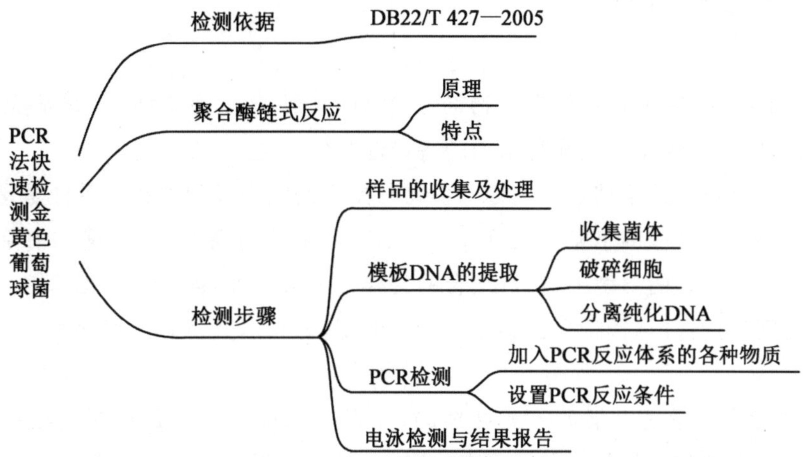

相关知识

一、参考标准

DB 22/T 427—2005 吉林省地方标准 食品中金黄色葡萄球菌 PCR 快速检验方法

二、聚合酶链式反应原理及特点

(一)聚合酶链式反应原理

聚合酶链式反应(PCR)是一种用于扩增特定 DNA 片段的分子生物学技术，是一种生物体外 DNA 大量复制技术。

PCR 技术的基本原理类似于 DNA 的天然复制过程，其特异性依赖于与靶序列两端互补的寡核苷酸引物。PCR 由变性-退火-延伸 3 个基本反应步骤构成。

1. 模板 DNA 的变性

模板 DNA 经加热至 93℃左右一定时间后，使模板 DNA 双链或经 PCR 扩增形成的双链 DNA 解离，成为单链，以便它与引物结合，为下轮反应作准备。

2. 模板 DNA 与引物的退火(复性)

模板 DNA 经加热变性成单链后，温度降至 55℃左右，引物与模板 DNA 单链的互补序列配对结合。

3. 引物的延伸

DNA 模板-引物结合物在 72℃、DNA 聚合酶(如 Taq DNA 聚合酶)的作用下，以 dNTP 为反应原料，靶序列为模板，按碱基互补配对与半保留复制原理，合成一条新的与模板 DNA

链互补的半保留复制链。

重复循环变性-退火-延伸就可以获得更多的“半保留复制链”，而且这种新链又可成为下次循环的模板。每完成一个循环需 2～4 min，2～3 h 就能将待扩目的基因扩增放大几百万倍。

(二)聚合酶链式反应特点

1. 特异性强

PCR 反应的特异性决定因素为引物与模板 DNA 特异正确的结合、碱基配对原则、Taq DNA 聚合酶合成反应的忠实性和靶基因的特异性与保守性。

其中引物与模板的正确结合是关键。引物与模板的结合及引物链的延伸是遵循碱基配对原则的。聚合酶合成反应的忠实性及 Taq DNA 聚合酶的耐高温性，使反应中模板与引物的结合(复性)可以在较高的温度下进行，结合的特异性大大增加，被扩增的靶基因片段也就能保持很高的正确度，再通过选择特异性和保守性高的靶基因区，其特异性程度就更高。

2. 灵敏度高

PCR 产物的生成量是以指数方式增加的，能将皮克量级的起始待测模板扩增到微克水平。能从 100 万个细胞中检出一个靶细胞。在病毒的检测中，PCR 的灵敏度可达 3 个 RFU(空斑形成单位)。在细菌学中，最小检出率为 3 个细菌。

3. 简便、快速

PCR 反应用耐高温的 Taq DNA 聚合酶，一次性地将反应液加好后，即在 DNA 扩增液和水浴锅上进行变性-退火-延伸反应，一般在 2～4 h 完成扩增反应。扩增产物一般用电泳分析，不一定要用同位素，所以无放射性污染、易推广。

4. 纯度要求低

不需要分离病毒或细菌及培养细胞，DNA 粗制品及 RNA 均可作为扩增模板。可直接用临床标本如血液、体腔液、洗漱液、毛发、细胞、活组织等 DNA 扩增检测。

任务实施

一、检验材料

(一)主要设备

高速离心机(1 000～20 000 r/min)、旋涡混合器、均质器、恒温培养箱(37℃±1℃)、冰箱(−40℃±1℃)、PCR 扩增仪、水平琼脂糖电泳槽、稳压稳流电泳仪、凝胶成像系统、微量移液器等。

(二)培养基和试剂

7.5%氯化钠营养肉汤、亚碲酸盐、琼脂糖、*Taq* 酶、核苷酸混合物、溴化乙锭、溴酚蓝、DNA 标准标志物标志、溶菌酶、溶壁素、70%乙醇、异丙醇、EDTA(二乙胺四乙酸)、去离子水、DNA 提取试剂盒。

上游引物：5′—GCTTGCTATGATTGTGGTAGCC—3′

下游引物：5′—CTCTAGCAAGTCCCTTTTCCAC—3′

（三）主要材料

金黄色葡萄球菌标准菌株、Eppendorf 管及吸头。

二、检验程序

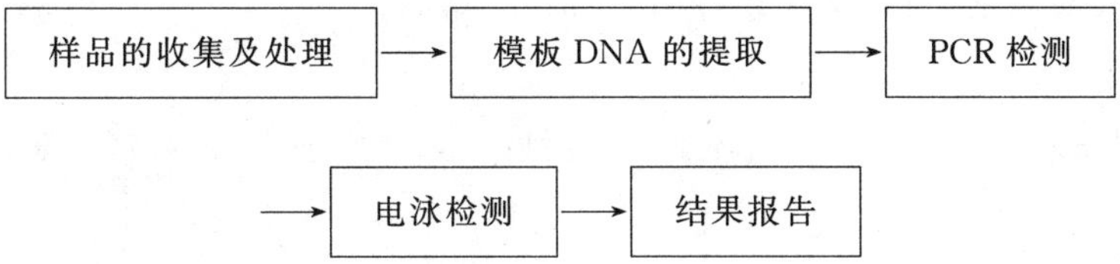

三、操作步骤

（一）样品的收集及处理

无菌采取样品 25 g(mL)放入灭菌均质袋中，加入 225 mL 7.5%氯化钠营养肉汤，放入均质器中充分搅拌均质，均质后放于 36℃±1℃的生化培养箱培养 24 h。或取 25 g(mL)样品后，放入 225 mL 灭菌生理盐水中，充分搅拌均质，取上清液备 DNA 提取之用。

（二）模板 DNA 的提取

取 1 mL 过夜培养物至 1.5 mL 微量离心管中，13 000～16 000 r/min 离心 2 min 至成细胞团，弃去上清液。

加入 480 μL 的 50 mmol/L EDTA 并充分悬浮细胞，加入 60 μL 溶菌酶及 60 μL 溶壁素，轻轻地混合，37℃水浴 30～60 min 后 13 000～16 000 r/min 离心 2 min，弃去上清液。

加入 600 μL 核溶解液，轻轻地悬浮细胞，80℃水浴 10 min，冷却至室温。加入 3 μL RNase(核糖核酸酶)，颠倒离心管 2～5 次混合，37℃水浴 15～60 min，冷却至室温。

加入 200 μL 蛋白质沉淀液，涡旋振动 20 s，冰浴 5 min。13 000～16 000 r/min 离心 10 min。

上清液转移至 1.5 mL 微离心管中并加入 600 μL 异丙醇，轻轻地颠倒离心管直到出现可见的丝线样的 DNA，13 000～16 000 r/min 离心 3 min。弃去上清，加入 600 μL 的 70%乙醇，轻轻地颠倒离心管洗涤 DNA，13 000～16 000 r/min 离心 3 min，吸出乙醇，室温放置 10～15 min 晾干。

添加 100 μL 的 DNA 再水化溶液，65℃水浴 60 min，周期性的混合液体。在 2～8℃贮藏 DNA 备检。

也可使用商业化的 DNA 提取试剂盒并按其说明制备模板 DNA。

（三）PCR 检测

1. 反应体系

反应体系体积为 25 μL，具体组成见表 6-16。

表 6-16 PCR 检测反应体系组成

试剂名称	体积/μL	试剂名称	体积/μL
H_2O(二馏灭菌水)	18.6	引物对	各 0.25
10×PCR 缓冲液	2.5	DNA(20～50 ng/μL)	2.0
dNTP(2.5 mmol/L)	0.7	*Taq* 酶(5 U/μL)	0.7

在盖上 PCR 管盖前,对每个体系各加 12 μL 石蜡油。

2.反应参数

95℃预变性 5 min,扩增 30 个循环(95℃变性 60 s,61℃退火 60 s,72℃延伸 60 s),72℃末次延伸 8 min。

(四)PCR 结果的电泳检测

PCR 扩增产物用 1.5%琼脂糖凝胶,100 V 电压电泳 30 min,溴化乙锭(EB)染色,紫外灯下观察扩增结果。

(五)报告

金黄色葡萄球菌 DNA 特异性扩增片段长度为 422 bp,与 Marker(DL2000)比较,以确定样品中是否染有金黄色葡萄球菌。

该方法的检出限为:4 CFU/g(mL)

项目拓展

1.生活指导

天气炎热,雪糕、冰淇淋特别受欢迎,但这类冷冻产品中也有报道检出金黄色葡萄球菌超标,请搜集相关案例并进行原因分析,指导身边人安全食用冰淇淋等产品。

2.方法拓展

GB 4789.10—2016 食品安全国家标准 食品微生物学检验　金黄色葡萄球菌检验　附录葡萄球菌肠毒素检验(ELISA 法)

SN/T 1870—2016 中华人民共和国出入境检验检疫行业标准　出口食品中食源性致病菌检测方法实时荧光 PCR 法

DBS 32/014—2017 食品安全地方标准　食源性致病微生物快速检测

DB 64/T 1681—2019 食品中沙门氏菌和金黄色葡萄球菌的快速检测方法

理论试题

一、填空题

1. PCR 扩增 DNA 片段的特异性是由两个人工合成的________的顺序决定的,后者与待扩增片段两条链的两端 DNA 序列分别________。

2. PCR 反应中________与________的正确结合是关键，遵循________原则。

3. 特异性扩增片段的末端是由两条引物的________端限定的。

二、选择题

1. PCR 反应正确过程应为________。

A. 退火-变性-延伸　　B. 变性-退火-延伸　　C. 退火-延伸-变性

D. 变性-延伸-退火　　E. 延伸-变性-退火

2. Taq DNA 聚合酶酶促反应最适温度为________。

A. 37℃　　B. 50～55℃　　C. 70～75℃

D. 80～85℃　　E. 94～95℃

3. 以下哪种物质在 PCR 反应中不需要________。

A. TaqDNA 聚合酶　　B. dNTPs　　C. Mg^{2+}

D. RNA 酶　　E. 合适 pH 缓冲液

4. PCR 是在引物、模板和 4 种脱氧核糖核苷酸存在的条件下依赖于 DNA 聚合酶的酶促合成反应，其特异性决定因素为________。

A. 模板　　B. 引物　　C. dNTP　　D. 镁离子

5. PCR 扩增时需要________循环。

A. 20　　B. 30　　C. 40　　D. 15

6. PCR 结果电泳检测时需要________琼脂糖凝胶。

A. 0.5%　　B. 1.0%　　C. 2.0%　　D. 1.5%

三、判断题

1. PCR 产物点完样后及时盖盖，禁止开着盖直接将 PCR 产物扔进垃圾箱，电泳结束后及时进行 PCR 产物、电泳凝块处理，垃圾每天下班前清理。(　　)

2. PCR 用水应在灭菌后的超净台里分装，分装的量尽量少，用后即弃，不要多次循环使用。尽量避免由于经常打开反应管吸液而造成污染。(　　)

3. 在进行 PCR 快速检测金黄色葡萄球菌时提取 DNA 前不需要进行样品的培养。(　　)

4. PCR 反应用水均为普通蒸馏水。(　　)

四、简答题

PCR 法检测熟食中的金黄色葡萄球菌相比国标有何优势？

技能操作

在完成 PCR 法快速检测熟食中的金黄色葡萄球菌的过程中完成记录单(表 6-17)的填写。

表 6-17 PCR 法快速检测金黄色葡萄球菌记录单

<table>
<tr><td colspan="2">姓名</td><td></td><td>学号</td><td></td><td>班级</td><td></td><td>组别</td><td></td></tr>
<tr><td colspan="3">检验项目及限值</td><td colspan="6"></td></tr>
<tr><td colspan="3" rowspan="4">检验准备</td><td>仪器</td><td colspan="5"></td></tr>
<tr><td>试剂</td><td colspan="5"></td></tr>
<tr><td>耗材</td><td colspan="5"></td></tr>
<tr><td>样品</td><td colspan="5"></td></tr>
<tr><td colspan="9">检验操作</td></tr>
<tr><td rowspan="5">操作过程</td><td colspan="2">熟食</td><td>g</td><td>7.5%氯化钠肉汤</td><td>mL</td><td>培养</td><td colspan="2">℃
h</td></tr>
<tr><td colspan="2">DNA 提取主要步骤</td><td colspan="6"></td></tr>
<tr><td colspan="2">PCR 反应体系</td><td colspan="6"></td></tr>
<tr><td colspan="2">PCR 反应条件</td><td colspan="6"></td></tr>
<tr><td colspan="2">电泳主要操作步骤</td><td colspan="6"></td></tr>
<tr><td rowspan="3">检验结果</td><td colspan="2">电泳结果</td><td colspan="6">画出电泳结果简图</td></tr>
<tr><td colspan="2">单项检验结论</td><td colspan="6"></td></tr>
<tr><td colspan="4">检验人员:</td><td colspan="4">检验日期:</td></tr>
</table>

PCR 法快速检测熟食中的金黄色葡萄球菌操作考核点见表 6-18。

表 6-18　PCR 法快速检测金黄色葡萄球菌评分表

<table>
<tr><td>姓名</td><td></td><td>学号</td><td></td><td>班级</td><td></td><td>组别</td><td></td></tr>
<tr><td>编号</td><td>配分</td><td colspan="5">评分细则描述得分</td><td></td></tr>
<tr><td>01</td><td>4</td><td>操作前准备</td><td colspan="4">材料准备齐全,得 2 分
试剂核对全面,得 2 分</td><td></td></tr>
<tr><td>02</td><td>6</td><td>样品处理</td><td colspan="4">样品处理正确,得 3 分
均质液培养正确,得 3 分</td><td></td></tr>
<tr><td>03</td><td>40</td><td>DNA 提取</td><td colspan="4">微量离心管选择正确,得 4 分
每次离心速度时间正确,得 4 分
加 EDTA 正确,得 2 分
加溶菌酶正确,得 4 分
加溶壁素正确,得 4 分
每次水浴正确,得 4 分
上清液加入核溶解液正确,得 2 分
添加 Rnase 正确,得 2 分
混合均匀正确,得 4 分
添加蛋白质沉淀液正确,得 2 分
上清液中加入乙醇正确,得 2 分
上清液中加入异丙醇正确,得 2 分
晾干正确,得 2 分
提取后 DNA 贮藏正确,得 2 分</td><td></td></tr>
<tr><td>04</td><td>11</td><td>PCR 反应</td><td colspan="4">使用 PCR 仪规范,得 5 分;
PCR 扩增反应程序设置正确,得 6 分</td><td></td></tr>
<tr><td>05</td><td>19</td><td>电泳</td><td colspan="4">规范制胶,包括称量琼脂糖、量取缓冲液、加热溶解、选取合适制胶板和制胶梳、倒胶、拔梳得 7 分
使用移液枪规范,得 4 分
上样准确不外漏,得 4 分
加 Marker,得 4 分</td><td></td></tr>
<tr><td>06</td><td>10</td><td>结果观察</td><td colspan="4">使用凝胶成像系统规范,得 4 分
拍照保存结果,得 2 分
判断电泳结果准确,得 4 分</td><td></td></tr>
<tr><td>11</td><td>4</td><td>结果报告</td><td colspan="4">检测结论表述正确,得 4 分</td><td></td></tr>
<tr><td>12</td><td>6</td><td>职业素养</td><td colspan="4">及时清理台面,清洗物品,得 6 分</td><td></td></tr>
<tr><td colspan="7">合计得分</td><td></td></tr>
</table>

项目七

沙门氏菌检验

【项目背景】

沙门氏菌是一类广泛分布于自然界肠杆菌科中一种重要的人畜共患、革兰氏阴性病原菌。该菌不仅能导致鸡白痢、鸡伤寒、副伤寒等多种动物疾病,而且是大多数食源性疾病发病的主要原因。

沙门氏菌检验方法众多,常规方法(国标法)主要是根据形态学特征、培养特征、生理生化特征、抗原特征等进行检验。快速检测技术包含分子生物学方法(如核酸探针、PCR 技术、基因芯片技术等)、免疫学检测方法(如酶联免疫吸附法、免疫荧光标记等)等。

【学习目标】

知识目标

1. 了解蛋与蛋制品中沙门氏菌限量要求及检验要求

2. 掌握沙门氏菌检验步骤,包括样品处理方法、预增菌、增菌、分离、生化鉴定和血清学试验

3. 理解 ELISA 法快速检测沙门氏菌的原理和检测操作步骤

能力目标

1. 规范地完成沙门氏菌的检验,包括样品制备、增菌、分离、生化鉴定和血清学试验,并得出检验结论

2. 熟练地完成 ELISA 法快速检测沙门氏菌并填写检测报告

素质目标

培养学生的无菌意识、安全意识、规范意识

任务一　国标法检验蛋制品中的沙门氏菌

任务描述

蛋类营养丰富，适于微生物生长，所以容易受到污染，最典型的是沙门氏菌污染。曾经暴发过的沙门氏菌疫情牵涉鸡蛋污染，一些人在进食被污染的鸡蛋后出现肠炎等症状，蛋及蛋制品沙门氏菌检出率为3.9%～43.7%。那么如何检验鸡蛋中的沙门氏菌呢？请查阅相关标准，进行标准解读后完成蛋与蛋制品中沙门氏菌的检验。

学习导图

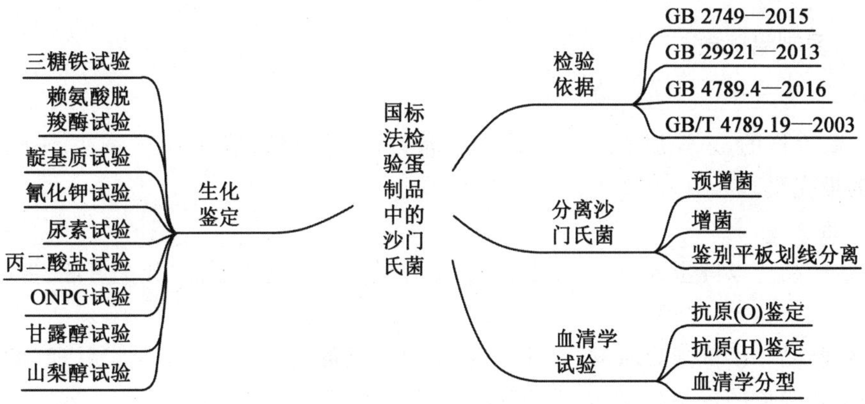

相关知识

一、参考标准

GB 2749—2015 食品安全国家标准　蛋与蛋制品

GB 29921—2013 食品安全国家标准　食品中致病菌限量

GB 4789.4—2016 食品安全国家标准　食品微生物学检验　沙门氏菌检验

GB/T 4789.19—2003 食品卫生微生物学检验　蛋与蛋制品检验

二、蛋与蛋制品微生物指标限量

按照GB 2749与GB 29921国家标准的规定，蛋与蛋制品微生物检验中，沙门氏菌采样方案为二级采样，菌落总数与大肠菌群采样方案为三级采样（罐头制品除外，应符合商业无菌的要求），其中沙门氏菌要求在被检的5份样品中，不允许任一样品检出沙门氏菌。微生物限量见表7-1。

表 7-1 蛋与蛋制品微生物限量

项目	采样方案及限量				检验依据
	n	c	m	M	
菌落总数[a]/(CUF/g)					
液蛋制品、干蛋制品、冰蛋制品	5	2	5×10^4	10^6	GB 4789.2
再制蛋(不含糟蛋)	5	2	10^4	10^5	
大肠菌群[a]/(CUF/g)	5	2	10	10^2	GB 4789.3
沙门氏菌[b](CUF/25 g)	5	0	0	—	GB 4789.4

[a] 不适用于鲜蛋和非即食的再制蛋制品。

[b] 不适用于非预包装和非即食的蛋制品。

三、蛋与蛋制品概念

1. 鲜蛋

各种家禽生产的，未经加工或仅用冷藏法、液浸法、涂膜法、消毒法、气调法、干藏法等贮藏方法处理的带壳蛋。

2. 蛋制品

(1)液蛋制品　以鲜蛋为原料，经去壳、加工处理后制成的蛋制品，如全蛋液、蛋黄液、蛋白液等。

(2)干蛋制品　以鲜蛋为原料，取其全蛋、蛋白或蛋黄部分，经去壳、加工处理(可发酵)、脱糖、干燥等工艺制成的蛋制品，如巴氏杀菌全蛋粉、蛋黄粉、蛋白粉等。

(3)冰蛋制品　以鲜蛋为原料，取其全蛋、蛋白或蛋黄部分，经去壳、加工处理、冷冻等工艺制成的蛋制品，如巴氏杀菌冰全蛋、冰蛋黄、冰蛋白等。

(4)再制蛋　以鲜蛋为原料，添加或不添加辅料，经盐、碱、糟、卤等不同工艺加工而成的蛋制品，如皮蛋、咸蛋、咸蛋黄、糟蛋、卤蛋等。

(5)其他类　以鲜蛋或上述蛋制品为原料，经一定加工工艺制成的其他蛋制品，如鸡蛋干、松花蛋肠、蛋黄酪等。

四、沙门氏菌特性

(一)生物学特性

1880 年 E. Berth 首先发现伤寒沙门氏菌，1885 年沙门氏等在霍乱流行时分离到猪霍乱沙门氏菌，由于沙门氏对本属细菌的发现贡献卓越，故定名为沙门氏菌。

沙门氏菌归属于肠杆菌科沙门氏菌属，是一大群寄生于人类和动物肠道内，生化反应和抗原构造相似的革兰氏阴性杆菌统称，下设 6 个亚属：Ⅰ、Ⅱ、Ⅲ、Ⅳ、Ⅴ、Ⅵ。沙门氏菌感染率高，是我国最常见的食源性致病菌之一，能够在人与人、人与动物以及动物与动物之间相互传播。本菌属种类繁多，抗原结构复杂，常见的有鸡沙门氏菌、鼠伤寒沙门氏菌、伤寒沙门氏菌等。

1. 形态与染色特性

沙门氏菌是革兰氏阴性、两端钝圆的短杆菌，大小为(1～3)μm×(0.4～0.9)μm，不产生荚膜和芽孢，除鸡白痢和鸡伤寒沙门氏菌外，均具有周身鞭毛，能运动，多数细菌具有菌毛，能吸附于细胞表面或凝集豚鼠的红细胞。形态上均与大肠杆菌相似。

2. 培养特性

沙门氏菌是需氧及兼性厌氧菌，生长的温度范围为 6.7～45.6℃，最适生长温度为 37℃。生长的 pH 范围为 4.1～9.0，最适生长 pH 为 6.8～7.8。该菌对营养要求不高，在普通琼脂培养基上均能生长良好，培养 24 h 后，形成中等大小、圆形、表面光滑、无色、半透明、边缘整齐的菌落。本菌在 S. S 琼脂培养基上生成无色、半透明的菌落，如果是产生 H_2S 的菌株，菌落中心带黑色，在远藤琼脂上长成淡粉色或无色菌落，在胆盐（煌绿或亚硒酸盐）肉汤中生长良好，均匀混浊。

3. 生化特性

致病性的沙门氏菌的生化特性比较一致，但也有个别菌株的特性有差异。一般特性是：可发酵葡萄糖、麦芽糖、甘露醇和山梨醇产酸产气（伤寒沙门氏菌产酸不产气）；不发酵乳糖、蔗糖，多数产生 H_2S，赖氨酸脱羧酶阳性（甲型副伤寒沙门氏菌为赖氨酸脱羧酶阴性），不产生吲哚和乙酰甲基原醇（V-P 反应阴性），不水解尿素，在氰化钾培养基上不生长，对苯丙氨酸不脱氨。以上生化反应对沙门氏菌有一定的鉴别作用。

4. 抵抗力

沙门氏菌对热、消毒药及外界环境的抵抗力不强，60℃、15～20 min 即可死亡。在水中能存活 2～3 周，在粪便中可存活 1～2 个月，在牛乳及肉类中能存活数月，在含有 10%～15%食盐的腌肉中可存活 2～3 个月。当水煮或油炸大块鱼、肉、香肠时，若食品内部达不到足以杀死本菌的温度条件，沙门氏菌仍能存活下去，由此常常引起食物中毒。沙门氏菌在－25℃低温环境中可存活 10 个月左右，即冷冻保存食品对沙门氏菌无杀伤作用。

5. 抗原结构

有 O 抗原（57 种），H 抗原（116 种），Vi 抗原（荚膜多糖）。O 抗原（O-多糖）是革兰阴性菌特异多糖的菌体抗原，存在于菌体表面，是细胞壁的组成成分，决定其特异性，对热稳定。H 抗原存在于鞭毛中，其化学性质是蛋白质，不耐热，大部分沙门氏菌 H 抗原都有两相，第一相为特异性相，第二相为非特异性相。Vi 抗原是包围在细菌菌体抗原外表的抗原，是一种特殊的菌体抗原，少数沙门氏菌常具有这种包膜（Vi）抗原。

（二）中毒机理及症状

1. 中毒机理

沙门氏菌食物中毒的发生与食物中的带菌量、菌体毒力及人体本身的防御能力等因素有关。当沙门氏菌随食物进入消化道后，可以在小肠和结肠内繁殖，引起组织的炎症，并可经淋巴系统进入血液，引起全身感染。这一过程主要有两种菌体毒素参与作用：一种是菌体代谢分泌的肠道毒素，另一种是菌体细胞裂解释放的菌体内毒素。由于中毒主要是摄食一定量活菌并在人体内增殖所引起的，所以沙门氏菌引起的食物中毒主要属感染型食物中毒。

2. 流行病学特征

沙门氏菌广泛存在于自然界中，是人和动物的常见病原菌。食物传播是人类感染沙门氏菌的主要途径。常见的污染食品有肉类（尤其是禽肉）、蛋类及蛋制品、未经巴氏消毒的牛奶及奶制品、海产品等，GB 29921 中对所有预包装类食品（共 11 类）设置了沙门氏菌限量规定。

3. 临床表现

沙门氏菌食物中毒的临床症状一般在进食染菌食物 12～24 h 后出现。人感染沙门氏菌后主要表现为急性肠胃炎、剧烈头痛、呕吐、腹痛、腹泻以及身体不适等临床症状。另外，由于细菌毒素作用于中枢神经，还可引起头痛、发热，严重的会出现寒战、抽搐和昏迷等症状。病程为 3～7 d，一般愈后良好，但老人、儿童和体弱者如不及时进行急救处理也可致死。沙门氏菌食物中毒的病死率通常低于 1%。沙门氏菌中有专门使人致病的，如伤寒沙门氏菌、副伤寒沙门氏菌；有些只使动物致病，如鸡沙门氏菌、鸭沙门氏菌等；也有一些对人和动物皆可致病，如鼠伤寒沙门氏菌和猪霍乱沙门氏菌。

4. 致病性

沙门氏菌能引起人和动物伤寒、副伤寒和食物中毒，导致肠热症、败血症和胃肠炎 3 类疾病。其中由伤寒、副伤寒沙门氏菌引起的急性全身系统性传染病是我国《传染病防治法》中规定报告的乙类传染病。

五、样品的抽样与送检

（一）抽样

1. 生产环节

抽样时，在企业的成品库房，从同一批次样品堆的 4 个不同部位抽取相应数量的样品，抽取样品量不少于 2 kg，同时不少于 10 个独立包装。大包装食品（≥5 kg）可进行分装取样，分装时应采取措施防止微生物污染，分装的样品盛装于被抽样单位用于销售的包装或清洁卫生的容器中，样品数量不少于 8 个包装，且每个包装不少于 250 g。

2. 流通环节

抽样时，在货架、柜台、库房或网络食品经营平台抽取同一批次待销产品，抽取样品量原则上同生产环节。

3. 餐饮环节

抽样时，抽取同一批次待销或使用的产品，应抽取完整包装产品，如需从大包装中抽取样品，应从完整大包装中抽取样品，抽取样品量原则上同生产环节，抽取无包装食品时，从盛装容器不同部位采集适量样品混合成所抽取样品，样品数量不少于 1.8 kg。

所抽取样品分为 2 份，约 4/5 为检验样品，约 1/5 为复检备份样品（备份样品封存在承检机构）。抽取样品量、检验及复检备份所需样品量可根据检验和复检需要适量调整。

（二）单一样品送检

1. 鲜蛋、糟蛋、皮蛋

用流水冲洗外壳，再用 75%酒精棉涂擦消毒后放入无菌袋内，密封好，做好标记后送检。

2. 巴氏杀菌冰全蛋、冰蛋黄、冰蛋白

先将铁听打开处用 75%酒精棉球消毒，再将盖开启，用灭菌电钻由顶到底斜角钻入，徐徐钻取检样，然后抽出电钻，从中取出 250g 检验样品装入灭菌广口瓶中，标明后送检。

3. 巴氏杀菌全蛋粉、蛋黄粉、蛋白片

将包装铁箱上开口处用 75%酒精棉球消毒，然后将盖开启，用灭菌的金属制双层旋转式套管采样器斜角插入箱底，使套管旋转收取检样，再将采样器提出箱外，用灭菌小匙自上、中、下部收取检样装入灭菌广口瓶中，每个检测样品质量不少于 100 g，标记后送检。

六、待检样品的前处理

1. 鲜蛋、糟蛋、皮蛋外壳

用灭菌生理盐水浸湿的棉拭子充分擦拭蛋壳，然后将棉拭子直接放入培养基内增菌培养，也可将整只蛋放入灭菌小烧杯或平皿中，按检样要求加入定量灭菌生理盐水或液体培养基，用灭菌棉拭子将蛋壳表面充分擦洗后，以擦洗液作为检样检验。

2. 鲜蛋液

将鲜蛋在流水下洗净，待干后再用75%酒精棉球消毒蛋壳，然后根据检验要求，打开蛋壳取出蛋白、蛋黄或全蛋液，放入带有玻璃珠的灭菌瓶内，充分摇匀后待检。

3. 巴氏杀菌全蛋粉、蛋白片、蛋黄粉

将检样放入带有玻璃珠的灭菌瓶内，按比例加入灭菌生理盐水，充分摇匀待检。

4. 巴氏杀菌冰全蛋、冰蛋白、冰蛋黄

将装有冰蛋样品的包装瓶浸泡于流动冷水中，使检样融化后取出，放入带有玻璃珠的灭菌瓶中，充分摇匀待检。

七、沙门氏菌的检验

(一)检验原理

1. 检验步骤包括预增菌、增菌、平板分离、生化鉴定和血清学试验

其中预增菌，使食物样品在含有营养的非选择性培养基中增菌，使受损伤的沙门氏菌细胞恢复到稳定的生理状态。增菌，进行选择性增菌培养，允许沙门氏菌持续增殖，同时阻止大多数其他细菌的增殖。平板分离，采用固体选择性培养基，抑制非沙门氏菌的生长，提供肉眼可见的疑似沙门氏菌纯菌落的识别。通过生化鉴定试验排除大多数非沙门氏菌，也提供了沙门氏菌培养物菌属的初步鉴定。最后通过血清学试验鉴定菌种分型。

2. 生化试验反应原理

(1)三糖铁试验　三糖铁培养基含乳糖、蔗糖和葡萄糖的比例为10∶10∶1，只能利用葡萄糖的细菌，葡萄糖被分解产酸可使斜面先变黄，但因量少，生成少量的酸，因接触空气而氧化，加之细菌利用培养基中含氮物质，生成碱性产物，故使斜面后来又变红，底部由于是在厌氧状态下，酸类不被氧化，所以仍保持黄色。而发酵乳糖的细菌则产生大量的酸，使整个培养基呈现黄色。培养基接种后产生黑色沉淀，是因为某些细菌能分解含硫氨基酸，生成硫化氢(H_2S)，H_2S和培养基中的硫酸亚铁铵反应生成黑色的硫化亚铁(FeS)，而使培养基变黑。

(2)赖氨酸脱羧酶试验　赖氨酸脱羧酶培养基中蛋白胨、酵母粉提供氮源，葡萄糖提供碳源，溴甲酚紫作为酸碱指示剂，*L*-赖氨酸作为反应底物。具有氨基酸脱羧酶的细菌，能分解氨基酸使其脱羧生产胺(赖氨酸→尸胺)和二氧化碳，使溶液呈碱性，溴甲酚紫保持紫色，为阳性。如果不脱羧，肠杆菌科的细菌能分解葡萄糖，产酸，溴甲酚紫变为黄色，为阴性。为保证结果的可靠性，须同时接种对照管，如对照管变为黄色，说明细菌接种成功，证实试验管紫色(或不变色)为阳性。此外，由于氨基酸脱羧的产物为尸胺、腐胺等，遇氧不稳定，故各管接种完细菌后，需加入几滴液体石蜡隔绝空气，保持胺的稳定性。

(3)靛基质试验　试验用培养基是蛋白胨水或色氨酸肉汤。细菌分解蛋白胨中的色氨酸，生成靛基质(吲哚)，与对二氨基苯甲醛作用，形成玫瑰吲哚而呈红色，为阳性；不变色或黄色为阴性。

(4)氰化钾试验　氰化钾可抑制某些细菌的呼吸酶系统，使其生长受到抑制，而某些细菌可对氰化钾产生抗性，能在氰化钾培养基中生长。对照管有菌生长，试验管有菌生长为阳性。对照管有菌生长，试验管无菌生长为阴性。

(5)尿素试验　有些细菌能产生尿素酶，将尿素分解，产生2个分子的氨，使培养基变为碱性，酚红指示剂呈粉红色，为阳性。尿素酶不是诱导酶，因为不论底物尿素是否存在，细菌均能合成此酶。其活性最适pH为7.0±0.2，黄色反应为阴性。

(6)丙二酸盐试验　当细菌利用碳源丙二酸盐时，可将其分解为碳酸钠，使培养基变碱性，使指示剂由绿色(培养基原来的颜色)变为蓝色，为阳性；颜色无变化或深绿色为阴性。

(7)ONPG试验　沙门氏菌具有β-半乳糖苷酶，可分解邻-硝基β-半乳糖苷(ONPG)，生成黄色的邻-硝基酚，为阳性。

(8)甘露醇、山梨醇、卫矛醇、水杨苷试验不同细菌分解利用糖类的能力有很大差异。能利用甘露醇、山梨醇、卫矛醇、水杨苷发酵的细菌，分解糖产酸，培养基变黄色(0.2%溴麝香草酚蓝遇酸变黄)，为阳性；蓝色或蓝绿色为阴性。

3. 血清学检验原理

(1)血清学反应　血清学反应是指相应的抗原与抗体在体外一定条件下作用，可出现肉眼可见的沉淀、凝集现象。在微生物检验中，常用血清学反应来鉴定分离到的细菌，以最终确认检验结果。

(2)抗原　抗原是刺激机体免疫系统产生免疫应答而生成抗体和致敏淋巴细胞等免疫应答产物，并能与之发生特异性结合的物质。产生的相应抗体与抗原结合，形成抗原-抗体复合物，产生免疫反应，从而保护机体不受抗原侵害而造成破坏。一般抗原都是外来物体，如细菌、病毒、寄生虫等。

(3)抗体　抗体是机体受外来抗原物质刺激后，产生的一种与该抗原发生特异性结合的免疫球蛋白(Ig)，被分为G、A、M、E、D等几类。最典型的抗体是IgG，其有Y形三维结构，包含两套重链和轻链。

任务实施

一、检验材料

(一)主要设备

恒温培养箱(36℃±1℃、42℃±1℃)、恒温水浴锅(46℃±1℃)、天平(感量为0.1 g)、均质器、净化工作台、生物安全柜等。

(二)主要培养基和试剂

缓冲蛋白胨水(BPW)、四硫磺酸钠煌绿(TTB)增菌液、亚硒酸盐胱氨酸(SC)增菌液、亚硫酸铋(BS)琼脂、HE琼脂、木糖赖氨酸脱氧胆酸盐(XLD)琼脂、三糖铁(TSI)琼脂等。

(三)主要器皿

1 mL(具0.01 mL刻度)吸管、10 mL(具0.1 mL刻度)吸管、250 mL锥形瓶、500 mL锥形瓶、直径90 mm培养皿、3 mm×50 mm无菌试管、10 mm×75 mm无菌试管。

二、检验程序

沙门氏菌检验程序见图 7-1。

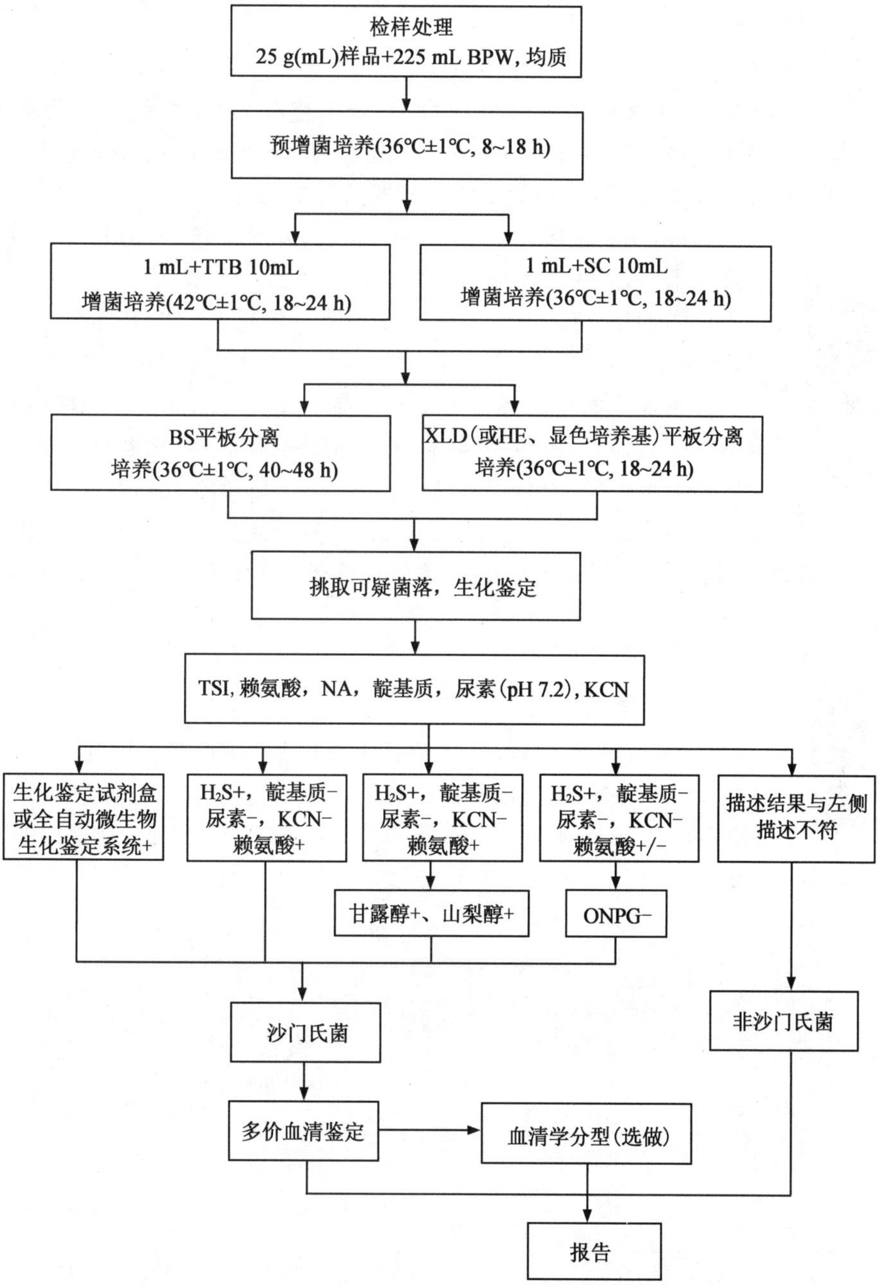

图 7-1　沙门氏菌的检验程序

三、操作步骤

(一)检验前准备

1. 将待测样品及所有无菌的培养基、稀释液、锥形瓶、试管等器材转移至无菌室及净化工作台、生物安全柜内。

2. 按照无菌室、净化工作台、生物安全柜等操作规范进行杀菌，满足检验需求。

3. 检验人员穿戴好无菌衣、帽、口罩、手套、鞋等。

4. 检验前消毒手、工作台面。

(二)预增菌

固体或半固体蛋制品：无菌操作称取 25 g 样品，置于盛有 225 mL 缓冲蛋白胨水(BPW)的无菌均质杯或合适容器内，以 8 000～10 000 r/min 均质 1～2 min，或置于盛有 225 mL 缓冲蛋白胨水(BPW)的无菌均质袋中，用拍击式均质器拍打 1～2 min。

预增菌培养

蛋液：用无菌吸管吸取 25 mL 样品，置于盛有 225 mL 缓冲蛋白胨水的合适容器内，不需要均质，振荡混匀。

如需调整 pH，用 1 mol/mL 无菌氢氧化钠(NaOH)或盐酸(HCl)调 pH 至 6.8±0.2。

无菌操作将样品转至 500 mL 锥形瓶或其他合适容器内(如均质杯本身具有无孔盖，可不转移样品)，如使用均质袋，可直接进行培养。

将上述含有待测样品的培养基于 36℃±1℃的生化培养箱中培养 8～18 h。

特别提示：根据蛋制品的种类、状态不同，检验的前处理方式也存在差异，需要查阅相关标准进行操作。

增菌培养

(三)选择性增菌

预增菌培养完成后，从培养箱中取出培养物，轻轻摇动样品混合物，移取 1 mL，转种于 10 mL 四硫磺酸钠煌绿增菌液(TTB)内，于 42℃±1℃培养箱中培养 18～24 h。同时，另取 1 mL，转种于 10 mL 亚硒酸盐胱氨酸增菌液(SC)内，于 36℃±1℃培养箱中培养 18～24 h。

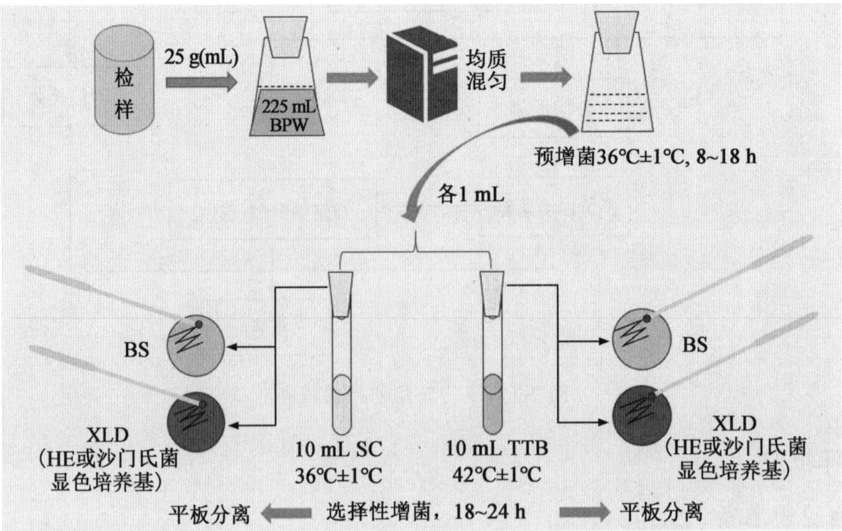

图 7-2 沙门氏菌检验预增菌、增菌、分离流程图

（四）分离

用直径 3 mm 的接种环，各取 TTB 和 SC 增菌液 1 环，分别划线接种于一个亚硫酸铋（BS）琼脂平板和一个木糖赖氨酸脱氧胆酸盐（XLD）琼脂平板（或 HE 琼脂平板或沙门氏菌属显色培养基平板），置于 36℃±1℃培养，除 BS 琼脂平板需培养 40～48 h 外，其余平板（XLD 琼脂平板、HE 琼脂平板、沙门氏菌属显色培养基平板）均为 18～24 h。观察各个平板上生长的菌落，各个平板上的菌落特征见表 7-2。

分离培养

表 7-2　沙门氏菌在不同选择性琼脂平板上的菌落特征

选择性琼脂平板	沙门氏菌
BS 琼脂	菌落为黑色有金属光泽、棕褐色或灰色，菌落周围培养基可呈黑色或棕色；有些菌株形成灰绿色的菌落，周围培养基不变。鼠伤寒沙门氏菌为黑色菌落有金属光泽。
XLD 琼脂	菌落呈粉红色，带或不带黑色中心，有些菌株可呈现大的带光泽的黑色中心，或呈现全部黑色的菌落；有些菌株为黄色菌落，带或不带黑色中心。甲型副伤寒沙门氏菌为粉红色，不带黑色中心；鼠伤寒沙门氏菌为粉红色，带有黑色中心。
HE 琼脂	菌落呈蓝绿色或蓝色，多数菌落中心黑色或几乎全黑色；有些菌株为黄色，中心黑色或几乎全黑色。鼠伤寒沙门氏菌为蓝绿色，带有黑色中心。
沙门氏菌属显色培养基	按照显色培养基的说明书进行判定；如果使用法国科玛嘉显色培养基，沙门氏菌和伤寒沙门氏菌为紫色，大肠杆菌为蓝色，变形杆菌为无色，很容易辨认。

（五）生化试验

1. 自上述选择性琼脂平板上分别挑取 2 个以上典型或可疑菌落，接种三糖铁（TSI）琼脂，先在斜面划线，再于底层穿刺；接种针不要灭菌，直接接种赖氨酸脱羧酶试验培养基和营养琼脂平板，于 36℃±1℃培养 18～24 h，必要时可延长至 48 h。

生化鉴定

特别提示：赖氨酸脱羧酶试验时必须设置对照，并在试验管和对照管中都加入液体石蜡封盖，阻止空气的氧化作用；不要忘记接种营养琼脂平板留存菌株用于下一步生化鉴定，或必要时复查。

沙门氏菌属在三糖铁琼脂和赖氨酸脱羧酶试验培养基的反应结果按照表 7-3 进行判定。结合三糖铁和赖氨酸脱羧酶试验的结果，可筛掉大部分非沙门氏菌。

表 7-3 沙门氏菌属在三糖铁琼脂和赖氨酸脱羧酶试验培养基内的反应结果

三糖铁琼脂				赖氨酸脱羧酶试验培养基	初步判断
斜面	底层	产气	硫化氢		
K	A	+(−)	+(−)	+	可疑沙门氏菌属
K	A	+(−)	+(−)	−	可疑沙门氏菌属
A	A	+(−)	+(−)	+	可疑沙门氏菌属
A	A	+/−	+/−	−	非沙门氏菌属
K	K	+/−	+/−	+/−	非沙门氏菌属

注:K:产碱(变红);A:产酸(变黄);+:阳性;−:阴性;+(−):多数阳性,少数阴性;+/−:阳性或阴性。

2. 接种三糖铁琼脂和赖氨酸脱羧酶试验培养基的同时,可直接接种供做靛基质试验的蛋白胨水、尿素琼脂(pH 7.2)、氰化钾(KCN)培养基及其对照管;也可在初步判断结果后从营养琼脂平板上挑取可疑菌落接种。接种后置于 36℃±1℃培养 18~24 h,必要时可延长至 48 h。将已挑菌落的平板储存于 2~5℃或室温至少保留 24 h,以备必要时复查。

特别提示:靛基质试验培养结束后需滴加 1 滴靛基质试剂;氰化钾试验必须设置对照管,需在表面滴加灭菌石蜡,防止生成的氢氰酸气体逸出;氰化钾是剧毒药物,试验中须做好个人防护。

经三糖铁、赖氨酸脱羧酶、靛基质、尿素、氰化钾 5 项生化试验后可根据表 7-4 进行初步鉴别。

表 7-4 沙门氏菌属生化反应初步鉴别表

反应序号	硫化氢(H_2S)	靛基质	pH 7.2 尿素	氰化钾(KCN)	赖氨酸脱羧酶
A1	+	−	−	−	+
A2	+	+	−	−	+
A3	−	−	−	−	+/−

注:+:阳性;−:阴性;+/−:阳性或阴性。

反应序号 A1:如果 5 项全符合,典型反应判定为沙门氏菌属。如果尿素、KCN 和赖氨酸脱羧酶 3 项中有 2 项以上不符合,则沙门氏菌阴性。

如果尿素、KCN 和赖氨酸脱羧酶 3 项中有 1 项异常,按表 7-5 可判定为沙门氏菌。即当赖氨酸脱羧酶阴性时,可能为甲型副伤寒沙门氏菌,需结合血清学鉴定结果进行判定;当 KCN 阳性时,可能为沙门氏菌Ⅳ型或Ⅴ型须结合本群生化特性进行判定;当尿素反应阳性时,可能为沙门氏菌的个别变体,须结合血清学鉴定结果进行判定。

表 7-5　沙门氏菌属生化反应初步鉴别表

pH 7.2 尿素	氰化钾(KCN)	赖氨酸脱羧酶	判定结果
—	—	—	甲型副伤寒沙门氏菌(要求血清学鉴定结果)
—	+	+	沙门氏菌 IV 型或 V 型(要求符合本群生化特性)
+	—	+	沙门氏菌个别变体(要求血清学鉴定结果)

注:+:表示阳性;—:表示阴性。

反应序号 A2:靛基质试验阳性时,补做甘露醇和山梨醇试验,沙门氏菌靛基质阳性变体两项试验结果均为阳性,但需要结合血清学鉴定结果进行判定。

反应序号 A3:H_2S 试验阴性时,补做 ONPG(β-半乳糖苷酶试验)。ONPG 阴性为沙门氏菌,同时赖氨酸脱羧酶阳性,甲型副伤寒沙门氏菌为赖氨酸脱羧酶阴性。

必要时按表 7-6 进行沙门氏菌属生化群的鉴别。

表 7-6　沙门氏菌属各生化群的鉴别

项目	Ⅰ	Ⅱ	Ⅲ	Ⅳ	Ⅴ	Ⅵ
卫矛醇	+	+	—	—	+	—
山梨醇	+	+	+	+	+	—
水杨苷	—	—	—	+	—	—
ONPG	—	—	+	—	+	—
丙二酸盐	—	+	+	—	—	—
KCN	—	—	—	+	+	—

注:+:表示阳性;—:表示阴性。

沙门氏菌生化鉴定试验中,各反应阴、阳性反应结果对照如图 7-3 所示。

3. 如果选择生化鉴定试剂盒或全自动微生物生化鉴定系统,可根据初步判断结果,从营养琼脂平板上挑取可疑菌落,用生理盐水制备成浊度适当的菌悬液,使用生化鉴定试剂盒或全自动微生物生化鉴定系统进行鉴定。

常用的商品化生化鉴定试剂盒(试剂条)有陆桥公司生产的干制生化鉴定试剂盒,梅里埃 API 20E 生化鉴定试剂条等。鉴定试剂条无须专用仪器,可标准化手工方法完成细菌的生化鉴定。产品特点:①完整的鉴定谱,包括范围广,数据库在不断地完善和补充,所有生化结果允许在同一时间一并阅读;②生化项目设置符合最新国家标准要求,简单方便,一个试剂条可完成一个菌株的鉴定;③可缩短检测时间,4～24 h 即可出现结果;④结果判读简单。

其组成一般包括:

试剂条主体部分:每个小孔载有底物,试验时在试验孔中加入一定浓度的菌悬液。

培养盒:保持培养时的潮湿环境,避免干燥影响试验结果判读。

附加试剂:检验时,观察结果用于加入指定的生化孔内。

石蜡油:覆盖指定小孔,用于产生厌氧环境。

悬浮液:用于制备特定浓度的菌悬液。

接种管:用于挑取可疑菌落、混匀及接种。

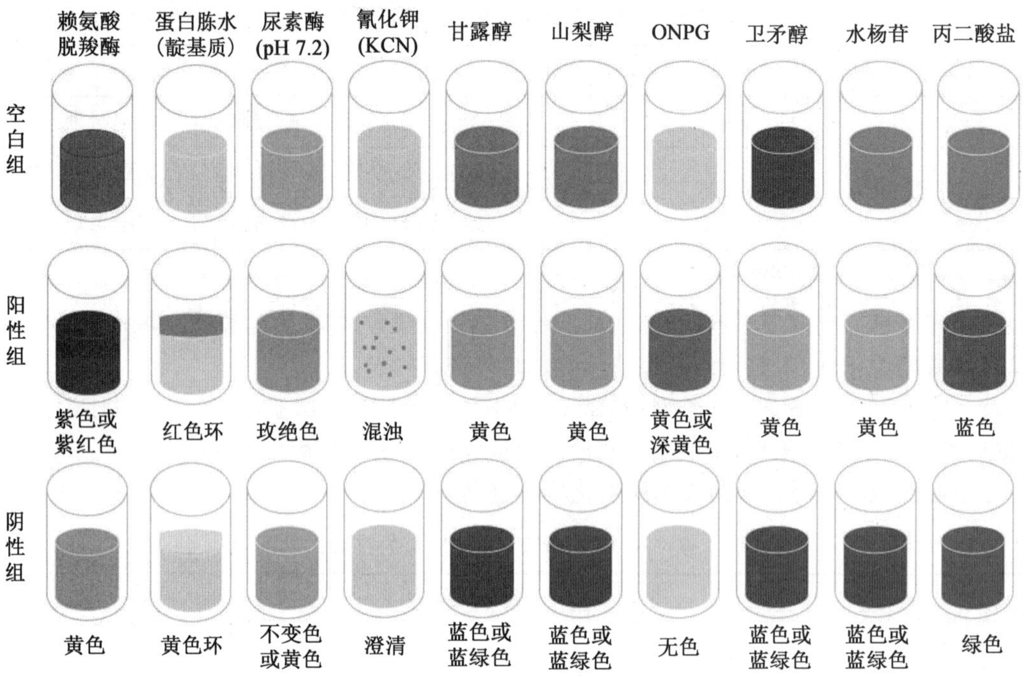

图 7-3 生化鉴定阴性、阳性反应结果对照图

常用的商品化微生物鉴定系统有:梅里埃公司的 VITEK 全自动微生物鉴定仪,BD 公司 Phoenix-100 细菌鉴定仪和梅里埃公司的 ATB 细菌鉴定仪等。这些快速生化系统代替常规的生化鉴定试验,提高了工作效率和检验准确性。

(六)血清学鉴定

生化鉴定结果符合沙门氏菌属特征的继续做血清学鉴定。血清学鉴定需使用沙门氏菌的多价菌体(O)抗原和多价鞭毛(H)抗原诊断血清。

血清学试验必须基于生化试验的结果,不能单纯以血清学试验结果来报告最终结果。

1. 检查培养物有无自凝性

一般采用 1.2%~1.5%琼脂培养物作为玻片凝集试验用的抗原。首先排除自凝集反应,在洁净的玻片上滴加一滴生理盐水,将待试培养物混合于生理盐水滴内,使其成为均一性的混浊悬液,将玻片轻轻摇动 30~60 s,在黑色背景下观察反应(必要时用放大镜观察)。若出现可见的菌体凝集,即认为有自凝性,反之则无自凝性。对无自凝的培养物参照下面方法进行血清学鉴定。

2. 多价菌体抗原(O)鉴定

在玻片上划出 2 个约 1 cm×2 cm 的区域,挑取 1 环待测菌,各放 1/2 环于玻片上的每一区域上部,在其中一个区域下部加 1 滴多价菌体(O)抗血清,在另一区域下部加入 1 滴生理盐水,作为对照;再用无菌的接种环或针分别将两个区域内的菌苔研成乳状液。将玻片倾斜摇动混合 1 min,并对着黑暗背景进行观察,任何程度的凝集现象皆为阳性反应。O 血清不凝集时,将菌株接种在琼脂量较高的(如 2%~3%)培养基上再检查;如果是由于 Vi 抗原的存在而阻止了 O 凝集反应时,可挑取菌苔于 1 mL 生理盐水中做成浓菌液,于酒精灯火焰上煮沸后再检查。

3. 多价鞭毛抗原(H)鉴定

操作同多价菌体抗原(O)鉴定。H抗原发育不良时,将菌株接种在0.55%~0.65%半固体琼脂平板的中央,待菌落蔓延生长时,在其边缘部分取菌检查;或将菌株通过接种装有0.3%~0.4%半固体琼脂的小玻管1~2次,自远端取菌培养后再检查。

特别提示:标准菌株和实验室保存的菌株做血清型鉴定的时候,往往比较顺利,新分离的菌株做血清分型往往不顺利。一是因为因子血清的效价不高,难以覆盖所试验的菌株。应当不要用灼热的接种环去挑取血清。二是因为菌株的抗原性发育不良,特别是H抗原。可以接种在BHI平板、半固体琼脂上,促使H抗原的发育。

沙门氏菌的鉴定结果应当具有完整的血清学分型结果。如果只鉴定到O群,没有得出H抗原的分型结果,往往不是沙门氏菌。只有在属和种的鉴定结果是完全可靠的情况下,才能做出沙门氏菌未定型的鉴定结论。

(七)血清学分型

沙门氏菌检验必要时可以进行沙门氏菌群的鉴别,即血清学分型。血清学分型为选作试验项目,可不做。

1. O抗原的鉴定

用A~F多价O血清做玻片凝集试验,同时用生理盐水做对照。在生理盐水中自凝者为粗糙型菌株,不能分型。

被A~F多价O血清凝集者,依次用O4;O3、O10;O7;O8;O9;O2和O11因子血清做凝集试验。根据试验结果,判定O群。被O3、O10血清凝集的菌株,再用O10、O15、O34、O19单因子血清做凝集试验,判定E1、E4各亚群,每一个O抗原成分的最后确定均应根据O单因子血清的检查结果,没有O单因子血清的要用两个O复合因子血清进行核对。

不被A~F多价O血清凝集者,先用9种多价O血清检查,如有其中一种血清凝集,则用这种血清所包括的O群血清逐一检查,以确定O群。每种多价O血清所包括的O因子如下:

O多价1　A,B,C,D,E,F群(并包括6,14群)

O多价2　13,16,17,18,21群

O多价3　28,30,35,38,39群

O多价4　40,41,42,43群

O多价5　44,45,47,48群

O多价6　50,51,52,53群

O多价7　55,56,57,58群

O多价8　59,60,61,62群

O多价9　63,65,66,67群

2. H抗原的鉴定

属于A~F各O群的常见菌型,依次用表7-7所述H因子血清检查第1相和第2相的H抗原。

表 7-7　A～F 群常见菌型 H 抗原表

O 群	第 1 相	第 2 相
A	a	无
B	g,f,s	无
B	i,b,d	2
C1	k,v,r,c	5,z15
C2	b,d,r	2,5
D(不产气的)	d	无
D(产气的)	g,m,p,q	无
E1	h,v	6,w,x
E4	g,s,t	无
E4	i	

不常见的菌型，先用 8 种多价 H 血清检查，如有其中一种或两种血清凝集，则再用这一种或两种血清所包括的各种 H 因子血清逐一检查，以确定第 1 相和第 2 相的 H 抗原。8 种多价 H 血清所包括的 H 因子如下：

H 多价 1　a,b,c,d,i

H 多价 2　eh,enx,enz_{15},fg,gms,gpu,gp,gq,mt,gz_{51}

H 多价 3　k,r,y,z,z_{10},lv,lw,lz_{13},lz_{28},lz_{40}

H 多价 4　1,2;1,5;1,6;1,7;z_6

H 多价 5　z_4 z_{23},z_4 z_{24},z_4 z_{32},z_{29},z_{35},z_{36},z_{38}

H 多价 6　z_{39},z_{41},z_{42},z_{44}

H 多价 7　z_{52},z_{53},z_{54},z_{55}

H 多价 8　z_{56},z_{57},z_{60},z_{61},z_{62}

每一个 H 抗原成分的最后确定均应根据 H 单因子血清的检查结果，没有 H 单因子血清的要用两个 H 复合因子血清进行核对。

检出第 1 相 H 抗原而未检出第 2 相 H 抗原的或检出第 2 相 H 抗原而未检出第 1 相抗原的，可在琼脂斜面上移种 1～2 代后再检查。如仍只检出一个相的 H 抗原，要用位相变异的方法检查其另一个相。单相菌不必做位相变异检查。

位相变异试验方法有简易平板法、小玻管法和小倒管法。

简易平板法：将 0.35%～0.4%半固体琼脂平板烘干表面水分，挑取 H 因子血清 1 环，滴在半固体平板表面，放置片刻，待血清吸收到琼脂内，在血清部位的中央点种待检菌株，培养后，在形成蔓延生长的菌苔边缘取菌检查。

小玻管法：将半固体管(每管 1～2 mL)在酒精灯上熔化并冷至 50℃，取已知相的 H 因子血清 0.05～0.1 mL，加入已熔化的半固体内，混匀后，用毛细吸管吸取分装于供位相变异试验的小玻管内，待凝固后，用接种针挑取待检菌，接种于一端。将小玻管平放在平皿内，并在其旁放一团湿棉花，以防琼脂中水分蒸发而干缩，每天检查结果，待另一相细菌解离后，可以从另一端挑取细菌进行检查。培养基内血清的浓度应有适当的比例，过高时细菌不能生长，过低时同一相细菌的动力不能抑制。一般按原血清(1∶200)～(1∶800)的量加入。

小倒管法：将两端开口的小玻管(下端开口要留一个缺口，不要平齐)放在半固体管内，小玻管的上端应高出培养基的表面，灭菌后备用。临用时在酒精灯上加热熔化，冷却至50℃，挑取H因子血清1环，加入小套管中的半固体内，略加搅动，使其混匀，待凝固后，将待检菌株接种于小套管中的半固体表层内，每天检查结果，待另一相细菌解离后，可从套管外的半固体表面取菌检查，或转种1%软琼脂斜面，于36℃培养后再做凝集试验。

3. Vi抗原的鉴定

用Vi因子血清检查。已知具有Vi抗原的菌型有：伤寒沙门氏菌，丙型副伤寒沙门氏菌，都柏林沙门氏菌。

4. 菌型的判定

根据血清学分型鉴定的结果，按照有关沙门氏菌属抗原表判定菌型。

(八)结果与报告

综合以上生化试验和血清学鉴定的结果，报告25 g(mL)样品中检出或未检出沙门氏菌。

理论习题

一、填空题

1. 在沙门氏菌检验中，为了验证培养物是否是沙门氏菌，必须要做的5项生化试验是________、________、________、________、________。

2. 做沙门氏菌检验时，欲进行血清玻片凝集试验，一般采用________琼脂培养物作为凝集试验用的抗原。

3. 大多数沙门氏菌包含的抗原有________和________两种。

4. 沙门氏菌检验的选择性增菌培养基是________和 ________。

5. 沙门氏菌检验时前增菌的培养条件为________℃，________ h。

二、选择题

1. 沙门氏菌检验的限量国标是________。

A. GB 2726—2014　　B. GB 29921—2013

C. GB 2992—2013　　D. GB 2921—2013

2. 副伤寒沙门菌引起的急性全身系统性传染病是我国《传染病防治法》中规定报告的________类传染病。

A. 甲　　B. 乙　　C. 丙　　D. 丁

3. 以下哪个不是沙门氏菌检验常用到的分离平板________。

A. BS　　B. XLD　　C. HE　　D. MAC

4. 以下哪个不是沙门氏菌检验常做的生化试验________。

A. 三糖铁　　B. 赖氨酸脱羧酶　　C. 氰化钾　　D. MR-VP

5. 沙门氏菌检验时，如果样品呈酸性、碱性时，需调pH至________。

A. 7.8±0.2　　B. 6.8±0.2　　C. 5.8±0.2　　D. 7.5±0.2

6. 沙门氏菌检验最新现行有效的国标是________年颁布的。

A. 2008　　B. 2012　　C. 2010　　D. 2016

7. 沙门氏菌检验的前增菌培养基是________。

A. APW　　B. BPW　　C. 营养肉汤　　D. BHI

8. 以下哪个是沙门氏菌的检验标准________。

A. GB 4789.2　　B. GB 4789.3　　C. GB 4789.4　　D. GB 4789.5

9. 沙门氏菌检验时用到的色氨酸肉汤是来做________生化试验的。

A. 三糖铁　　B. 赖氨酸脱羧酶　　C. 氰化钾　　D. 靛基质

10. 沙门氏菌检验时，取 BPW 培养物 1 mL 接种到 10 mL 的 TTB 中于________℃±1℃培养 18～24 h。

A. 36　　B. 28　　C. 40　　D. 42

11. 沙门氏菌检验时需挑取________个以上典型或可疑菌落接种三糖铁琼脂和赖氨酸脱羧酶试验培养基。

A. 1　　B. 2　　C. 3　　D. 4

12. 沙门氏菌检验结果报告________g(mL)样品中检出或未检出沙门氏菌。

A. 1　　B. 10　　C. 15　　D. 25

13. 三糖铁试验观察结果时，底层及斜面：产酸变黄记为________。

A. K　　B. A　　C. ＋　　D. －

14. 若采用科玛嘉显色培养基，沙门氏菌、伤寒沙门氏菌的菌落为________。

A. 紫红色　　B. 蓝色　　C. 无色　　D. 绿色

15. 大多数沙门氏菌不发酵________

A. 葡萄糖　　B. 麦芽糖　　C. 甘露糖　　D. 乳糖

三、判断题

1. 沙门氏菌在肉类中不分解蛋白质，不产生靛基质，所以当食品被污染后，通常没有感官性状的改变。(　　)

2. 沙门氏菌为需氧或兼性厌氧菌，最适生长温度为 37℃，最适 pH 为 6.8～7.8。(　　)

3. 三糖铁培养基的灭菌条件是 121℃高压灭菌 15 min。(　　)

4. 赖氨酸脱羧酶试验时无须设置对照管。(　　)

5. 沙门氏菌是一种常见的肠道致病菌。(　　)

6. 沙门氏菌具有相当的抗寒性，在 0℃以下的冰雪中能存活 3～4 个月。(　　)

7. 氰化钾生化反应无须设置对照管试验。(　　)

8. 沙门氏菌待测菌与多价菌体(O)抗血清任何程度的凝集现象应排除自凝现象。(　　)

9. 生化反应鉴别中，甘露醇试验黄色为阳性；山梨醇试验黄色为阴性。(　　)

10. 生化反应鉴别中，赖氨酸脱羧酶试验对照管显黄色、试验管显紫色为阴性。(　　)

11. 沙门氏菌在 XLD 琼脂平板上菌落一定为粉红色。(　　)

12. 三糖铁试验时，可疑沙门氏菌属反应一定是底层及斜面产酸变黄。(　　)

四、综合题

1. 查阅沙门氏菌分离平板(BS、HE、XLD)的培养基配方，结合典型沙门氏菌生化试验反应原理及结果，分析沙门氏菌在各分离平板上出现相应菌落特征的原因。

技能操作

一、准备蛋制品沙门氏菌检验物品

完成沙门氏菌检验物品准备，并填写表 7-8，具体操作要求见评分表 7-9。

表 7-8　蛋制品沙门氏菌检验物品准备记录单

<table>
<tr><td>班级</td><td></td><td>姓名</td><td></td><td>学号</td><td></td><td>组别</td><td></td></tr>
<tr><td colspan="2">样品</td><td colspan="2"></td><td colspan="2">检验依据</td><td colspan="2"></td></tr>
<tr><td colspan="2">检验项目及限值</td><td colspan="6"></td></tr>
<tr><td colspan="2">配制 75%乙醇</td><td colspan="6">用量筒分别量取____ mL 无水乙醇和 100 mL 蒸馏水，配制成 75%乙醇，用于环境、手部及样品表面消毒。</td></tr>
<tr><td colspan="2">配制培养基</td><td colspan="6">预增菌培养基：名称____________，配制数量____________ mL。
增菌培养基：名称____________，配制数量____________ mL；
名称____________，配制数量____________ mL。
分离用培养基：名称____________，配制数量____________ mL；
名称____________，配制数量____________ mL。</td></tr>
<tr><td colspan="2">生化鉴定培养基、试剂的选择</td><td colspan="6">请列出所需培养基的名称、配制数量及所需试剂名称。</td></tr>
<tr><td colspan="2">包扎器皿</td><td colspan="6">包扎____ mL 移液管____支，包扎____ mL 移液管____支。
包扎直径____ cm 平皿____个。
包扎____ mm×____ mm 试管____支，包扎____ mm×____ mm 试管____支。</td></tr>
<tr><td colspan="2">干热灭菌</td><td colspan="6">物品名称：
条件：</td></tr>
<tr><td colspan="2">湿热灭菌</td><td colspan="6">物品名称：
条件：</td></tr>
<tr><td colspan="2">无须灭菌</td><td colspan="6">物品名称：</td></tr>
<tr><td colspan="2">设备准备</td><td colspan="6">水浴锅恒温至____℃；培养箱恒温至____、____℃；
无菌室及净化工作台杀菌____ min；生物安全柜杀菌____ min。</td></tr>
</table>

蛋制品沙门氏菌检验物品准备考核共计 30 分，其中操作为 27 分，职业素养为 3 分。具体评分标准见表 7-9。

表 7-9 蛋制品沙门氏菌检验物品准备评分表

班级		姓名		学号		组别	
编号	配分	评分细则描述					得分
01	5	一般培养基的配制	称量质量正确，得 2 分 蒸馏水量取准确，得 1 分 煮沸溶解，得 1 分 调节 pH，得 1 分				
02	12	特殊培养基的配制	称量质量正确，得 2 分 培养基特殊成分按要求配制正确，得 4 分 培养基各成分混匀操作正确，得 1 分 BS、XLD 培养基注意配制使用时间，得 2 分 低层斜面、高层斜面、高层培养基制备正确，得 2 分 灭菌方法正确，得 2 分				
03	4	分装	分装容器规格选择合适，得 1 分 量取、移液操作准确，得 2 分 分装数量准确，得 1 分				
04	3	灭菌	灭菌温度时间设置正确，得 1 分 灭菌设备操作规范，得 2 分				
05	3	设备准备	操作环境灭菌规范，得 1 分 设置培养温度准确，得 1 分 设置培养基保温温度准确，得 1 分				
06	3	职业素养	灭菌设备使用安全意识 危险试剂的安全取用意识 实验过程中整理清洁意识				
合计得分							

二、实施蛋制品沙门氏菌检验操作

课程思政
轮椅作伴谱华章

规范地完成蛋制品中沙门氏菌检验操作，包括前增菌、增菌、分离培养、生化试验和血清学鉴定，填写表 7-10。

表 7-10 蛋制品沙门氏菌检验操作

姓名		学号		班级		组别	
请根据实际操作情况绘制蛋制品沙门氏菌检验操作流程图或用文字记录检验操作过程。							

蛋制品沙门氏菌检验操作重点考核平板分离、生化试验、血清学凝聚试验操作的规范性和操作过程中的无菌意识和生物安全意识。具体评分标准见表 7-11。

表 7-11　蛋制品沙门氏菌检验操作评分表

<table>
<tr><td>班级</td><td></td><td>姓名</td><td></td><td>学号</td><td></td><td>组别</td><td></td></tr>
<tr><td>编号</td><td>配分</td><td colspan="5">评分细则描述</td><td>得分</td></tr>
<tr><td>01</td><td>5</td><td>操作前准备</td><td colspan="4">试剂、培养基、器具准备齐全，得 2 分
台面消毒、手部消毒和物品消毒，得 2 分
物品摆放合理，防止交叉污染且方便操作，得 1 分</td><td></td></tr>
<tr><td>02</td><td>4</td><td>样品的制备</td><td colspan="4">无菌称取 25 g 样品置于 225 mL 缓冲蛋白胨水，得 2 分
均质混匀，得 2 分</td><td></td></tr>
<tr><td>03</td><td>3</td><td>增菌操作</td><td colspan="4">在生物安全柜内进行操作，得 1 分
分别接种 TTB、SC 各 1 mL，得 2 分</td><td></td></tr>
<tr><td>04</td><td>6</td><td>平板分离</td><td colspan="4">培养基选择正确，得 2 分
在生物安全柜内进行操作，得 1 分
接种划线分四区得 1 分
每划一区对接种环进行火焰灭菌，得 1 分
划线时动作轻巧，无划破平板，得 1 分</td><td></td></tr>
<tr><td>05</td><td>3</td><td>菌落观察</td><td colspan="4">正确描述菌落特征，得 3 分</td><td></td></tr>
<tr><td>06</td><td>10</td><td>生化试验</td><td colspan="4">在生物安全柜内进行操作，得 1 分
三糖铁接种先划斜面再穿刺，得 2 分
接种环不灭菌，直接接种赖氨酸脱羧酶试验培养基和营养琼脂平板，得 2 分
赖氨酸脱羧酶试验及氰化钾试验接种完毕，滴加石蜡封盖，得 2 分
其他生化鉴定试验操作正确，得 3 分</td><td></td></tr>
<tr><td>07</td><td>8</td><td>血清学鉴定</td><td colspan="4">检查培养物自凝性，得 2 分
多价菌体抗原 O 鉴定，得 3 分
多价鞭毛抗原 H 鉴定，得 3 分</td><td></td></tr>
<tr><td>08</td><td>5</td><td>接种环的使用</td><td colspan="4">接种环使用前后烧灼灭菌，得 2 分
接种环可能深入试管内的其余部分烧灼灭菌，得 1 分
待稍凉后再进行接种操作，得 1 分
穿刺试验使用接种针进行操作，得 1 分</td><td></td></tr>
<tr><td>09</td><td>3</td><td>培养</td><td colspan="4">接种后的培养基培养温度、时间符合标准，得 3 分</td><td></td></tr>
<tr><td>10</td><td>3</td><td>职业素养</td><td colspan="4">致病菌操作安全意识强，得 2 分
及时清洁整理台面，清洗物品，得 1 分</td><td></td></tr>
<tr><td colspan="7">合计得分</td><td></td></tr>
</table>

三、蛋制品沙门氏菌检验结果记录

请如实规范地填写蛋制品沙门氏菌检验结果，包括分离平板上的菌落特征、生化试验结果和血清学凝聚试验结果，得出检验结论，填写表 7-12。

表 7-12 蛋制品沙门氏菌检验结果记录表

<table>
<tr><td colspan="2">样品名称</td><td colspan="4"></td><td colspan="3">检验方法依据</td><td colspan="3"></td></tr>
<tr><td colspan="2">样品编号</td><td colspan="4"></td><td colspan="3">样品状态</td><td colspan="3"></td></tr>
<tr><td colspan="2">样品数量</td><td colspan="4"></td><td colspan="3">检验地点</td><td colspan="3"></td></tr>
<tr><td colspan="12">结　果　记　录</td></tr>
<tr><td rowspan="2">菌落形态描述</td><td colspan="4">BS</td><td colspan="7"></td></tr>
<tr><td colspan="4">XLD(或 HE、沙门显色)</td><td colspan="7"></td></tr>
<tr><td rowspan="4">生化鉴定</td><td colspan="4">TSI</td><td rowspan="2">赖氨酸</td><td rowspan="2">靛基质</td><td rowspan="2">尿素</td><td rowspan="2">KCN</td><td rowspan="2">ONPG</td><td rowspan="2">山梨醇</td><td rowspan="2">甘露醇</td></tr>
<tr><td>斜面</td><td>底层</td><td>产气</td><td>H_2S</td></tr>
<tr><td></td><td></td><td></td><td></td><td></td><td></td><td></td><td></td><td></td><td></td><td></td></tr>
<tr><td></td><td></td><td></td><td></td><td></td><td></td><td></td><td></td><td></td><td></td><td></td></tr>
<tr><td rowspan="3">血清学凝集</td><td colspan="3">自凝性检查</td><td colspan="3">多价菌体抗原 O 鉴定</td><td colspan="5">多价菌体抗原 H 鉴定</td></tr>
<tr><td colspan="3"></td><td colspan="3"></td><td colspan="5"></td></tr>
<tr><td colspan="3"></td><td colspan="3"></td><td colspan="5"></td></tr>
<tr><td>单项检验结论</td><td colspan="11"></td></tr>
<tr><td colspan="12">检验人员：　　　　　　　　　　检验日期：</td></tr>
</table>

蛋制品沙门氏菌检验结果及记录共计 20 分,具体考核评分见表 7-13。

表 7-13 蛋制品沙门氏菌检验结果及记录考核评分表

<table>
<tr><td>班级</td><td></td><td>姓名</td><td colspan="2"></td><td>学号</td><td></td><td>组别</td><td></td></tr>
<tr><td>编号</td><td>配分</td><td colspan="6">评分细则描述</td><td>得分</td></tr>
<tr><td>01</td><td>1</td><td>菌落特征</td><td colspan="5">正确判断可疑或典型菌落特征,得 1 分</td><td></td></tr>
<tr><td>02</td><td>8</td><td>生化鉴定试验</td><td colspan="5">三糖铁及赖氨酸脱羧酶试验结果描述正确,得 2 分
靛基质试验观察结果前滴加试剂,得 1 分
氰化钾试验对照管明显有菌生长,得 1 分
赖氨酸脱羧酶试验对照管为黄色,得 1 分
其他生化鉴定试验正确判断阴性或阳性结果,得 3 分</td><td></td></tr>
<tr><td>03</td><td>4</td><td>血清学凝集</td><td colspan="5">培养物自凝性现象观察正确,得 1 分
培养物抗原(O)凝集现象观察正确,得 1 分
培养物抗原(H)凝集现象观察正确,得 1 分
生理盐水对照不发生凝集,得 1 分</td><td></td></tr>
<tr><td>04</td><td>3</td><td>原始记录</td><td colspan="5">试验数据直接填入原始记录表,得 1 分
空缺项规范用"/"表示,得 1 分
修改处双划线并签字,得 1 分</td><td></td></tr>
<tr><td>05</td><td>2</td><td>结果报告</td><td colspan="5">单样品结果正确,得 1 分
结论表述正确,得 1 分</td><td></td></tr>
<tr><td>06</td><td>2</td><td>废弃物的处理</td><td colspan="5">染菌培养基等物品灭菌处理后丢弃专用垃圾桶,得 1 分
可重复利用的染菌器皿灭菌处理后清洗干净,得 1 分</td><td></td></tr>
<tr><td colspan="8">合计得分</td><td></td></tr>
</table>

任务二 ELISA 法快速检测熟肉中的沙门氏菌

任务描述

沙门氏菌在自然界有广泛的宿主，对绝大多数动物均适应，可寄居在哺乳类、爬行类、鸟类、昆虫的胃肠道中，故各种家禽、家畜在喂养、屠宰、运输、包装、加工等过程中均有污染的机会。由于常规标准检测方法程序复杂，所以一系列新型的微生物快速检测技术应运而生。免疫学技术是常用的微生物快速检测技术之一，具有特异性强、灵敏度高等特点，可快速、准确地检测熟肉制品中的沙门氏菌，从而提高食品安全评估的效率。如何用酶联免疫吸附技术(ELISA)快速检测熟肉中的沙门氏菌呢？请查阅相关标准，进行标准学习后完成熟肉制品中沙门氏菌的检验。

学习导图

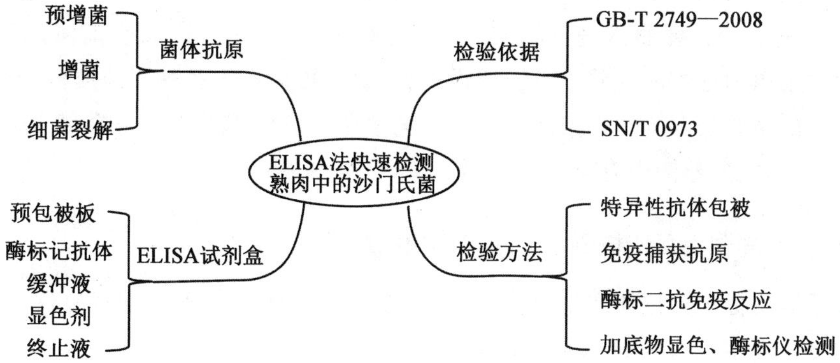

相关知识

一、参考标准

GB/T 22429—2008 食品中沙门氏菌、肠出血性大肠埃希氏菌 O157 及单核细胞增生李斯特氏菌的快速筛选检验酶联免疫法

二、酶联免疫吸附测定法在微生物检测中的应用

食品中污染的病原菌是引起食源性疾病的主要因素之一，各地每年向卫生部上报的食物中毒人数逐年递增。据世界卫生组织估计，全世界每年的食源性疾病患者中，70%都是由致病性微生物引起的。由此可见，食源性疾病与食品污染问题已成为世界范围内举足轻重的公共卫生问题。此类疾病发病率极快，若不能及时确诊、对症治疗，后果将非常严重。此外，一些由自然灾害、环境污染等突发事件引发的食品安全突发事件，也需要及时、快速、准确地得出结果，为应急处理等工作提供科学依据。

依靠常规的细菌学培养方法对致病菌进行检测，一般要进行目标菌的分离和生化鉴定，有时还要进行血清学诊断，需要4～7天才能得出明确的结果，操作烦琐、耗时费力，并且来自人员、试剂等不确定因素较多，易对检测结果造成影响，所以在检测速度、敏感性与特异性等方面都存在局限性。随着分子生物学和电子技术的飞速发展，在传统检测的基础上，快速、准确、特异性的微生物检验新技术、新方法不断涌现，如免疫磁性分离法、酶联免疫吸附法、核酸杂交技术和PCR技术等。

酶联免疫吸附法在食源性致病菌检测方面的应用越来越受到人们的重视。与常规化学、生物学检测方法相比，它具有以下特点：①检测时间短，操作简便。由于抗原-抗体免疫反应的特异性强，简化了样品的预处理和提取纯化过程，可同时检测数十甚至上百个样品；而酶具有高效催化的特性，使检测时间大大缩短，一般在几个小时内即可完成。②灵敏度高。ELISA法可对受检标本做定性和定量测定，对于一般抗原的检测限可达ng甚至pg水平，对微生物的检测限可达10^2～10^3 CFU/mL。③干扰性小。抗原-抗体的免疫反应是特异性反应，抗体与抗原的结合是由抗原决定簇决定，不同抗原的决定簇只与特异性抗体结合。因此它几乎不受其他因素如结构类似物的影响。④安全性高，污染少。因为灵敏度高，标准品的浓度可以很低，有机溶剂用量较少，减少了对检测人员和环境的潜在危害。

ELISA法中有3种必要的试剂：固相的抗原或抗体，酶标记的抗原或抗体，酶作用的底物。根据试剂的来源和标本的性状以及检测设备的条件，可设计出各种不同类型的检测方法。食品工业中常用的主要是双抗体夹心法、间接法、竞争法。双抗体夹心法是检测抗原最常用的方法，在食品微生物快速检测中有重要的应用。

三、双抗体夹心酶联免疫法快速检测沙门氏菌的原理

酶联免疫是以酶标记的抗体或抗原作为主要试剂，将抗原-抗体反应的特异性和酶催化反应的高效性和专一性结合起来的一种免疫检测技术。

酶联免疫法检测沙门氏菌的步骤：首先使抗体结合到某种固相载体表面，并保持其免疫活性；其次使抗体与某种酶连接生成酶标抗体，这种酶标抗体既保留其免疫活性，又保留酶的活性。在测定时，把受检标本（测定其中的抗原）和酶标抗体按不同的步骤与固相载体表面的抗体起反应。用洗涤的方法使固相形成的抗原抗体复合物与其他物质分开，最后结合在固相载体的酶的量与标本中受检物质的量成一定比例。加入酶相应催化的底物后，底物被酶催化变为有色产物，产物的量与标本中受检物质的量直接相关，故可根据颜色反应的深浅进行定性或定量分析。由于酶的催化频率很高，故可极大地放大反应效果，从而使测定方法达到很高的灵敏度。

可采用Tecra微孔板或其他等效产品的沙门氏菌快速检测试剂盒方法。样品增菌液煮沸裂解，裂解液与微孔板里包被的特异性抗体发生结合，然后把多余抗体、抗原洗除；加入与待测抗原呈特异反应的酶标抗体；加入该酶的底物，酶与特定底物反应生成有色化合物，利用酶标仪进行吸光度（OD）的检测，OD值可反映抗原含量。双抗体夹心ELISA法检测沙门氏菌原理如图7-4所示。

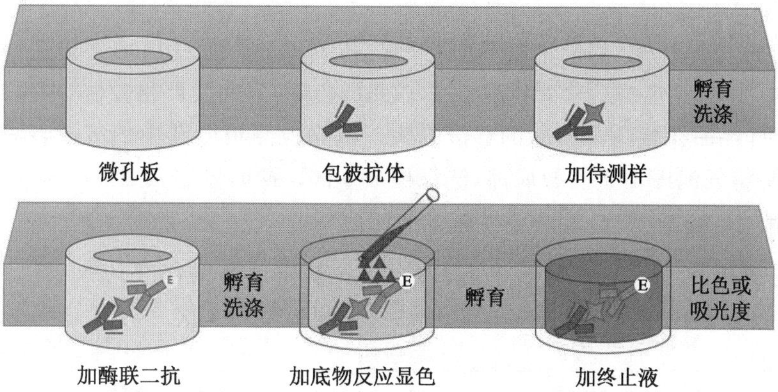

图 7-4　双抗体夹心 ELISA 法检测沙门氏菌原理图解

任务实施

一、检验材料

(一)主要设备

酶联免疫检测仪(酶标仪)(图 7-5)

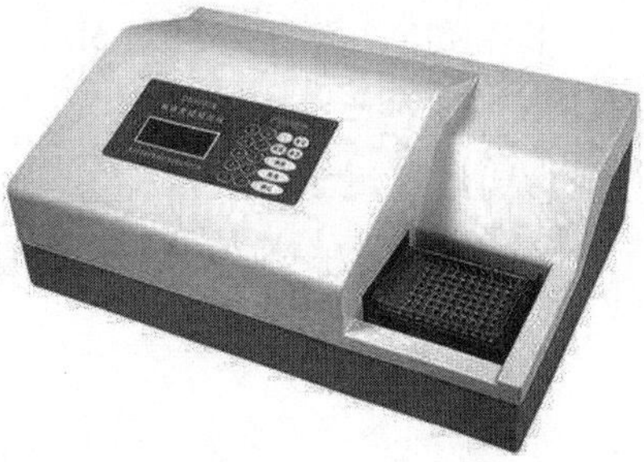

图 7-5　酶标仪

(二)主要试剂

ELISA 检测试剂盒;包被液,用于 ELISA 反应中抗体的包被,使用时取适量本品把抗体溶液稀释至要包被浓度;洗涤液,通过洗涤以清除残留在板孔中没能与固相抗体结合的物质,以及在反应过程中非特异性地吸附于固相载体的干扰物质;底物液,与酶标抗体的酶发生显色反应;终止液,用于 ELISA 反应中显色反应的终止。

二、检验步骤

(一)预增菌和增菌

方法参照本项目任务一。

(二)增菌后处理

移取 1 mL 增菌液到灭菌小试管中,于沸水中加热 15 min。剩余的增菌液于 4℃保存,以便用于阳性确认。

特别提示:所有样品按传染样品处理。检验前,将沙门氏菌 ELISA 试剂盒室温(20～25℃)放置 10 min。

(三)包被抗体

将特异性抗体与固相载体(微孔板)联结,构成固相抗体。洗除掉未结合的抗体及杂质。

(四)加样

每个微孔加入0.2 mL的阳性、阴性对照液、待测样品。加样应加在板孔的底部，避免产生气泡，并迅速完成，于36℃±1℃孵育0.5～1 h(孵育的时间要严格控制，根据产品说明书进行)，吸取每个样品时须换用一支新的移液吸头。清除检测板微孔中的溶液，用洗液充满每个微孔，注意不要将气泡滞留于孔板底部，洗涤检板3次。同时做空白对照。

(五)加酶标抗体

于各反应微孔中，加入新鲜稀释的酶标抗体(经滴定后的稀释度)0.2 mL，用塑料薄膜封住微孔后，于36℃±1℃孵育0.5～1 h，然后冲洗检测板微孔3次。

特别提示：洗涤时各孔均需加满，洗涤必须彻底，防止产生假阳性。

(六)加底物液显色

于各反应微孔中，加入临时配制的底物溶液(如TMB,3,3′,5,5′-四甲基联苯胺)0.2 mL，20～25℃，孵育10～30 min。

(七)终止反应

于各反应孔中，加入2 mol/L终止液(硫酸)0.02～0.05 mL，轻敲孔板边缘以混合内容物，然后在30 min内判读结果。

(八)结果测定

置于酶标仪上，选择450 nm波长测定OD(optical density)值，并记录结果。

三、结果与报告

(一)结果判读

1. 临界值(cutoff,CO)的计算：临界值＝阴性对照孔OD均值×2.1。

2. 阴性对照孔OD均值应＜0.2，阳性对照孔OD值应＞1.0。结果判定：样品OD值S/CO≥1者为阳性，样品OD值S/CO＜1者为阴性。

(二)阳性结果的鉴定

所获得的阳性结果是推定性的(推定阳性反应)，需用分离纯化及生化试验和血清学鉴定加以确证。

(三)报告

1. 若试剂盒检测结果为阴性，报告25 g(mL)样品中未检出沙门氏菌。

2. 若试剂盒检测结果为阳性，则根据分离纯化及生化试验和血清学鉴定结果，分别报告25 g(mL)样品中检出或未检出沙门氏菌。

项目拓展

1. 生活指导

搜集沙门氏菌中毒案例并进行原因分析，指导身边人避免沙门氏菌食物中毒，提出预防措施。

2. 沙门氏菌测定方法拓展

GB 4789.31—2013 食品安全国家标准　食品微生物学检验 沙门氏菌、志贺氏菌和致泻大肠埃希氏菌的肠杆菌科噬菌体诊断检验

SN/T 1059.7—2010 进出口食品中沙门氏菌检测方法　实时荧光 PCR 法

SN/T 4545.1—2016 商品化试剂盒检测方法　沙门氏菌　方法一

T/CAIA SH009—2017 食品中沙门氏菌实时荧光核酸恒温扩增检测(SAT)方法

理论习题

一、填空题

1. ________是将抗原-抗体反应的特异性和酶催化反应的高效性和专一性结合起来的一种免疫检测技术。

2. 食品工业中常用的 ELISA 法主要包括________、________、________。

3. ELISA 法中固定抗体用来捕捉________，酶联抗体识别结合待测抗原，并与特定________反应，生产荧光化合物或有色化合物。

4. ELISA 法中有 3 种必要的试剂，包括________、________、________。

5. ELISA 法终止反应液一般是________。

二、选择题

1. ELISA 法中加酶标抗体后，孵育所需温度为________℃。

A. 25　　B. 30　　C. 36　　D. 40

2. ELISA 法终止反应后，________ min 内判断结果为佳。

A. 10　　B. 15　　C. 25　　D. 30

3. ELISA 法检测中洗涤检板次数一般为________。

A. 1　　B. 2　　C. 3　　D. 4

三、判断题

1. ELISA 法快速检测熟肉中的沙门氏菌不需要进行样品的增菌处理。(　　)

2. ELISA 法快速检测熟肉中的沙门氏菌应进行阳性、阴性对照实验。(　　)

3. ELISA 法中吸取每个样品时需换用一支新的移液吸头，避免交叉污染。(　　)

4. ELISA 法对多种食源性致病菌的灵敏度和特异性较好。(　　)

5. 酶联免疫法对微生物的检测限可达 $10^2 \sim 10^3$ CFU/mL。(　　)

6. ELISA 法检测沙门氏菌所获得的阳性结果是推定性的，需用分离纯化及生化试验和血清学鉴定加以确证。(　　)

四、综合题

以图文并茂的形式展示 ELISA 法检测沙门氏菌的步骤及微孔内发生的变化。

技能操作

在完成 ELISA 快速检测肉制品中的沙门氏菌的过程中完成记录单(表 7-14)的填写。

表 7-14　ELISA 快速检测肉制品中的沙门氏菌记录单

<table>
<tr><td colspan="2">班级</td><td></td><td>姓名</td><td></td><td>学号</td><td></td><td>组别</td><td></td></tr>
<tr><td colspan="3">检验项目及限值</td><td colspan="6"></td></tr>
<tr><td colspan="3" rowspan="4">检验准备</td><td>仪器</td><td colspan="5"></td></tr>
<tr><td>试剂</td><td colspan="5"></td></tr>
<tr><td>耗材</td><td colspan="5"></td></tr>
<tr><td>样品</td><td colspan="5"></td></tr>
<tr><td colspan="3">检验操作</td><td colspan="6"></td></tr>
<tr><td rowspan="7">记录结果</td><td colspan="2" rowspan="2">OD</td><td colspan="2">样品</td><td>阴性</td><td>阳性</td><td colspan="2">空白</td></tr>
<tr><td colspan="2"></td><td></td><td></td><td colspan="2"></td></tr>
<tr><td colspan="2">OD 值/CO</td><td colspan="2"></td><td></td><td></td><td colspan="2"></td></tr>
<tr><td colspan="2">临界值 CO</td><td colspan="6"></td></tr>
<tr><td colspan="2">酶标图谱</td><td colspan="6"></td></tr>
<tr><td colspan="2">单项检验结论</td><td colspan="6"></td></tr>
<tr><td colspan="4">检验人员：</td><td colspan="4">检验日期：</td></tr>
</table>

ELISA 快速检测肉制品中的沙门氏菌操作考核评分标准见表 7-15。

表 7-15　ELSA 快速检测肉制品中的沙门氏菌评分表

<table>
<tr><td>姓名</td><td></td><td>学号</td><td></td><td>班级</td><td></td><td>组别</td><td></td></tr>
<tr><td>编号</td><td>配分</td><td colspan="5">评分细则描述</td><td>得分</td></tr>
<tr><td>01</td><td>10</td><td>操作前准备</td><td colspan="4">调试设备,得 5 分
材料准备齐全,得 3 分
试剂核对全面,得 2 分</td><td></td></tr>
<tr><td>02</td><td>8</td><td>样品的制备</td><td colspan="4">无菌吸取 25 mL 样品,得 4 分
置于 225 mL 缓冲蛋白胨水,得 2 分
均质混匀,得 2 分</td><td></td></tr>
<tr><td>03</td><td>10</td><td>增菌</td><td colspan="4">培养条件正确,得 4 分
增菌液制备,TTB、SC 每管 10 mL,得 3 分
分别接种 TTB、SC 各 1 mL,得 3 分</td><td></td></tr>
<tr><td>04</td><td>9</td><td>加样前准备</td><td colspan="4">试剂条或微孔板正确,得 2 分
阴阳性对照或质控正确,得 3 分
增菌液加热裂解,得 4 分</td><td></td></tr>
</table>

续表 7-15

编号	配分	评分细则描述		得分
05	11	加样	加样正确,得 5 分 孵育条件正确,得 3 分 洗板正确,得 3 分	
06	10	加酶标抗体	加酶标抗体正确,得 4 分 孵育正确,得 3 分 洗板正确,得 3 分	
07	8	加底物显色	准确加入底物液,得 4 分 反应正确,得 4 分	
08	8	终止反应	加终止液正确,得 4 分 混合内容物正确,得 2 分 30 min 内判读结果,得 2 分	
09	10	检测结果	酶标仪操作正确,得 3 分 反应结果正确,得 5 分 准确记录结果,得 2 分	
10	8	原始记录填写	方法描述、操作条件记录正确,得 3 分 操作数据记录及时,得 2 分 操作步骤设计合理齐全,得 3 分	
11	6	填写报告	正确填写每一项内容,得 4 分 空缺项规范用"/"表示,得 2 分	
12	2	职业素养	及时清理台面,清洗物品,得 2 分	
合计得分				

项目八

副溶血性弧菌检验

【项目背景】

副溶血性弧菌(*Vibrio parahemolyticus*)是广泛分布于海水、海底泥沙、浮游生物和鱼贝类中的海洋性细菌,为海产食品引起急性胃肠炎的重要病原菌之一,尤其是在夏秋季节的沿海地区,经常食用带有大量副溶血性弧菌的海产食品,会引起暴发性食物中毒。在非沿海地区,因食用此菌污染的食品而引起中毒者也时有发生。由于副溶血性弧菌存在于海鲜食品中,随着鱼肉来源的食品添加物质如鱼糜等在肉制品中应用越来越多,未来由副溶血性弧菌引发的问题将不容忽视。

为保障食品卫生质量和食用安全,根据副溶血性弧菌的特性,通常采用溶血性试验、血清学检验、PCR 检测等方法进行鉴别诊断。

【学习目标】

知识目标

1. 掌握水产品及其制品样品处理方法
2. 掌握副溶血性弧菌增菌和分离操作步骤,认识选择性琼脂平板上副溶血性弧菌菌落
3. 掌握氧化酶试验、三糖铁试验和嗜盐性试验原理及方法,熟悉副溶血性弧菌生化试验特征
4. 理解多重 PCR 法检测副溶血性弧菌的原理

能力目标

1. 能准备水产调味品中副溶血性弧菌检验的物品
2. 能分离水产调味品样品中的副溶血性弧菌
3. 能鉴定副溶血性弧菌
4. 能采用多重 PCR 法快速检测副溶血性弧菌

素质目标

1. 熟悉企业文化,适应企业现代管理
2. 培养学生创新思维和发展能力
3. 能恪守职业道德,具有较强的食品质量安全法律法规意识

任务一　水产调味品中副溶血性弧菌的检验

任务描述

水产调味品生产企业要对生产的水产调味品进行检验，检验合格后的产品才能投放市场销售，副溶血性弧菌就是一项重要的致病菌检验项目。水产调味品中副溶血性弧菌的限量值是多少？如何检验水产调味品中的副溶血性弧菌呢？请查阅相关标准，进行标准解读后完成副溶血性弧菌的检验并提交检验报告单。

学习导图

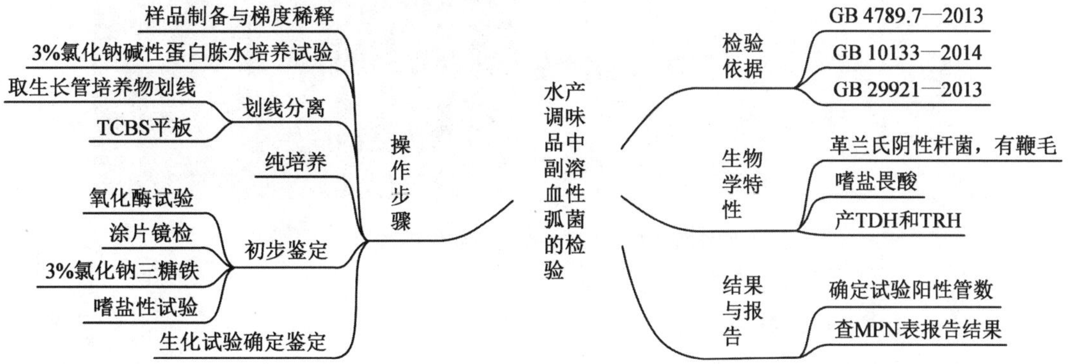

相关知识

一、参考标准

GB 10133—2014 食品安全国家标准　水产调味品

GB 29921—2013 食品安全国家标准　食品中致病菌限量

GB 4789.7—2013 食品安全国家标准　食品微生物学检验　副溶血性弧菌检验

二、水产调味品致病菌指标限量

水产调味品是指以鱼、虾、蟹和贝类等水产品为主要原料，经相应工艺加工制成的调味品，如鱼露、虾酱、虾油和耗油等。

水产调味品检验须依据 GB 10133—2014 水产调味品的食品安全国家标准，标准中明确了水产调味品致病菌限量应符合 GB 29921 的规定（表 8-1）。

表 8-1　水产调味品致病菌限量

致病菌指标	采样方案及限量（若非指定，均以/25 g 或/25 mL 表示）				检验方法
	n	*c*	*m*	*M*	
沙门氏菌	5	0	0	—	GB 4789.4
金黄色葡萄球菌	5	2	100 CFU/g(mL)	10 000 CFU/g(mL)	GB 4789.10 第二法
副溶血性弧菌	5	1	100 MPN/g(mL)	1 000 MPN/g(mL)	GB 4789.7—2013

三、副溶血性弧菌

(一)副溶血性弧菌的生物学特性

1. 副溶血性弧菌的形态特征

副溶血性弧菌又称嗜盐菌,为革兰氏阴性杆菌,(0.3～0.7 μm)×(2～6 μm),两端浓染,呈多形态(棒状、弧状、球状、卵圆形等),排列不规则,无芽孢,液体培养基生长单鞭毛,固体培养基常有周生鞭毛(侧毛)。在显微镜下及电镜形态见图 8-1。

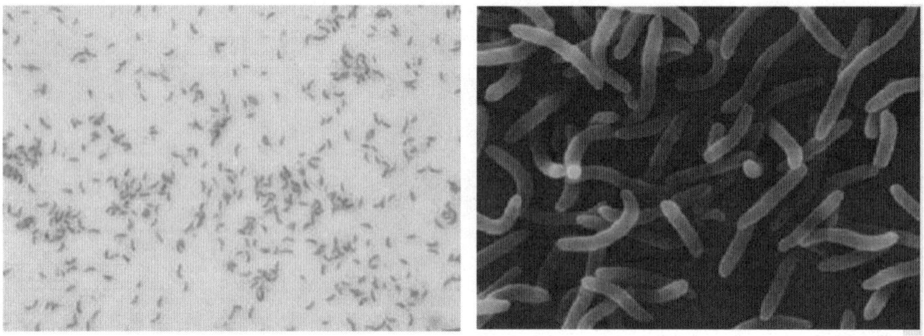

图 8-1　副溶血性弧菌菌体形态

2. 副溶血性弧菌的培养特性

副溶血性弧菌为兼性厌氧菌,最适宜的温度为 30～37℃,培养基含盐率 2.5%～3%时最适宜生长,若盐浓度低于 0.5%则不生长,最适宜生长的 pH 为 8.0～8.5。在肉汤和胨水等液体培养基中混浊生长,需氧性强,常在液体表面形成菌膜,在液体培养条件下菌体多生长为单鞭毛,运行活泼。在固体培养基上,菌落通常隆起,圆形半透明,表面光滑、湿润,一般不产生色素。在嗜盐性平板上,菌落生长良好。而在 SS 琼脂平板上多呈较小的扁平菌落,不易挑起。在血平板上生长快,可出现溶血环。

3. 副溶血性弧菌的抵抗性

本菌嗜盐畏酸,在无盐培养基上,不能生长,3%～6%食盐水繁殖迅速,每 8～9 min 为 1 周期,低于 0.5%或高于 8%盐水中停止生长;对酸较敏感,pH 6 以下即不能生长,在食醋中 1～3 min 即死亡;对高温抵抗力小,50℃、20 min,65℃ 、5 min 或 80℃、1 min 即可被杀死;对常用消毒剂抵抗力很弱,可被低浓度的酚和煤酚皂溶液杀灭。

副溶血性弧菌主要生物化学性状见表 8-2。

4. 副溶血性弧菌的致病性

已知副溶血弧菌有 13 种 O 抗原及 65 种 K 抗原,据其发酵糖类的情况可分为 5 个类型。各种弧菌对人和动物均有较强的毒力,其致病物质主要有分子质量为 42 000 的致热性溶血素(TDH)和分子质量为 48 000 的 TDH 类似溶血毒(TRH),具有溶血活性、肠毒素和致死作用。

表 8-2　副溶血性弧菌的主要生物化学性状

试验项目	结　果	试验项目	结　果
革兰氏染色镜检	阴性，无芽孢	分解葡萄糖产气	－
氧化酶	＋	乳糖	－
动力	＋	硫化氢	－
蔗糖	＋	赖氨酸脱羧酶	＋
葡萄糖	＋	V-P	－
甘露醇	＋	ONPG	－

注：＋阳性；－阴性。

(二)副溶血性弧菌食物中毒

副溶血性弧菌食物中毒是进食含有该菌的食物所致，多发生在 6—10 月，主要来自海产品，如墨鱼、海鱼、海虾、海蟹、海蜇，以及含盐分较高的腌制食品，如咸菜、腌肉等。中毒原因主要是烹调时未烧熟煮透或熟制品被污染。本菌存活能力强，在抹布和砧板上能生存 1 个月以上，海水中可存活 47 天。临床上以急性起病、腹痛、呕吐、腹泻及水样便为主要症状。本病多在夏秋季发生于沿海地区，常造成集体发病。由于海鲜空运，内地城市病例也渐增多。

(三) 检测原理

样品经过稀释，进行增菌、分离、纯培养，通过氧化酶试验、革兰氏染色、3%氯化钠三糖铁琼脂、嗜盐性试验等筛选试验，通过生化试验或选用生化鉴定试剂盒或全自动微生物生化鉴定系统进行确定试验，根据证实为副溶血性弧菌阳性的试管管数，查最可能数(MPN)检索表，报告每克(毫升)副溶血性弧菌的 MPN 值。

(四)生化试验

1. 氧化酶试验

(1)原理　氧化酶(细胞色素氧化酶)是细胞色素呼吸酶系统的最终呼吸酶。具有氧化酶的细菌，首先使细胞色素 C 氧化，再由氧化型细胞色素 C 使对苯二胺氧化，生成有色的醌类化合物。

(2)试剂　1%盐酸四甲基对苯二胺。

(3)方法

①菌落法。直接滴加试剂于被检菌菌落上。

②滤纸法。取洁净滤纸一小块，蘸取菌少许，然后加试剂。

③试剂纸片法。将滤纸片浸泡于试剂中制成试剂纸片，取菌涂于试剂纸上。

(4)结果判定　细菌在与试剂接触 10 s 内呈深紫色，为阳性。为保证结果的准确性，分别以铜绿假单胞菌和大肠埃希菌作为阳性和阴性对照。

2. MR-VP 试验

MR-VP 试验包括甲基红试验和 VP 试验。

1)甲基红试验

(1)原理　某些细菌能分解葡萄糖产生丙酮酸，由于糖代谢的途径不同，进一步分解可产生乳酸、琥珀酸、醋酸和甲酸等大量酸性产物,使培养基的 pH 下降到 4.5 以下,加入甲基红指示剂即显红色(甲基红变红的范围为 pH 4.4～6.0);某些细菌虽能分解葡萄糖,但产酸量少,培养基的 pH 在 6.2 以上,加入甲基红指示剂呈黄色。

(2)方法　将待检菌接种至葡萄糖蛋白胨水培养基中，37℃ 培养 48～72 h,加入甲基红试剂 2 滴，立即观察结果。

(3) 结果判定　红色者为阳性,黄色者为阴性 。

2)VP(Voges-Proskaurer)试验

(1)原理　某些细菌在葡萄糖蛋白胨水培养基中能分解葡萄糖产生丙酮酸,丙酮酸缩合,脱羧成乙酰甲基甲醇,后者在强碱环境下,被空气中的氧氧化为二乙酰,二乙酰与培养基中的精氨酸等所含的胍基结合,形成红色的化合物,即 VP 试验阳性。

(2)方法　将待检菌接种至葡萄糖蛋白胨水培养基中,37℃ 培养 48～72 h,取培养液 2.5 mL,先加入 VP 试剂甲液 0.6 mL,再加入乙液 0.2 mL,摇动 2～5 min 充分混匀,阳性菌常立即呈现红色,若无红色出现,静置于室温或 36℃±1℃恒温箱,如 2 h 内仍不显现红色,可判定为阴性。

(3)结果判定　呈红色者为阳性。

副溶血性弧菌甲基红试验为阳性,VP 试验为阴性。

其他生化试验可参考本书项目七。

任务实施

一、检验材料

(一)主要设备

恒温培养箱(36℃±1℃)、冰箱(2～5℃、7～10℃)、恒温水浴箱(36℃±1℃)、均质器或无菌乳钵等。

(二)主要培养基和试剂

3%氯化钠碱性蛋白胨水、硫代硫酸盐-柠檬酸盐-胆盐-蔗糖(TCBS)琼脂、3%氯化钠胰蛋白胨大豆琼脂、3%氯化钠三糖铁琼脂、嗜盐性试验培养基、3%氯化钠甘露醇试验培养基、3%氯化钠赖氨酸脱羧酶试验培养基、3%氯化钠 MR-VP 培养基、3%氯化钠溶液、我妻氏血琼脂、氧化酶试剂、革兰氏染色液、ONPG 试剂、VP 试剂、弧菌显色培养基、生化鉴定试剂盒等。

(三)主要器皿

天平(感量 0.1 g)、试管(18 mm×180 mm、15 mm×100 mm)、1 mL(具 0.01 mL 刻度)吸管、10 mL(具 0.1 mL 刻度)吸管、250 mL 锥形瓶、500 mL 锥形瓶、1 000 mL 锥形瓶、直径 90 mm 培养皿。

二、检验程序

副溶血性弧菌检验程序见图 8-2。

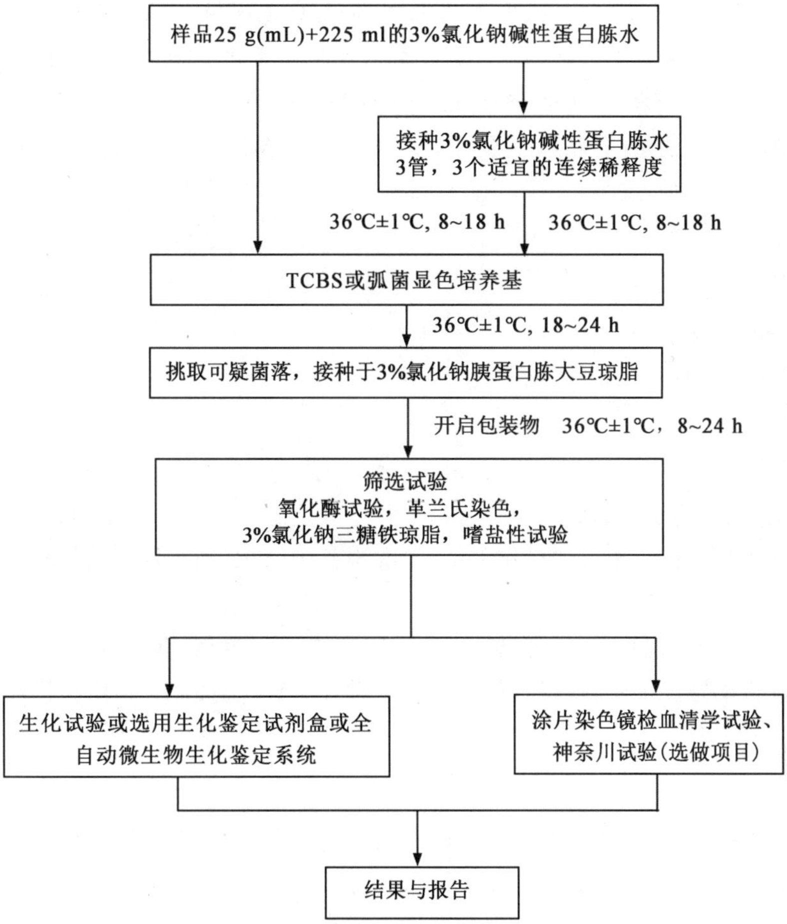

图 8-2　副溶血性弧菌的检验程序

三、操作步骤

(一)样品制备

1. 固体或半固体样品需称取 25 g 置盛有 225 mL 的 3%氯化钠碱性蛋白胨水的无菌均质杯内，用旋转刀片式均质器以 8 000 r/min 均质 1 min，或拍击式均质器拍击 2 min，制备成 1∶10 的样品匀液。如无均质器，则将样品放入无菌乳钵，自 225 mL 的 3%氯化钠碱性蛋白胨水中取少量稀释液加入无菌乳钵，样品磨碎后放入 500 mL 无菌锥形瓶，再用少量稀释液冲洗乳钵中的残留样品 1～2 次，洗液放入锥形瓶，最后将剩余稀释液全部放入锥形瓶，充分振荡，制备 1∶10 的样品匀液。

2. 液体样品需以无菌吸管吸取 25 mL 样品，加入盛有 225 mL 的 3%氯化钠碱性蛋白胨水的无菌锥形瓶(瓶内预置适当数量的无菌玻璃珠)中，充分混匀，制成 1∶10 的样品匀液。

特别提示：非冷冻样品采集后应立即置 7～10℃冰箱保存，尽可能及早检验；冷冻样品应在 45℃以下不超过 15 min 或在 2～5℃不超过 18 h 解冻。

鱼类和头足类动物取表面组织、肠或鳃；贝类取全部内容物，包括贝肉和体液；甲壳类取整个动物，或者动物的中心部分，包括肠和鳃。如为带壳贝类或甲壳类，则应先在自来水中洗刷外壳并甩干表面水分，然后以无菌操作打开外壳，按上述要求取相应部分。

（二）增菌

1. 定性检测

将制备的 1∶10 样品匀液于 36℃±1℃培养 8～18 h。

2. 定量检测

用无菌吸管吸取 1∶10 样品匀液 1 mL，注入含有 9 mL 3%氯化钠碱性蛋白胨水的试管内，振摇试管混匀，制备 1∶100 的样品匀液。

另取 1 mL 无菌吸管，按上述操作程序，依次制备 10 倍系列稀释样品匀液，每递增稀释一次，换用一支 1 mL 无菌吸管。

根据对检样污染情况的估计，选择 3 个适宜的连续稀释度，每个稀释度接种 3 支含有 9 mL 的 3%氯化钠碱性蛋白胨水的试管，每管接种 1 mL。置 36℃±1℃恒温箱内，培养 8～18 h。

（三）分离

对所有显示生长的增菌液，用接种环在距离液面以下 1 cm 内蘸取一环增菌液，于 TCBS 平板或弧菌显色培养基平板上划线分离。一支试管划线一块平板。于 36℃±1℃培养 18～24 h。

副溶血性弧菌增菌、梯度稀释、分离培养流程见图 8-3。

特别提示：典型的副溶血性弧菌在 TCBS 上呈圆形、半透明、表面光滑的绿色菌落，用接种环轻触，有类似口香糖的质感，直径 2～3 mm。从培养箱取出 TCBS 平板后，应尽快（不超过 1 h）挑取菌落或标记要挑取的菌落。典型的副溶血性弧菌在弧菌显色培养基上的特征按照产品说明进行判定。

（四）纯培养

挑取 3 个或以上可疑菌落，划线接种 3%氯化钠胰蛋白胨大豆琼脂平板，36℃±1℃培养 18～24 h。

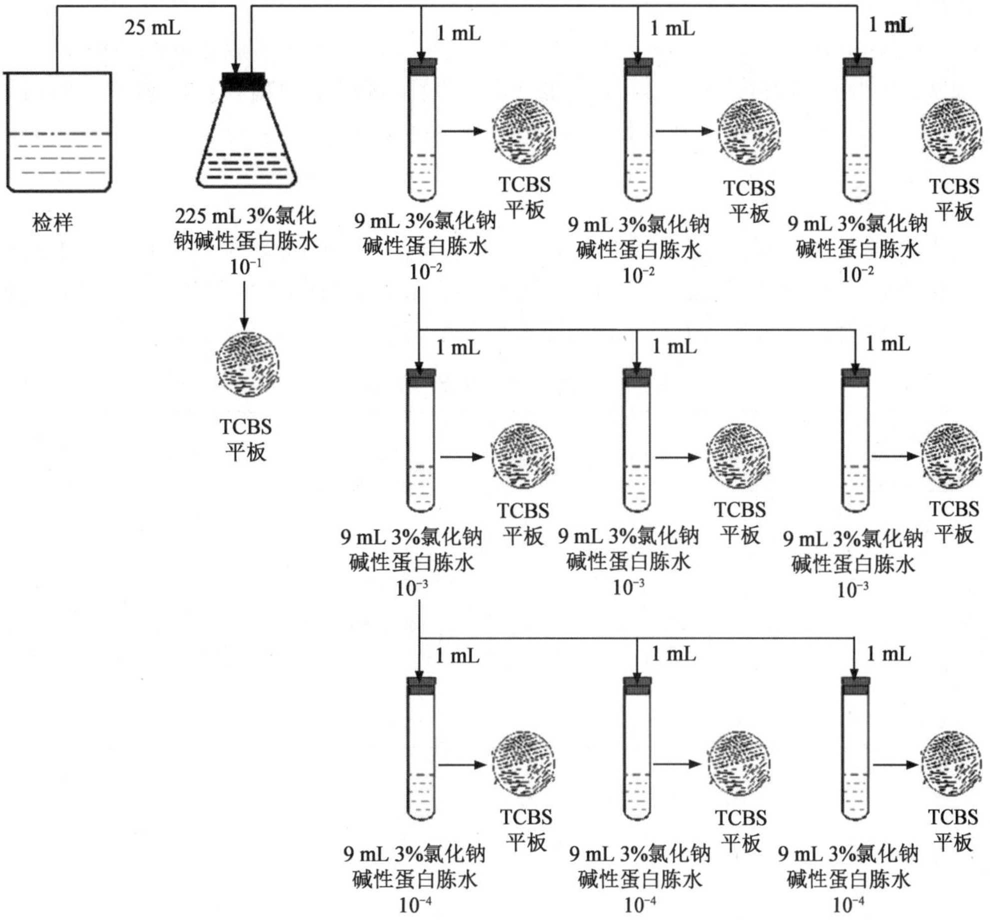

图 8-3　副溶血性弧菌增菌、梯度稀释、分离培养流程

(五)初步鉴定

1. 氧化酶试验

挑选纯培养的单个菌落进行氧化酶试验,副溶血性弧菌为氧化酶阳性。

2. 涂片镜检

将可疑菌落涂片,进行革兰氏染色,镜检观察形态。副溶血性弧菌为革兰氏阴性,呈棒状、弧状、卵圆状等多种形态,无芽孢,有鞭毛。

3. 挑取纯培养的单个可疑菌落,转种 3%氯化钠三糖铁琼脂斜面并穿刺底层,36℃±1℃培养 24 h 观察结果。副溶血性弧菌在 3%氯化钠三糖铁琼脂中的反应为底层变黄不变黑,无气泡,斜面颜色不变或红色加深,有动力。

4. 嗜盐性试验

挑取纯培养的单个可疑菌落,分别接种 0%、6%、8%和 10%不同氯化钠浓度的胰胨水,36℃±1℃培养 24 h,观察液体混浊情况。副溶血性弧菌在无氯化钠和 10%氯化钠的胰胨水中不生长或微弱生长,在 6%氯化钠和 8%氯化钠的胰胨水中生长旺盛。

(六)确定鉴定

取纯培养物分别接种含3%氯化钠的甘露醇试验培养基、赖氨酸脱羧酶试验培养基、MR-VP培养基，36℃±1℃培养24～48 h后观察结果；3%氯化钠三糖铁琼脂隔夜培养物进行ONPG试验。可选择生化鉴定试剂盒或全自动微生物生化鉴定系统。

四、结果与报告

根据检出的可疑菌落生化性状，报告25 g(mL)样品中检出副溶血性弧菌。如果进行定量检测，根据证实为副溶血性弧菌阳性的试管管数，查最可能数(MPN)检索表(附录Ⅲ)，报告每克(毫升)副溶血性弧菌的MPN值。副溶血性弧菌菌落生化性状见表8-3。

表8-3 副溶血性弧菌的生化性状

试验项目	结果	试验项目	结果
革兰氏染色镜检	阴性，无芽孢	分解葡萄糖产气	－
氧化酶	＋	乳糖	－
动力	＋	硫化氢	－
蔗糖	－	赖氨酸脱羧酶	＋
葡萄糖	＋	V-P	－
甘露醇	＋	ONPG	－

注：＋表示阳性；－表示阴性。

五、选做项目

(一)血清学分型

1. 制备

接种两管3%氯化钠胰蛋白胨大豆琼脂试管斜面，36℃±1℃培养18～24 h。用含3%氯化钠的5%甘油溶液冲洗3%氯化钠胰蛋白胨大豆琼脂斜面培养物，获得浓厚的菌悬液。

2. K抗原的鉴定

取一管制备好的菌悬液，首先用多价K抗血清进行检测，出现凝集反应时再用单个的抗血清进行检测。用蜡笔在一张玻片上划出适当数量的间隔和一个对照间隔。在每个间隔内各滴加一滴菌悬液，并对应加入一滴K抗血清。在对照间隔内加一滴3%氯化钠溶液。轻微倾斜玻片，使各成分相混合，再前后倾动玻片1 min。阳性凝集反应可以立即观察到。

3. O抗原的鉴定

将另外一管的菌悬液转移到离心管内，121℃灭菌1 h。灭菌后4 000 r/min离心15 min，弃去上层液体，沉淀用生理盐水洗3次，每次4 000 r/min离心15 min，最后一次离心后留少许上层液体，混匀制成菌悬液。用蜡笔将玻片划分成相等的间隔。在每个间隔内加入一滴菌悬液，将O群血清分别加一滴到间隔内，最后一个间隔加一滴生理盐水作为自凝对照。轻微倾斜玻片，使各成分相混合，再前后倾动玻片1 min。阳性凝集反应可以立即观察到。如果未见到与O群血清的凝集反应，将菌悬液121℃再次高压1 h后，重新检测。如果仍为阴性，则培养物的O抗原属于未知。根据表8-4报告血清学分型结果。

表 8-4　副溶血性弧菌的抗原

O 群	K 型
1	1,5,20,25,26,32,38,41,56,58,60,64,69
2	3,28
3	4,5,6,7,25,29,30,31,33,37,43,45,48,54,56,57,58,59,72,75
4	4,8,9,10,11,12,13,34,42,49,53,55,63,67,68,73
5	15,17,30,47,60,61,68
6	18,46
7	19
8	20,21,22,39,41,70,74
9	23,44
10	24,71
11	19,36,40,46,50,51,61
12	19,52,61,66
13	65

(二)神奈川试验

神奈川(kanagawa)试验是在我妻氏琼脂上测试是否存在特定溶血素。神奈川试验阳性结果与副溶血性弧菌分离株的致病性显著相关。

用接种环将测试菌株的 3%氯化钠胰蛋白胨大豆琼脂 18 h 培养物点种于表面干燥的我妻氏血琼脂平板。每个平板上可以环状点种几个菌。36℃±1℃培养不超过 24 h,并立即观察。阳性结果为菌落周围呈半透明环的β溶血。

特别提示: 副溶血性弧菌有 845 个血清型,主要通过 13 种耐热的菌体抗原(即 O 抗原)鉴定,而 7 种不耐热的包膜抗原(即 K 抗原)可以用来辅助鉴定。其致病力可用神奈川试验来区分。该菌能使人或家兔的红细胞发生溶血,在琼脂培养基上出现β溶血带,称为“神奈川试验”阳性。

神奈川试验阳性菌的感染能力强,多数毒性菌株为神奈川试验阳性(K^+),多数非毒性菌株为神奈川试验阴性(K^-)。引起食物中毒的副溶血性弧菌 90%神奈川试验阳性,通常在 12h 内出现症状。K^+菌株能产生一种耐热型直接溶血素,K^-菌株能产生一种热敏型溶血素,而有些菌株能产生这两种溶血素。

理论习题

一、填空题

1. 副溶血弧菌又称________。

2. 副溶血弧菌是________(需/厌/兼性厌)氧菌,最适培养温度________℃,培养基应含盐________%。

3. 副溶血弧菌增菌使用的培养基是________。

4. 典型的副溶血性弧菌在 TCBS 培养基上菌落形态为____________________。

5. 副溶血性弧菌显微镜下形态为____________________。

二、选择题

1. 副溶血弧菌生物化学试验中呈阳性的是________。

A. 0%耐盐试验　　B. VP 试验

C. 10%耐盐试验　　D. 靛基质试验

2. 副溶血弧菌生化试验中呈阴性的是________。

A. 甲基红　　B. 耐盐性 7%

C. 葡萄糖产气　　D. 甘露醇

3. 副溶血弧菌检验不包含的步骤是________。

A. 增菌　　B. 氧化酶试验

C. 伊红美蓝平板划线分离　　D. 革兰氏染色

4. 副溶血性弧菌食物中毒，是进食含有该菌的食物所致，以下说法不正确的是________。

A. 多发生在 6—10 月　　B. 主要来自海产品

C. 本菌存活能力强，在抹布、砧板、海水中均可长期存活

D. 本菌可产生芽孢，耐高温，难以杀死

三、判断题

1. 副溶血弧菌是芽孢菌。(　　)

2. 副溶血弧菌在血平板上生长快，可出现溶血环。(　　)

3. 副溶血弧菌对酸不敏感，可在弱酸性环境下快速生长。(　　)

4. MR-VP 试验实际上是两个试验。(　　)

5. MPN 法测得的数值是比较精确的。(　　)

6. 副溶血弧菌氧化酶试验为阳性。(　　)

四、简答题

结合副溶血弧菌的生化特性说明其在 TCBS 培养基上出现特征菌落的原因。

技能操作

一、准备水产调味品中副溶血性弧菌检验所需的物品

以够用、适度为原则，规范地准备水产调味品中副溶血性弧菌检验所需的物品，记录物品准备的要点信息，填写表 8-5。检验水产调味品中的副溶血性孤菌物品准备环节评分见表 8-6。

表 8-5　水产调味品中副溶血性弧菌检验物品准备记录单

<table>
<tr><td>班级</td><td></td><td>姓名</td><td></td><td>学号</td><td></td><td>组别</td><td></td></tr>
<tr><td colspan="2">样品</td><td colspan="2"></td><td colspan="2">检验依据</td><td colspan="2"></td></tr>
<tr><td colspan="2">检验项目及限值</td><td colspan="6"></td></tr>
<tr><td colspan="2">配制培养基</td><td colspan="6">增菌培养基:称量____ g ____培养基,加入____ mL 水溶解,盛装于____ mL 锥形瓶中。同时称量____ g ____培养基,加入____ mL 水溶解,分装到____支试管中,每支试管____ mL 培养基,其中____支试管用于梯度稀释,____支试管用于增菌。
分离培养基:称量____ g ____培养基,加入____ mL 水溶解,盛装于____ mL 锥形瓶中。
纯化培养基:称量____ g ____培养基,加入____ mL 水溶解,盛装于____ mL 锥形瓶中。
鉴定培养基:3%氯化钠三糖铁琼脂斜面培养基____支,0%、6%、8%、10%氯化钠胰胨水培养基各____支,3%氯化钠甘露醇试验培养基____支,赖氨酸脱羧酶试验培养基____支,3%氯化钠 MR-VP 试验培养基____支。</td></tr>
<tr><td colspan="2">包扎器皿</td><td colspan="6">包扎____ mL 移液管____支。
包扎直径____ mm 平皿____个。</td></tr>
<tr><td colspan="2">干热灭菌</td><td colspan="6">物品:
条件:</td></tr>
<tr><td colspan="2">湿热灭菌</td><td colspan="6">物品:
条件:</td></tr>
<tr><td colspan="2">煮沸灭菌</td><td colspan="6">物品:
条件:</td></tr>
<tr><td colspan="2">设备准备</td><td colspan="6">水浴锅恒温至____℃;培养箱恒温至____℃;
无菌室及生物安全柜杀菌____ min。</td></tr>
</table>

表 8-6　检验水产调味品中的副溶血性弧菌物品准备环节评分表

<table>
<tr><td>班级</td><td></td><td>姓名</td><td></td><td>学号</td><td></td><td>组别</td><td></td></tr>
<tr><td>编号</td><td>配分</td><td colspan="5">评分细则描述</td><td>得分</td></tr>
<tr><td>01</td><td>8</td><td>配制培养基</td><td colspan="4">培养基准备种类齐全,数量适宜,得 5 分
称量、溶解、分装操作规范,得 3 分</td><td></td></tr>
<tr><td>02</td><td>4</td><td>包扎</td><td colspan="4">吸管规格选择正确,数量准确,得 1 分
平皿规格选择正确,数量准确,得 1 分
包扎捆绑操作规范,得 2 分</td><td></td></tr>
<tr><td>03</td><td>12</td><td>灭菌</td><td colspan="4">灭菌方法选择正确,得 6 分
灭菌操作规范,得 6 分</td><td></td></tr>
<tr><td>04</td><td>6</td><td>设备准备</td><td colspan="4">操作环境灭菌规范,得 2 分
培养箱温度设置准确,得 2 分
水浴锅温度设置准确,得 2 分</td><td></td></tr>
<tr><td colspan="7">合计得分</td><td></td></tr>
</table>

二、实施水产调味品中副溶血性弧菌检验操作

请规范地完成水产调味品中副溶血性弧菌检验操作全过程，操作中注意提升致病菌检验操作安全意识，填写检验操作表8-7，操作评分标准见表8-8。

表8-7 实施水产调味品中副溶血性弧菌检验操作

班级		姓名		学号		组别	
请根据实际操作情况绘制水产调味品中副溶血性弧菌检验操作流程图（包括增菌、分离、纯化和鉴定环节）或用文字记录检验操作过程。							

表8-8 水产调味品中副溶血性弧菌检验操作评分表

班级		姓名		学号		组别	
编号	配分	评分细则描述					得分
01	6	操作前准备	物品摆放合理，防止交叉污染且方便操作，得2分 进行台面消毒、手部消毒和物品消毒，得2分 平皿标识清楚（稀释度、检验人、检验日期等），得2分				
02	6	样品制备	称取（量取）准确、规范，得2分 均质样品均匀，得2分 无菌进行样品转移，得2分				
03	8	增菌接种	梯度选择适宜，操作规范，得4分 接种量和接种管数准确，得4分				
04	14	分离纯化	制备平板时三角瓶持法准确，倒培养基不滴出，培养基倾注量适宜，得6分 接种环红外灼烧彻底，取菌规范，分区划线且未划破平板，得8分				
05	12	鉴定试验	染色涂菌均匀，染色液滴加适宜，染色时间控制准确，镜检熟练，得4分 3%氯化钠三糖铁琼脂接种先划斜面再穿刺，得2分 赖氨酸脱羧酶试验接种完毕，滴加石蜡封盖，得2分 其他生化鉴定试验接菌规范，得2分 接种后培养温度和培养时间符合要求，得2分				
06	4	安全操作	在生物安全柜内进行检验操作，正确使用安全柜，得2分 及时将污染面或污染物进行消毒或杀菌处理，得2分				
合计得分							

三、水产调味品中副溶血性弧菌检验结果记录

水产调味品副溶血性弧菌检验结果记录见表 8-9，记录考核评分标准见表 8-10

表 8-9　水产调味品中副溶血性弧菌检验结果记录

<table>
<tr><td>样品名称</td><td colspan="2"></td><td colspan="2">检验方法依据</td><td></td></tr>
<tr><td>样品编号</td><td colspan="2"></td><td colspan="2">样品状态</td><td></td></tr>
<tr><td>样品数量</td><td colspan="2"></td><td colspan="2">检验地点</td><td></td></tr>
<tr><td colspan="6">结　果　记　录</td></tr>
<tr><td>TCBS 平板菌落形态</td><td colspan="5"></td></tr>
<tr><td rowspan="2">初步鉴定结果</td><td colspan="3">氧化酶试验</td><td colspan="2">革兰氏染色菌体形态</td></tr>
<tr><td colspan="3"></td><td colspan="2"></td></tr>
<tr><td rowspan="4">确定鉴定结果</td><td>动力</td><td>蔗糖</td><td>葡萄糖</td><td>甘露醇</td><td>分解葡萄糖产气</td></tr>
<tr><td></td><td></td><td></td><td></td><td></td></tr>
<tr><td>乳糖</td><td>硫化氢</td><td>赖氨酸脱羧酶</td><td>V-P</td><td>ONPG</td></tr>
<tr><td></td><td></td><td></td><td></td><td></td></tr>
<tr><td>单项检验结论</td><td colspan="5"></td></tr>
<tr><td colspan="3">检验人员：</td><td colspan="3">检验日期：</td></tr>
</table>

表 8-10　水产调味品中副溶血性弧菌检验结果及记录考核评分表

<table>
<tr><td>班级</td><td></td><td>姓名</td><td colspan="2"></td><td>学号</td><td></td><td>组别</td><td></td></tr>
<tr><td>编号</td><td>配分</td><td colspan="6">评分细则描述</td><td>得分</td></tr>
<tr><td>01</td><td>4</td><td>典型菌落数</td><td colspan="5">典型菌落辨认准确，得 2 分
选取合适平板进行纯化试验，得 2 分</td><td></td></tr>
<tr><td>02</td><td>6</td><td>革兰氏染色</td><td colspan="5">显微镜下菌体染色均匀，涂片均匀，得 2 分
革兰氏染色形态特征描述正确，阴阳性结果判断正确，得 4 分</td><td></td></tr>
<tr><td>03</td><td>8</td><td>生化试验结果</td><td colspan="5">三糖铁试验现象分析准确，得 4 分
其他生化试验阴、阳性结果判断准确，得 4 分</td><td></td></tr>
<tr><td>04</td><td>2</td><td>检验结论</td><td colspan="5">结果综合分析判断正确，得 1 分
检验结论规范，得 1 分</td><td></td></tr>
<tr><td colspan="8">合计得分</td><td></td></tr>
</table>

任务二　多重 PCR 法快速检测水产调味品中的副溶血性弧菌

任务描述

PCR 法快速检测副溶血性弧菌有两种方法，第一法为多重 PCR 检测方法，第二法为多重实时荧光 PCR 检测方法。本任务中主要介绍第一法。

多重 PCR 法快速检测副溶血性弧菌，是在同一个 PCR 反应管中，同时检测副溶血性弧菌 *gyrase*、*tdh* 和 *trh* 致病基因，根据扩增条带（*gyrase* 91 bp、*tdh* 269 bp 和 *trh* 485 bp）的有无，判定样品中是否含有副溶血性弧菌及产毒副溶血性弧菌。与传统方法相比，本方法具有特异、结果可靠、灵敏度高和快速简便的特点，对于食品安全检测、临床检验等具有重要的应用意义。学习多重 PCR 检测法后完成水产调味品中的副溶血性弧菌的快速检测。

学习导图

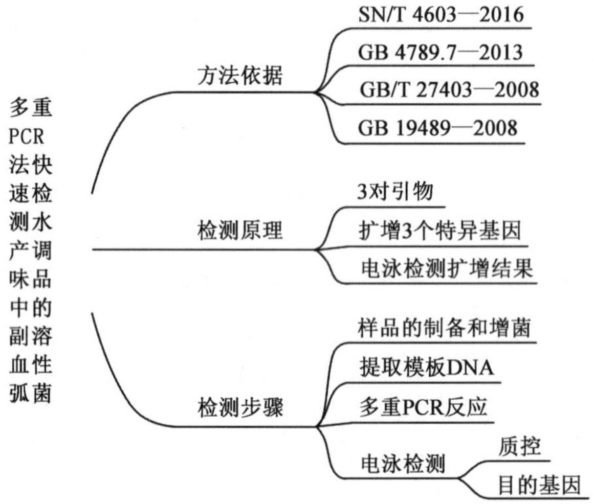

相关知识

一、参考标准

SN/T 4603—2016 出口食品及水体中产毒副溶血性弧菌常见致病基因检测方法　多重 PCR 及多重实时荧光 PCR 法

GB 4789.7—2013 食品安全国家标准　食品微生物学检验　副溶血性弧菌检验

GB/T 27403—2008 实验室质量控制规范　食品分子生物学检测

GB 19489—2008 实验室　生物安全通用要求

二、多重 PCR 法的优点及在副溶血性弧菌检测中的应用

多重 PCR 法具有扩增效率高、产物特异性强、灵敏度高、经济简便的特点，特别适合食品

中病原微生物的快速检测。

多重 PCR 法是海产品、海产调味品、水体中产毒副溶血性弧菌快速检测的常用方法。食品中污染的致病微生物是引起食源性疾病的主要因素之一，所有的副溶血性弧菌胃肠炎起因均是由于进食了海产品或海产品相关的食物。因此，快速检测与鉴定副溶血性弧菌是及时有效控制与预防病菌传播，预防食源性疾病的重要手段。传统检测方法检验周期较长，成本高，检测条件复杂，难以适应海产品等时效性要求较高的食品的检测，也无法对公共卫生事件应急处理作出快速反应。多重 PCR 法可以同时鉴定副溶血性弧菌及其携带的致病基因情况，在疾控机构检测食源性致病菌、预防食物中毒、有效控制与预防病原细菌传播等方面具有较强的实际应用价值。

三、多重 PCR 法快速检测副溶血性弧菌的原理

多重 PCR(multiplex polymerase chain reaction，MPCR)也称复合 PCR，由 Chambehian 于 1988 年首次提出，是在常规 PCR 基础上改进并发展起来的一种新型 PCR 扩增技术，其反应原理、反应试剂和操作过程与常规 PCR 相同，区别是在同一个反应体系中加入一对以上的引物，如果存在与各对引物互补的模板，则它们分别结合在模板相对应的部位，同时在同一反应体系中扩增出一条以上的目的 DNA 片段。多重 PCR 反应体系的组成和 PCR 循环的条件需要经过优化以确保同时扩增几个片段。理论上只要 PCR 扩增的条件合适，引物对的数量可以不限，但由于各种条件的限制，实际能够扩增的引物对数量是有限的。多重 PCR 法快速检测副溶血性弧菌的原理见图 8-4。

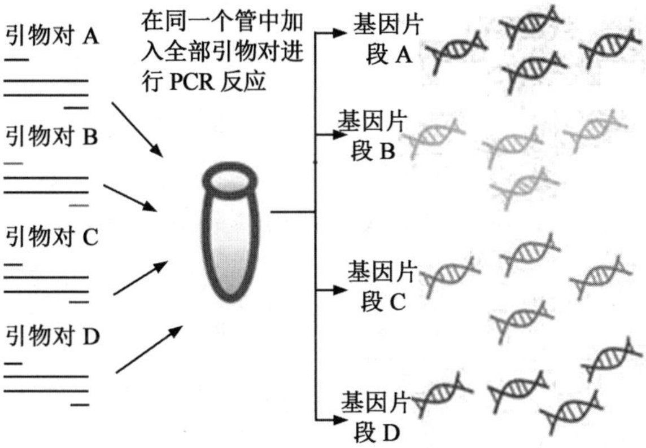

图 8-4　多重 PCR 原理图

(http://image.baidu.com)

特别提示：副溶血性弧菌 *gyrase* 基因可产生副溶血性弧菌促旋酶，该基因用于判断是否为副溶血性弧菌。副溶血性弧菌 *tdh* 和 *trh* 致病基因分别产生耐热直接溶血素(thermo stable direct hemolysin，TDH)和耐热直接溶血素相关溶血素(TDH_2 related hemolysin，TRH)，TDH 和 TRH 具有直接溶血活性，可使多种红细胞发生溶血。这两种基因用于判断是否为致病性副溶血性弧菌。

任务实施

一、检验材料

(一)主要设备

PCR 仪(图 8-5)、恒温培养箱、离心机(离心转速≥12 000 r/min)、天平(感量 0.01 g)、高压灭菌器、恒温水浴锅、pH 计、电泳分析系统(图 8-6)。

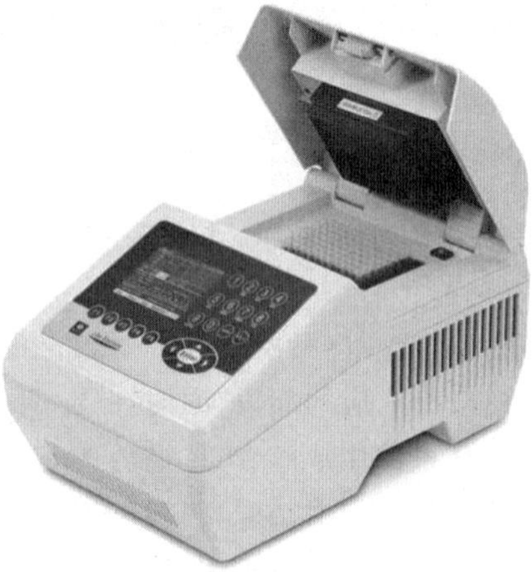

图 8-5 PCR 仪

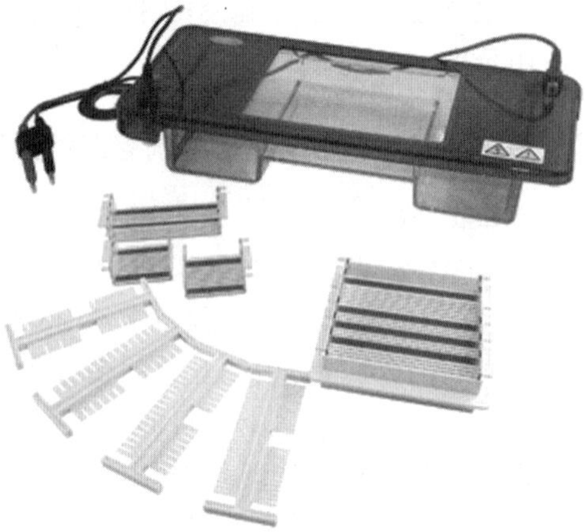

图 8-6 凝胶电泳槽

(二)主要试剂

PCR 反应预混液(可选用商业试剂盒)、细菌基因组 DNA 提纯试剂盒、琼脂糖(电泳纯)、溴化乙锭(EB)(10 g/L)、0.5×TBE 缓冲液[Tris 5.4 g,硼酸 27.5 g,0.5 mol/L EDTA(pH=8.0)2 mL],加蒸馏水至 1 000 mL、无 DNA 酶污染的灭菌石蜡油(4℃保存)、引物(引物序列和产物长度见表 8-11)。

表 8-11 引物序列和产物长度

靶基因	引物序列	产物大小
gyrase	5′-CGGTAGTAAACCCACTGTC AG-3′	91 bp
	5 ′-GTTTCAGGCTCACCATGACG-3′	
tdh	5 ′-GTAAAGGTCTCTGACTTTTGGAC-3′	269 bp
	5 ′-TGGAATAGAACCTTCATCTTCACC-3′	
trh	5 ′-TTGGCTTCGATATTTTCAGTATCT-3′	485 bp
	5 ′-CATAACAAACATATGCCCATTTCCG-3′	

二、检验程序

多重 PCR 法快速检测副溶血性弧菌程序见图 8-7。

样品的制备和增菌 → 模板 DNA 提取 → 多重 PCR 检测 → 电泳检测 → 结果判定与表述 → 生物安全防治措施

图 8-7　多重 PCR 法快速检测副溶血性弧菌程序

三、操作步骤

(一)样品的制备和增菌

样品的制备、增菌培养和分离步骤按照 GB 4789.7—2013 方法执行，具体见本项目任务一。

(二)模板 DNA 提取

在 1.5 mL 无菌离心管中加入增菌液 1 mL，8 000 r/min，5 min，弃上清，加入 1 mL 无菌 ddH_2O，混匀清洗 1 次，8 000 r/min，5 min，弃上清液。采用细菌 DNA 提纯试剂盒抽提 DNA，100 μL 无菌 ddH_2O 溶解 DNA，4℃备用，非即时检验，放置－20℃保存。

特别提示：对于非菌株的样品至少提取两支模板 DNA：1. 同一样品的不同增菌液；2. 同一样品相同增菌液；同一样品的增菌液和可疑菌落。

当模板 DNA 质量浓度在 10～100 mg/L；纯度 OD_{260}/OD_{280} 的值在 1.7～1.9，OD_{230}/OD_{260} 的值在 0.4～0.5，适宜于本标准 PCR 的扩增。

(三)多重 PCR 检验

1. 空白对照、阴性对照和阳性对照的设置

空白对照：以 ddH_2O 代替 DNA 模板；

阴性对照：非目标菌 DNA 作为 PCR 反应的模板；

阳性对照：含有 *trh* 和/或 *tdh* 基因的副溶血性弧菌 DNA。

2. PCR 反应体系及反应条件详细信息见表 8-12。

表 8-12　PCR 反应体系及反应条件

起始浓度	试剂名称	体积	终浓度
	PCR 反应预混液		1×
10～100 mg/L	模板 DNA	2 μL	
10 μmol/L	*gyrase* 引物对	各 0.25 μL	0.1 μmol/L
10 μmol/L	*tdh* 引物对	各 0.5 μL	0.2 μmol/L
10 μmol/L	*trh* 引物对	各 0.75 μL	0.3 μmol/L
ddH_2O 补齐至反应总体积为 25 μL			

PCR 反应预混液为商业试剂盒，按其说明书加入。

在盖上 PCR 管盖前，对每个体系各滴加 1 滴石蜡油。反应条件：95℃预变性 5 min，扩增 40 个循环(94℃变性 30 s，59℃退火 30 s，72℃延伸 30 s)，末次延伸 72℃，10 min。

3. 扩增产物的电泳检测

运用全自动毛细管电泳进行数据分析时，按照用户指导书操作。

运用琼脂糖凝胶电泳分析时，在 1.8%～2% 琼脂糖凝胶中，加入溴化乙锭(终浓度为 0.5 mg/L)。取 8～12 μL PCR 扩增产物进行分析，并添加 DNA 分子量标记物做参照。9～12 V/cm，45～70 min，凝胶成像分析系统观察和记录。

(四)结果判定与表述

1. 质控标准

阴性对照：无任何扩增条带。

空白对照：无任何扩增条带。

阳性对照：出现预期条带。

2. 结果判定

见表 8-13。

表 8-13 多重 PCR 结果判定依据

编号	目标条带的种类组合			结果判定	
	gyrase	*tdh*	*trh*	副溶血性弧菌	产毒副溶血性弧菌
1	－	－	－	阴性	阴性
2	＋	－	－	阳性	阴性
3	＋	＋	＋	阳性	阳性

3. 结果确证

副溶血性弧菌阳性结果，按 GB 4789.7—2013 进行确证；致病基因阳性结果，按照 PCR 产物测序鉴定进行确证。

4. 结果表述

被检样品扩增结果为表 8-13 编号 1 时，表述为“未检出产毒副溶血性弧菌”。

被检样品扩增结果为表 8-13 编号 2 时，表述为“检出副溶血性弧菌，未检出产毒副溶血性弧菌”。

被检样品扩增结果为表 8-13 编号 3 时，表述为“检出产毒副溶血性弧菌”。

(五)生物安全防治措施

检测过程中防止交叉污染的措施按照 GB/T 27403 的规定执行。实验室生物安全防护按照 GB 19489 的规定执行。

项目拓展

1. 生活指导

牡蛎，俗称海蛎子，生蚝等，是世界上第一大养殖贝类，是人类可利用的重要海洋生物资源之一。牡蛎不仅肉鲜味美、营养丰富，而且具有独特的保健功能和药用价值，是一种营养价值很高的海产珍品。但生食或食用未煮熟的牡蛎，很有可能感染副溶血性弧菌，引发肠胃炎。请设计试验并测定市场上购买的牡蛎是否有感染副溶血性弧菌的情况，为我们的生活提供指导。

2. 副溶血性弧菌检测方法拓展

GB/T 26426—2010 饲料中副溶血性弧菌的检测

SN/T 2424—2010 进出口食品中副溶血性弧菌快速及鉴定检测方法　实时荧光 PCR 方法

WS/T 81—1996 副溶血性弧菌食物中毒诊断标准及处理原则

理论习题

一、填空题

1. 多重 PCR 也称________，是在常规 PCR 基础上改进并发展起来的一种新型 PCR 扩增技术，即可在一个反应体系中加入________引物，同时扩增出多个核酸片段。

2. 多重 PCR 法快速检测副溶血性弧菌的原理，就是在同一个 PCR 反应管中，同时检测副溶血性弧菌________、________和________致病基因。

3. 副溶血性弧菌________基因可产生副溶血性弧菌促旋酶，该基因用于判断是否为副溶血性弧菌。

4. 副溶血性弧菌________和________致病基因分别产生耐热直接溶血素和耐热直接溶血素相关溶血素。

5. 琼脂糖凝胶电泳分析时，琼脂糖的浓度一般为____%～____%。

二、选择题

1. 副溶血弧菌培养液离心收集菌体一般采用________ r/min 转速。

A. 3 000　　B. 8 000　　C. 12 000　　D. 16 000

2. 提取的 DNA 非即时检验，放置________℃保存。

A. 4　　B. 20　　C. －20　　D. －86

3. 离心收集 DNA 一般采用________ r/min 转速。

A. 3 000　　B. 8 000　　C. 12 000　　D. 16 000

4. 多重 PCR 法快速检测水产调味品中的副溶血性弧菌使用的标准为________。

A. SN/T 4603—2016　　B. GB 4789.7—2013

C. GB/T 27403—2008　　D. GB 19489—2008

三、判断题

1. 运用琼脂糖凝胶电泳分析时，加入溴化乙锭的作用是作为显色剂。(　　)

2. 多重 PCR 法快速检测水产调味品中的副溶血性弧菌使用 2 对引物进行扩增。(　　)

3. 多重 PCR 法快速检测水产调味品中的副溶血性弧菌检验时间与传统检测方法类似，优点是特异性强、灵敏度高。(　　)

4. 多重 PCR 法快速检测水产调味品中的副溶血性弧菌是水产品中的副溶血弧菌快速检测专用方法，不适合农产品、畜产品样品的检测。(　　)

5. 在实际检测中，多重 PCR 法快速检测水产调味品中的副溶血性弧菌引物对的数量是可以不限的。（　　）

四、综合题

你还知道哪些分子生物学快速检测的方法？查阅相关方法原理、特点及适用对象等信息，用思维导图或表格的形式呈现出来，分享给大家。

技能操作

规范地完成多重 PCR 法快速检测水产调味品中的副溶血性弧菌。操作开始前请熟悉 PCR 仪的使用方法，操作过程中注意无菌操作和安全操作，及时填写记录(表 8-4)。多重 PCR 法快速检测水产调味品中的副溶血性弧菌评分见表 8-15。

表 8-14　多重 PCR 法快速检测水产调味品中的副溶血性弧菌记录单

<table>
<tr><td>姓名</td><td></td><td>学号</td><td></td><td>班级</td><td></td><td>组别</td><td></td></tr>
<tr><td colspan="2">检验项目及限值</td><td colspan="6"></td></tr>
<tr><td colspan="2" rowspan="4">检验准备</td><td>仪器</td><td colspan="5"></td></tr>
<tr><td>试剂</td><td colspan="5"></td></tr>
<tr><td>耗材</td><td colspan="5"></td></tr>
<tr><td>样品</td><td colspan="5"></td></tr>
<tr><td colspan="2">检验操作</td><td colspan="6">记录操作步骤</td></tr>
<tr><td rowspan="4">记录结果</td><td>扩增基因</td><td colspan="2">gyrase</td><td colspan="2">tdh</td><td colspan="2">trh</td></tr>
<tr><td>目标条带</td><td colspan="2"></td><td colspan="2"></td><td colspan="2"></td></tr>
<tr><td>单项检验结论</td><td colspan="6"></td></tr>
<tr><td colspan="3">检验人员：</td><td colspan="4">检验日期：</td></tr>
</table>

表 8-15　多重 PCR 法快速检测水产调味品中的副溶血性弧菌评分表

班级		姓名		学号		组别	
编号	配分	评分细则描述					得分
01	10	操作前准备	材料准备齐全,得 5 分 试剂核对全面,得 5 分				
02	20	样品的制备和增菌	称取(量取)准确、规范,得 5 分 均质样品均匀,得 5 分 无菌进行样品转移,得 5 分 均质液培养条件正确,得 5 分				
03	26	模板 DNA 提取	选择量程适宜的移液枪,移液枪使用规范,得 5 分 菌体离心转速、时间设置准确,得 5 分 无菌 ddH_2O 加入准确,得 2 分 采用细菌 DNA 提纯试剂盒抽提 DNA 操作规范,得 10 分 DNA 溶解完全,得 2 分 DNA 放置温度准确,得 2 分				
04	10	多重 PCR 反应	反应体系各成分加入准确、规范,得 5 分 使用 PCR 仪规范,反应程序设置熟练,得 5 分				
05	16	电泳检测	规范制胶,包括称量琼脂糖、量取缓冲液、加热溶解、选取合适制胶板和制胶梳、倒胶、拔梳,得 8 分 规范上样,移液器使用熟练、上样规范不外漏、加 Marker,得 6 分 电泳条件设置正确,得 2 分				
06	12	结果记录与报告	使用凝胶成像系统规范,电泳板放置正确,凝胶成像灯设置正确,得 4 分 及时拍照保存结果,得 2 分 准确分析判断结果,记录规范,得 4 分 检测结论表述正确,得 2 分				
07	6	职业素养	安全意识强,化学污染物处理得当,致病菌污染物及时灭活,及时清理台面,得 6 分				
合计得分							

项目九

罐头食品商业无菌检验

【项目背景】

罐头食品的原料经预处理装罐密封后，必须进行杀菌处理（通常采用热力杀菌），其目的是杀死污染原料中的致病菌、产毒菌及腐败菌，并破坏原料中的酶。由于杀菌后的罐头处于密闭条件下，可以防止外界微生物的二次污染，使罐头在产品有效期内保持质量稳定和良好的商业价值。目前国内外均以商业无菌来评价罐头食品加工的安全性。

课程思政
让中国罐头走向世界

【学习目标】

知识目标

1. 掌握商业无菌检验抽样方法
2. 熟悉商业无菌检验流程
3. 熟悉各检验指标具体要求
4. 了解罐头食品的分类及其与微生物的关系
5. 掌握低酸性罐头食品变质的原因和原因菌
6. 掌握酸性罐头食品变质的原因和原因菌

能力目标

1. 能够制定罐头食品商业无菌检验方案
2. 能够进行样品准备和标记
3. 能够进行保温操作、无菌开启、留样和保存
4. 能够进行感官检查和记录
5. 能够规范使用 pH 计测定 pH
6. 能够正确涂片、染色、镜检和记录结果
7. 能根据检验结果做出正确判断
8. 能对变质罐头食品进行原因分析

素质目标

1. 具有安全生产食品的社会责任感、法律与诚信意识
2. 具有严谨的科学态度与良好的职业道德

任务一　罐头食品商业无菌检验

任务描述

罐头生产企业要对生产的罐头产品进行商业无菌检验，检验合格后才能进入市场。罐头商业无菌的检验适用于各种密封容器包装的，包括玻璃瓶、金属罐、软包装，经过适度的热杀菌后达到商业无菌，在常温下能较长时间保存的罐头食品。那么商业无菌的标准是什么？如何检验呢？请查阅相关标准，进行标准解读后完成罐头食品商业无菌检验并提交报告单。

学习导图

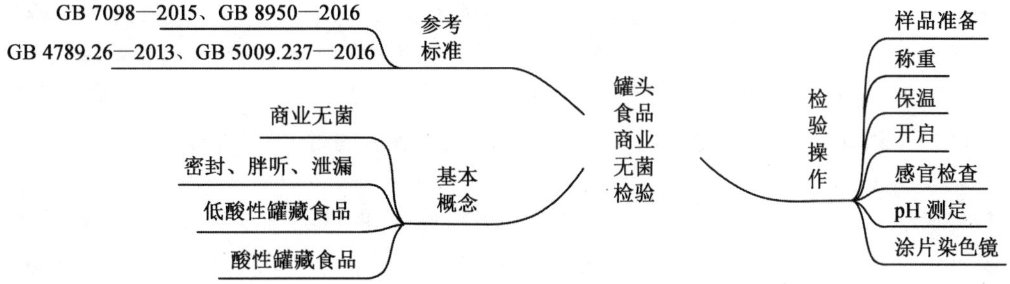

相关知识

一、参考标准

GB 7098—2015 食品安全国家标准　罐头食品

GB 8950—2016 食品安全国家标准　罐头食品生产卫生规范

GB 4789.26—2013 食品安全国家标准　食品微生物学检验　商业无菌检验

GB 5009.237—2016 食品安全国家标准　食品 pH 值的测定

二、基本概念

1. 商业无菌

商业无菌是指食品经适度的热杀菌以后，不含有致病的微生物，也不含有在通常温度下能在其中繁殖的非致病性微生物。在通常的商品流通及贮藏过程中，这些残留微生物或芽孢不能生长繁殖，不会引起食品腐败变质或因致病菌的毒素产生而影响人体健康。

2. 密封

密封是指食品容器经密闭后能阻止微生物进入的状态。

3. 胖听

胖听是指由于罐头内微生物活动或化学作用产生气体，形成正压，使一端或两端外凸的现象。

4. 泄漏

泄漏是指罐头密封结构有缺陷，或由于撞击而破坏密封，或罐壁腐蚀而穿孔致使微生物侵入的现象。

5. 低酸性罐藏食品

除酒精饮料以外，凡杀菌后平衡 pH 大于 4.6，水分活度大于 0.85 的罐藏食品，原来是低酸性的水果、蔬菜或蔬菜制品，为加热杀菌的需要而加酸降低 pH 的，属于酸化的低酸性罐藏食品。

6. 酸性罐藏食品

酸性罐藏食品指杀菌后平衡 pH 等于或小于 4.6 的罐藏食品。pH 小于 4.7 的番茄、梨和菠萝以及由其制成的汁，以及 pH 小于 4.9 的无花果均属于酸性罐藏食品。

三、抽样方法及数量

1. 按杀菌锅抽样

低酸性食品罐头在杀菌冷却完毕后每杀菌锅抽样 2 罐，3 kg 以上的大罐每锅抽 1 罐。

酸性食品罐头每杀菌锅抽 1 罐，一般一个班的产品组成一个检验批，将各锅的样罐组成一个样批送检，每批每个品种取样基数不得少于 3 罐。

产品如按锅划分堆放，在遇到由于杀菌操作不当引起问题时，也可以按锅处理。

2. 按生产班(批)次抽样

取样数为 1/6 000，尾数超过 2 000 者增取 1 罐，每班(批)每个品种不得少于 3 罐。

某些产品班产量较大，则以 30 000 罐为基数，其取样数按 1/6 000；超过 30 000 罐以上的按 1/20 000 计；尾数超过 4 000 罐者增取 1 罐。

个别产品产量过小，同品种同规格可合并班次为一批取样，但并班总数不超过 5 000 罐，每个批次取样数不得少于 3 罐。

四、检验原理

商业无菌的检验原理就是将密封完好的罐头置于一定温度下，培养一定时间后，观察是否出现胖听情况；同时开启胖听罐和(或)未胖听罐，与未处理罐头进行比较，分析其质地变化，测定 pH，并进行微生物的染色镜检观察，以判断罐头是否达到商业无菌。

任务实施

一、检验材料

(一)主要设备

冰箱(2～5℃)、恒温培养箱(36℃±1℃)、恒温水浴箱(55℃±1℃)、均质器及无菌均质袋、电位 pH 计(精确度 pH0.05 单位)、显微镜、开罐器、电子秤或台式天平、超净工作台等。

(二)主要培养基和试剂

无菌生理盐水、结晶紫染色液、二甲苯、含 4%碘的乙醇溶液(4 g 碘溶于 100 mL 的 70%乙醇溶液)等。

(三)主要器皿

10 mL(具 0.1 mL 刻度)吸管、载玻片、盖玻片、无菌毛巾等。

二、检验程序

商业无菌检验程序见图 9-1。

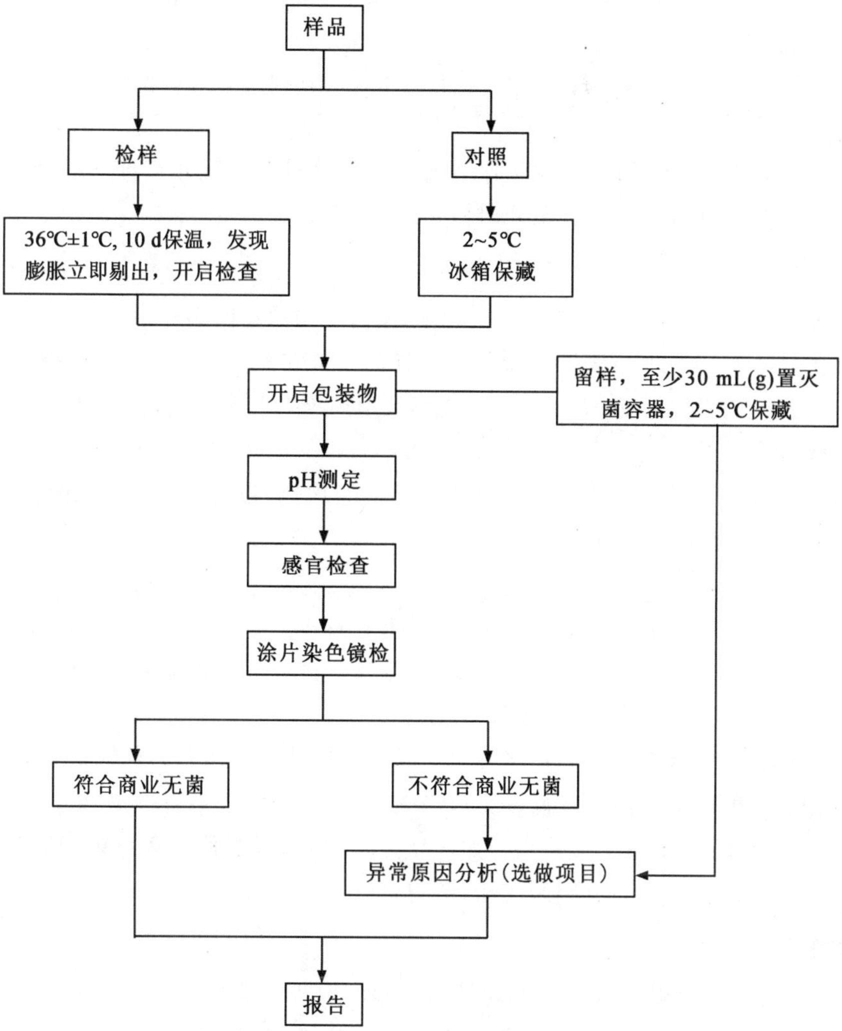

图 9-1　商业无菌检验程序

三、操作步骤

(一)样品准备

去除表面标签，在包装容器表面用防水的油性记号笔做好标记，并记录容器、编号、产品性状、泄漏情况，以及是否有小孔或锈蚀、压痕、膨胀及其他异常情况。

(二)称重

1 kg 及以下的包装物精确到 1 g，1 kg 以上的包装物精确到 2 g，10 kg 以上的包装物精确到 10 g，并记录。

(三)保温

每个批次取 1 个样品置 2～5℃冰箱保存作为对照，将其余样品在 36℃±1℃下保温 10 d。

> **特别提示：**保温过程中应每天检查，如有膨胀或泄漏现象，应立即剔出，开启检查。

保温结束时，再次称重并记录，比较保温前后样品重量有无变化。如有变轻，表明样品发生泄漏。将所有包装物置于室温直至开启检查。

(四)开启

如有膨胀的样品，则将样品先置于 2～5℃冰箱内冷藏数小时后开启。

未膨胀的样品先用冷水和洗涤剂清洗待检样品的光滑面，再用无菌毛巾擦干。以含 4%碘的乙醇溶液浸泡消毒光滑面 15 min 后用无菌毛巾擦干，在密闭罩内点燃至表面残余的碘乙醇溶液全部燃烧完。

膨胀样品以及采用易燃包装材料包装的样品不能灼烧，以含 4%碘的乙醇溶液浸泡消毒光滑面 30 min 后用无菌毛巾擦干。

> **特别提示：**严重膨胀样品可能会发生爆炸，喷出有毒物。可以采取在膨胀样品上盖一条灭菌毛巾或者用一个无菌漏斗倒扣在样品上等预防措施来防止这类危险的发生。

在超净工作台或百级洁净实验室中开启样品。带汤汁的样品开启前应适当振摇。使用无菌开罐器在消毒后的罐头光滑面开启一个适当大小的口，开罐时不得伤及卷边结构，每一个罐头单独使用一个开罐器，不得交叉使用。如样品为软包装，可以使用灭菌剪刀开启，不得损坏接口处。开启后立即在开口上方嗅闻气味，并记录。

(五)留样

开启后，用灭菌吸管或其他适当工具以无菌操作取出内容物至少 30 mL(g)至灭菌容器内，保存于 2～5℃冰箱中，在需要时可用于进一步试验，待该批样品得出检验结论后可弃去。开启后的样品可进行适当的保存，以备日后容器检查时使用。

(六)感官检查

在光线充足、空气清洁无异味的检验室中，将样品内容物倾入白色搪瓷盘内，对产品的组织、形态、色泽和气味等进行观察和嗅闻，按压食品检查产品性状，鉴别食品有无腐败变质的迹象，同时观察包装容器内部和外部的情况，并记录。

(七)pH 测定

1. 样品处理

液态制品混匀备用,有固相和液相的制品则取混匀的液相部分备用。

对于稠厚或半稠厚制品以及难以从中分出汁液的制品(如糖浆、果酱、果冻、油脂等),则取一部分样品在均质器或研钵中研磨,如果研磨后的样品仍太稠厚,可加入等量的无菌蒸馏水,混匀备用。

2. 测定

将电极插入被测试样液中,并将 pH 计的温度校正器调节到被测液的温度。如果仪器没有温度校正系统,被测试样液的温度应调到 20℃±2℃的范围之内,采用适合于所用 pH 计的步骤进行测定。当读数稳定后,从仪器的标度上直接读出 pH,精确到 0.05 pH 单位。

特别提示:同一个制备试样至少进行两次测定。两次测定结果之差应不超过 0.1 pH 单位。取两次测定的算术平均值作为结果,报告精确到 0.05 pH 单位。

3. 分析结果

与同批中冷藏保存对照样品相比,比较是否有显著差异。pH 相差 0.5 及以上判为显著差异。

(八)涂片染色镜检

1. 涂片

取样品内容物进行涂片。

特别提示:带汤汁的样品可用接种环挑取汤汁涂于载玻片上。
固态食品可直接涂片或用少量灭菌生理盐水稀释后涂片,待干后用火焰固定。
油脂性食品涂片自然干燥并火焰固定后,用二甲苯流洗,自然干燥。

2. 染色镜检

对做好的涂片用结晶紫染色液进行单染色,干燥后镜检,至少观察 5 个视野,记录菌体的形态特征以及每个视野的菌数。

与同批冷藏保存对照样品相比,判断是否有明显的微生物增殖现象。菌数有百倍或百倍以上的增长则判为明显增殖。

(九)结果判定

样品经保温试验未出现泄漏;保温后开启,经感官检验、pH 测定、涂片镜检,确证无微生物增殖现象,则可报告该样品为商业无菌。

样品经保温试验出现泄漏;保温后开启,经感官检验、pH 测定、涂片镜检,确证有微生物增殖现象,则可报告该样品为非商业无菌。

理论习题

一、填空题

1. 商业无菌是指食品经适度的热杀菌以后，不含有________微生物，也不含有在通常温度下能在其中繁殖的________微生物。

2. 低酸性罐藏食品是指除酒精饮料以外，凡杀菌后平衡 pH 大于________，水分活度大于________的罐藏食品。

3. 商业无菌检验保温步骤，每个批次取 1 个样品置________～________℃冰箱保存作为对照，将其余样品在________℃下保温________ d。

4. 商业无菌检验中进行样品表面消毒的消毒剂为________________。

二、选择题

1. 商业无菌检验时测定 pH 应采用的温度是________。

A. 25℃±2℃　　B. 20℃±2℃　　C. 常温即可　　D. 4℃±1℃

2. 商业无菌检验感官检查不包含________。

A. 对产品的组织、形态、色泽和气味等进行观察　　B. 嗅闻

C. 按压食品检查产品性状　　D. 测定 pH

3. 商业无菌检验中明显增殖的判断依据是与同批冷藏保存对照样品相比，________。

A. 菌数增长 2 倍　　B. 菌数增长 10 倍

C. 菌数增长 10^2 倍或以上　　D. 菌数增长 10^4 倍以上

4. 商业无菌检验中抽样数量一般不少于________个。

A. 1　　B. 2　　C. 8　　D. 30

三、判断题

1. 商业无菌是指产品中完全没有活的微生物。(　　)

2. 胖听是指由于罐头受热膨胀，形成正压，使一端或两端外凸的现象。(　　)

3. 将密封完好的罐头置于一定温度下一定时间后出现胖听的罐头一定不符合商业无菌。(　　)

4. 商业无菌检验必须留样。(　　)

5. 商业无菌检验中，发现膨胀的样品，须立即剔出，立即开启检验。(　　)

6. 样品经保温试验未出现泄漏；保温后开启，经感官检验、pH 测定、涂片镜检，确证无微生物增殖现象，则可报告该样品为商业无菌。(　　)

四、简答题

请以马口铁午餐肉罐头为例，简述罐头食品商业无菌检验开启样品前对样品表面消毒的目的、消毒方法和注意事项。

技能操作

在完成商业无菌检验的过程中填写表 9-1。

表 9-1　罐头商业无菌检验记录单

<table>
<tr><td colspan="2">班级</td><td colspan="2"></td><td colspan="2">姓名</td><td colspan="2"></td><td colspan="2">学号</td><td colspan="2"></td><td>组别</td><td></td></tr>
<tr><td colspan="4" rowspan="4">检验准备</td><td colspan="4">仪器</td><td colspan="6"></td></tr>
<tr><td colspan="4">试剂</td><td colspan="6"></td></tr>
<tr><td colspan="4">耗材</td><td colspan="6"></td></tr>
<tr><td colspan="4">样品</td><td colspan="6"></td></tr>
<tr><td colspan="4">检验操作步骤</td><td colspan="10"></td></tr>
<tr><td colspan="14">记　录　结　果</td></tr>
<tr><td colspan="2">采样日期</td><td colspan="2"></td><td colspan="3">检验日期</td><td colspan="2"></td><td colspan="3">样品规格</td><td colspan="2"></td></tr>
<tr><td colspan="2">检验依据</td><td colspan="2"></td><td colspan="3">检验数量</td><td colspan="2"></td><td colspan="3">温湿度</td><td colspan="2"></td></tr>
<tr><td colspan="2" rowspan="2">保温试验</td><td colspan="2">检查日期</td><td>d_1</td><td>d_2</td><td>d_3</td><td>d_4</td><td>d_5</td><td>d_6</td><td>d_7</td><td>d_8</td><td>d_9</td><td>d_{10}</td></tr>
<tr><td colspan="2">检查温度</td><td></td><td></td><td></td><td></td><td></td><td></td><td></td><td></td><td></td><td></td></tr>
<tr><td rowspan="2">样品序号</td><td colspan="10">样品变化情况</td><td>感官检查</td><td>pH</td><td>涂片镜检</td><td>结果判定</td></tr>
<tr><td>d_1</td><td>d_2</td><td>d_3</td><td>d_4</td><td>d_5</td><td>d_6</td><td>d_7</td><td>d_8</td><td>d_9</td><td>d_{10}</td><td></td><td></td><td></td><td></td></tr>
<tr><td>1</td><td></td><td></td><td></td><td></td><td></td><td></td><td></td><td></td><td></td><td></td><td></td><td></td><td></td><td></td></tr>
<tr><td>2</td><td></td><td></td><td></td><td></td><td></td><td></td><td></td><td></td><td></td><td></td><td></td><td></td><td></td><td></td></tr>
<tr><td>3</td><td></td><td></td><td></td><td></td><td></td><td></td><td></td><td></td><td></td><td></td><td></td><td></td><td></td><td></td></tr>
<tr><td>4</td><td></td><td></td><td></td><td></td><td></td><td></td><td></td><td></td><td></td><td></td><td></td><td></td><td></td><td></td></tr>
<tr><td>5</td><td></td><td></td><td></td><td></td><td></td><td></td><td></td><td></td><td></td><td></td><td></td><td></td><td></td><td></td></tr>
<tr><td>6</td><td></td><td></td><td></td><td></td><td></td><td></td><td></td><td></td><td></td><td></td><td></td><td></td><td></td><td></td></tr>
<tr><td>…</td><td></td><td></td><td></td><td></td><td></td><td></td><td></td><td></td><td></td><td></td><td></td><td></td><td></td><td></td></tr>
<tr><td colspan="2">判定与处理</td><td colspan="12"></td></tr>
<tr><td colspan="7">检验人员：</td><td colspan="7">检验日期：</td></tr>
</table>

罐头商业无菌检验操作考核点参考表 9-2。

表 9-2　罐头商业无菌检验评分表

姓名		学号		班级		组别	
编号	配分	评分细则描述					得分
01	8	样品准备	样品去除标签,做好标记,得 4 分 记录外观情况,得 4 分				
02	8	称重	根据样品质量,选择合适精度,得 4 分 准确称量,得 4 分				
03	12	保温	准确留样,得 4 分 样品保温温度设置合适,得 4 分 保温时长规划合适,得 4 分				
04	12	开启	膨胀样品正确冷藏,得 4 分 无菌操作台内正确开启,得 4 分 样品表面消毒正确,得 4 分				
05	8	留样	留样取样量准确,得 4 分 留样保存正确,得 4 分				
06	12	感官检查	观察和嗅闻操作正确,得 4 分 鉴别性状、鉴别有无变质正确,得 4 分 观察包装容器内外,得 4 分				
07	12	pH 测定	样品处理正确,测定温度适宜,得 4 分 pH 测定操作正确,读数精确到 0.05 pH 单位,得 4 分 有平行试验,且两次测定结果不超过 0.1pH 单位,得 4 分				
08	8	染色镜检	图片染色规范,得 4 分 镜检视野调节清晰,观察记录 5 个视野菌数及菌体形态,得 4 分				
09	20	结果分析与报告	感官检测结果描述准确,得 4 分 胀罐与泄漏与否记录清晰,得 4 分 pH 是否有显著差异,正确得 4 分 比较菌数是否有显著差异,正确得 4 分 检验结论表述符合要求,得 4 分				
合计得分							

任务二　分析罐头食品变质原因

任务描述

罐头食品在生产、运输及贮存过程中，由于工艺操作不当或受到外界因素影响，有可能出现酸败、霉变、胖听、泄漏等腐败变质现象，从而严重影响罐头食品的质量，危害人们的身体健康。那么引起罐头变质的原因有哪些？如何通过实验方法分析罐头变质的原因呢？请查阅相关标准，进行标准解读后完成罐头食品“异常原因分析”试验并提交报告单。

学习导图

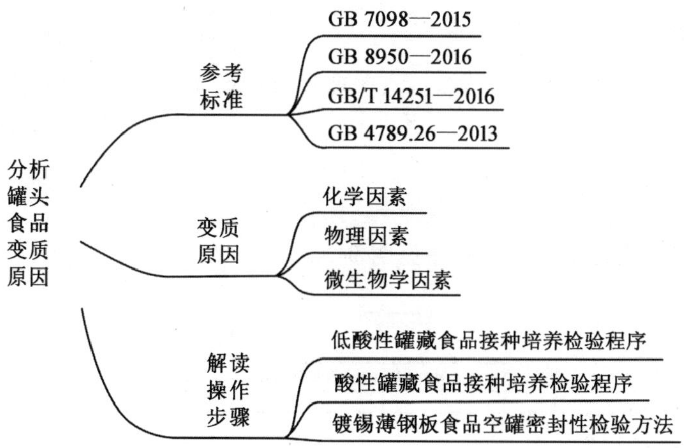

相关知识

一、参考资料

GB 7098—2015 食品安全国家标准　罐头食品

GB 8950—2016 食品安全国家标准　罐头食品生产卫生规范

GB/T 14251—2017 罐头食品金属容器通用技术要求

GB 4789.26—2013 食品安全国家标准　食品微生物学检验 商业无菌检验

二、引起罐头食品变质的原因

1. 化学因素

如中酸性罐头容器的马口铁与内容物相互作用引起的氢膨胀。

2. 物理因素

如贮存温度过高，排气不良，金属容器腐蚀穿孔等。

3. 微生物学因素

罐内污染了微生物而导致罐头变质。导致罐头食品败坏的微生物主要是某些耐热、嗜热并厌氧或兼性厌氧的微生物。对这些微生物的检验和控制在罐头工业中具有相当重要的意义。

任务实施

一、检验材料

(一)主要设备

恒温培养箱(30℃±1℃、36℃±1℃、55℃±1℃)、均质器及无菌均质袋、显微镜、开罐器、电子秤或台式天平、超净工作台、真空泵、空气压缩机等。

(二)主要培养基和试剂

溴甲酚紫葡萄糖肉汤、庖肉培养基、营养琼脂、酸性肉汤、麦芽浸膏汤、沙氏葡萄糖琼脂、肝小牛肉琼脂、革兰氏染色液等。

(三)主要器皿

10 mL(具 0.1 mL 刻度)吸管、载玻片、盖玻片、试管、培养皿、带橡胶圈的有机玻璃板、橡皮塞等。

二、检验程序

低酸性罐藏食品接种培养检验程序见图 9-2。

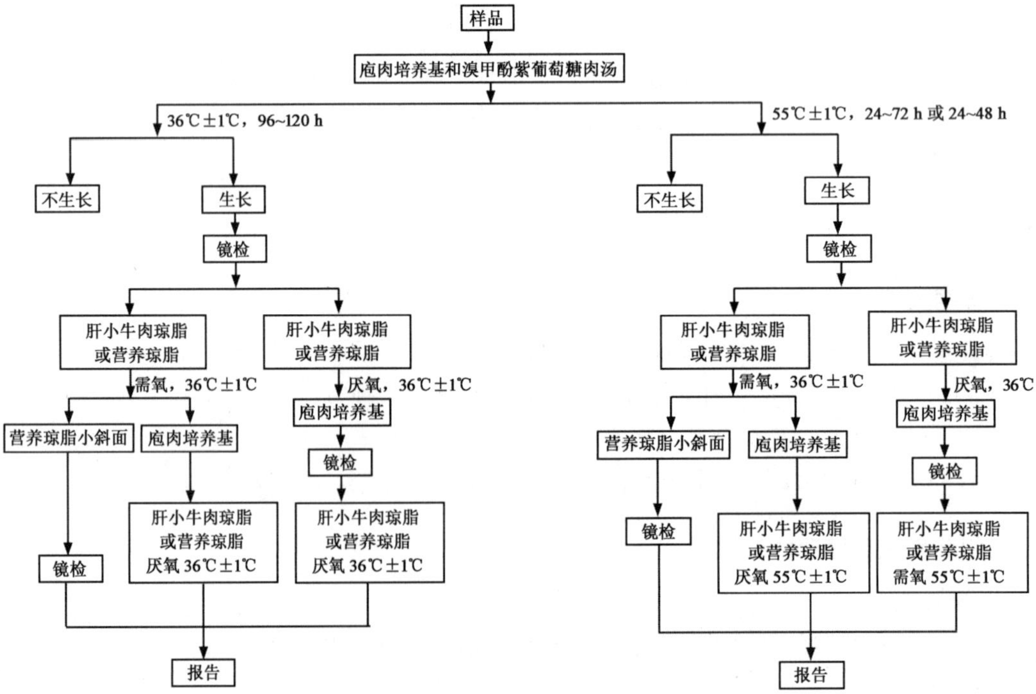

图 9-2　低酸性罐藏食品接种培养检验程序

酸性罐藏食品接种培养检验程序见图 9-3。

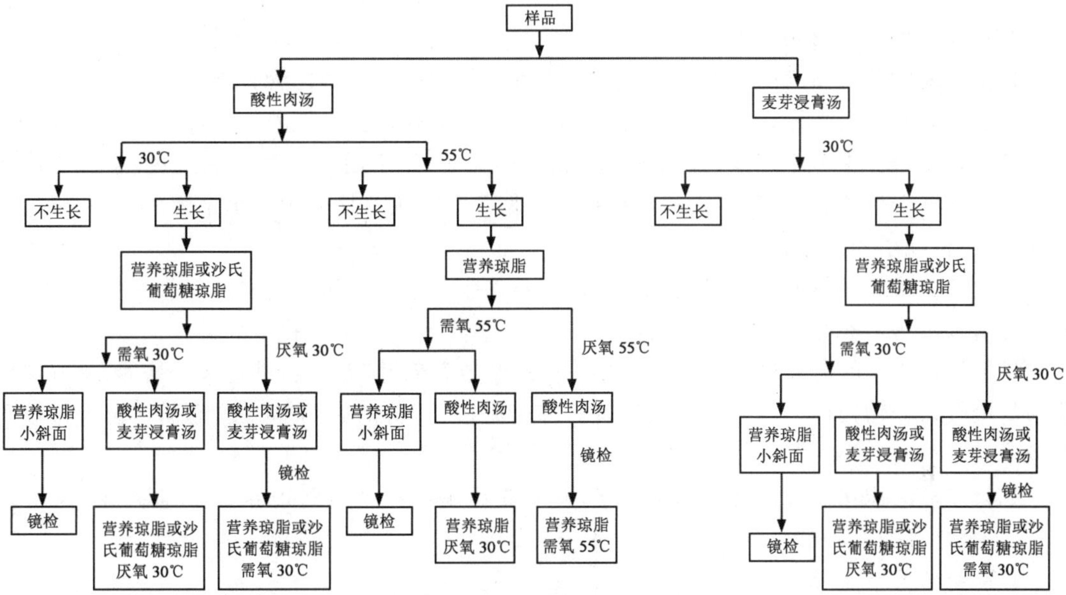

图 9-3　酸性罐藏食品接种培养检验程序

三、操作步骤

(一)低酸性罐藏食品(pH 大于 4.6)

1. 第一次培养和染色镜检

对低酸性罐藏食品，每份样品接种 4 管预先加热到 100℃ 并迅速冷却到室温的庖肉培养基内；同时接种 4 管溴甲酚紫葡萄糖肉汤。每管接种 1～2 mL 样品。

培养条件见表 9-3。

> **特别提示**：液体样品为 1～2 mL，固体为 1～2 g，两者皆有时，应各取一半。

表 9-3　低酸性罐藏食品(pH>4.6)接种的庖肉培养基和溴甲酚紫葡萄糖肉汤

培养基	管数	培养温度/℃	培养时间/h
庖肉培养基	2	36±1	96～120
庖肉培养基	2	55±1	24～72
溴甲酚紫葡萄糖肉汤	2	36±1	96～120
溴甲酚紫葡萄糖肉汤	2	55±1	24～48

经过表 9-3 规定的培养条件培养后，记录每管有无微生物生长。如果没有微生物生长，则记录后弃去。

如果有微生物生长，以接种环蘸取液体涂片，革兰氏染色镜检。

如在溴甲酚紫葡萄糖肉汤管中观察到不同的微生物形态或单一的球菌、真菌形态，则记录并弃去。在庖肉培养基中未发现杆菌，培养物内含有球菌、酵母、霉菌或其混合物，则记录并弃去。

2. 第二次培养和染色镜检

将溴甲酚紫葡萄糖肉汤和庖肉培养基中出现生长的其他各阳性管分别划线接种 2 块肝小牛肉琼脂或营养琼脂平板，一块平板作需氧培养，另一平板作厌氧培养。培养程序见图 9-2。

挑取需氧培养中单个菌落，接种于营养琼脂小斜面，用于后续的革兰氏染色镜检；挑取厌氧培养中的单个菌落涂片，革兰氏染色镜检。挑取需氧和厌氧培养中的单个菌落，接种于庖肉培养基，进行纯培养。

挑取营养琼脂小斜面和厌氧培养的庖肉培养基中的培养物涂片镜检。

3. 第三次培养和鉴别

挑取纯培养中的需氧培养物接种肝小牛肉琼脂或营养琼脂平板，进行厌氧培养；挑取纯培养中的厌氧培养物接种肝小牛肉琼脂或营养琼脂平板，进行需氧培养。以鉴别是否为兼性厌氧菌。

如果需检测梭状芽孢杆菌的肉毒毒素，挑取典型菌落接种庖肉培养基作纯培养。36℃培养 5 d，按照 GB/T 4789.12 进行肉毒毒素检验。

4. 分析结果

如果在膨胀的样品里没有发现微生物的生长，则膨胀可能是由于内容物和包装发生反应产生氢气造成的。产生氢气的量随贮存的时间长短和贮存条件而变化。填装过满也可能导致轻微的膨胀，可以通过称重来确定是否由于填装过满所致。

在直接涂片中看到有大量细菌的混合菌相，但是经培养后不生长，表明是杀菌前发生的腐败。密闭包装前细菌生长的结果，可导致产品的 pH、气味和组织形态呈现异常。

包装容器密封性良好时，在 36℃培养条件下若只有芽孢杆菌生长，且它们的耐热性不高于肉毒梭菌，则表明生产过程中杀菌不足。

培养出现杆菌和球菌、真菌的混合菌落，表明包装容器发生泄漏，也有可能是杀菌不足所致，但在这种情况下同批产品的膨胀率将很高。

在 36℃或 55℃溴甲酚紫葡萄糖肉汤培养观察产酸产气情况，如有产酸，表明是有嗜中温的微生物，如嗜温耐酸芽孢杆菌，或者嗜热微生物，如嗜热脂肪芽孢杆菌生长。

在 55℃的庖肉培养基上有细菌生长并产气，发出腐烂气味，表明样品腐败是由嗜热的厌氧梭菌所致。

在 36℃庖肉培养基上生长并产生带腐烂气味的气体，镜检可见芽孢，表明腐败可能是由肉毒梭菌、生孢梭菌或产气荚膜梭菌引起的。有需要可以进一步进行肉毒毒素检测。

(二)酸性罐藏食品的接种培养(pH 小于或等于 4.6)

1. 第一次培养和染色镜检

每份样品接种 4 管酸性肉汤和 2 管麦芽浸膏汤。每管接种 1～2 mL 样品。

培养条件见表 9-4。

特别提示：液体样品为 1～2 mL，固体为 1～2 g，两者皆有时，应各取一半。

表 9-4　酸性罐藏食品(pH≤4.6)接种的酸性肉汤和麦芽浸膏汤

培养基	管数	培养温度/℃	培养时间/h
酸性肉汤	2	55±1	48
酸性肉汤	2	30±1	96
麦芽浸膏汤	2	30±1	96

经过表 9-4 中规定的培养条件培养后，记录每管有无微生物生长。如果没有微生物生长，则记录后弃去。

对有微生物生长的培养管，取培养后的内容物的直接涂片，革兰氏染色镜检，记录观察到的微生物。

2. 第二次培养和染色镜检

如果在 30℃培养条件下在酸性肉汤或麦芽浸膏汤中有微生物生长，将各阳性管分别接种 2 块营养琼脂或沙氏葡萄糖琼脂平板，一块作需氧培养，另一块作厌氧培养。

如果在 55℃培养条件下，酸性肉汤中有微生物生长，将各阳性管分别接种 2 块营养琼脂平板，一块作需氧培养，另一块作厌氧培养。对有微生物生长的平板进行染色涂片镜检，并报告镜检所见微生物型别。培养程序见图 9-3。

3. 第三次培养和鉴别

挑取 30℃需氧培养的营养琼脂或沙氏葡萄糖琼脂平板中的单个菌落，接种营养琼脂小斜面，用于后续的革兰氏染色镜检。同时接种酸性肉汤或麦芽浸膏汤进行纯培养。

挑取 30℃厌氧培养的营养琼脂或沙氏葡萄糖琼脂平板中的单个菌落，接种酸性肉汤或麦芽浸膏汤进行纯培养。

挑取 55℃需氧培养的营养琼脂平板中的单个菌落，接种营养琼脂小斜面，用于后续的革兰氏染色镜检。同时接种酸性肉汤进行纯培养。

挑取 55℃厌氧培养的营养琼脂平板中的单个菌落，接种酸性肉汤进行纯培养。

挑取营养琼脂小斜面中的培养物涂片镜检。挑取 30℃厌氧培养的酸性肉汤或麦芽浸膏汤培养物和 55℃厌氧培养的酸性肉汤培养物涂片镜检。

将 30℃需氧培养的纯培养物接种于营养琼脂或沙氏葡萄糖琼脂平板中进行厌氧培养，将 30℃ 厌氧培养的纯培养物接种于营养琼脂或沙氏葡萄糖琼脂平板中进行需氧培养，将 55℃需氧培养的纯培养物接种于营养琼脂中进行厌氧培养，将 55℃厌氧培养的纯培养物接种于营养琼脂中进行需氧培养，以鉴别是否为兼性厌氧菌。

4. 分析结果

酸性罐藏食品的变质通常是无芽孢的乳杆菌和酵母所致。

一般 pH 低于 4.6 的情况下不会发生由芽孢杆菌引起的变质，但变质的番茄酱或番茄汁罐头并不出现膨胀，但有腐臭味，伴有或不伴有 pH 降低，一般是由于需氧的芽孢杆菌所致。

许多罐藏食品中含有嗜热菌，在正常的储存条件下不生长，但当产品暴露于较高的温度(50～55℃)时，嗜热菌就会生长并引起腐败。嗜热耐酸的芽孢杆菌和嗜热脂肪芽孢杆菌分别在酸性和低酸性的食品中引起腐败但是并不出现包装容器膨胀现象。在 55℃培养不会引起包装容器外观的改变，但会产生臭味，伴有或不伴有 pH 的降低。番茄、梨、无花果和菠萝等类罐头的腐败变质有时是由于巴斯德梭菌引起的。嗜热解糖梭状芽孢杆菌就是一种嗜热厌氧菌，能够引起膨胀和腐烂气味。

嗜热厌氧菌也能产气，由于细菌在开始生长之后迅速增殖，可能混淆膨胀是由于氢气引起的还是嗜热厌氧菌产气引起的。化学物质分解将产生二氧化碳，尤其是集中发生在含糖和一些酸的食品如番茄酱、糖蜜、甜馅和高糖的水果的罐头中。这种分解速度随着温度上升而加快。

灭菌的真空包装和正常的产品直接涂片，分离出任何微生物应该怀疑是实验室污染。为了证实是否实验室污染，在无菌的条件下接种该分离出的活的微生物到另一个正常的对照样品，密封，在 36℃培养 14 d。如果发生膨胀或产品变质，这些微生物就可能不是来自原始样品。如果样品仍然是平坦的，无菌操作打开样品包装并按上述步骤做再次培养；如果同一种微生物被再次发现并且产品是正常的，认为该产品商业无菌，因为这种微生物在正常的保存和运送过程中不生长。

如果食品本身发生混浊，肉汤培养可能得不出确定性结论，这种情况需进一步培养以确定是否有微生物生长。

（三）镀锡薄钢板食品空罐密封性检验方法

1. 减压试漏

将样品包装罐洗净，36℃烘干。在烘干的空罐内注入清水至容积的 80%～90%，将一带橡胶圈的有机玻璃板放置罐头开启端的卷边上，使其保持密封。启动真空泵，关闭放气阀，用手按住盖板，控制抽气，使真空表从 0 Pa 升到 6.8×10^4 Pa(510 mmHg)的时间在 1 min 以上，并保持此真空度 1 min 以上。倾斜并仔细观察罐体，尤其是卷边及焊缝处，有无气泡产生。凡同一部位连续产生气泡，应判断为泄漏，记录漏气的时间和真空度，并标注漏气部位。

2. 加压试漏

将样品包装罐洗净，36℃烘干。用橡皮塞将空罐的开孔塞紧，将空罐浸没在盛水玻璃缸中，开动空气压缩机，慢慢开启阀门，使罐内压力逐渐加大，直至压力升至 6.8×10^4 Pa 并保持 2 min。仔细观察罐体，尤其是卷边及焊缝处，有无气泡产生。凡同一部位连续产生气泡，应判断为泄漏，记录漏气开始的时间和压力，并标注漏气部位。

项目拓展

1. 生活指导

罐头因其特殊的加工技术可以长时间保存，因此受到消费者的广泛喜爱，但有时候我们也会遇到一些变质的罐头食品。请设计试验检验罐头食品是否变质，分析变质的原因，并为如何选择罐头食品提供建议。

2. 罐头食品商业无菌测定方法拓展

GB/T 10784—2006 罐头食品分类

GB/T 14251—2017 罐头食品金属容器通用技术要求

SN/T 2100—2008 罐头食品商业无菌快速检测方法

理论习题

一、填空题

1. 引起罐头食品变质的化学因素包括如中酸性罐头容器的马口铁与内容物相互作用引起的________。

2. 引起罐头食品变质的物理因素包括如贮存温度过高，排气不良，金属容器________等。

3. 引起罐头食品变质的微生物因素主要是罐内污染了微生物而导致罐头变质，导致罐头食品败坏的微生物主要是某些________________的微生物。

4. 对低酸性罐藏食品，第一次培养时，应每份样品接种4管预先加热到________℃并迅速冷却到室温的庖肉培养基内。

5. 在直接涂片中看到有大量细菌的混合菌相，但是经培养后不生长，原因可能是________________。

6. 在36℃庖肉培养基上生长并产生带腐烂气味的气体，镜检可见芽孢，表明腐败可能是由________、________或________引起的。

二、选择题

1. 分析罐头食品变质原因用不到的培养基有________。

A. 溴甲酚紫葡萄糖肉汤　　B. 庖肉培养基　　C. PDA培养基　　D. 营养琼脂

2. 对低酸性罐藏食品，第一次培养时，应接种庖肉培养基和________。

A. 溴甲酚紫葡萄糖肉汤　　B. 营养琼脂　　C. 酸性肉汤　　D. 麦芽浸膏汤

3. 包装容器密封性良好时，在36℃培养条件下若只有芽孢杆菌生长，且它们的耐热性不高于肉毒梭菌，则表明________。

A. 生产过程中杀菌不足　　B. 检验过程中污染芽孢杆菌

C. 外包装污染芽孢杆菌　　D. 不确定

三、判断题

1. 低酸性罐藏食品第一次培养时，如在溴甲酚紫葡萄糖肉汤管中观察到不同的微生物形态或单一的球菌、真菌形态，应记录并弃去。(　　)

2. 低酸性罐藏食品第二次培养时，将溴甲酚紫葡萄糖肉汤和庖肉培养基中出现生长的其他各阳性管分别划线接种2块肝小牛肉琼脂或麦芽浸膏汤。(　　)

3. 低酸性罐藏食品第二次培养时，转接新培养基后，应同时做需氧培养和厌氧培养。(　　)

4. 低酸性罐藏食品第三次培养时，如果需检测梭状芽孢杆菌的肉毒毒素，应接种营养琼脂作纯培养。(　　)

5. 如果在膨胀的样品里没有发现微生物的生长，肯定是检验不够仔细，需要重新检验。(　　)

四、综合题

1. 根据食品的pH及微生物的耐热性，可以将食品分成哪几类？每类食品的常见腐败菌有哪些？

2. 某香菇罐头进行商业无菌检验，在直接涂片中发现有大量细菌的混合菌相，但是经过培养后不生长，请分析可能是哪个生产环节发生的腐败？

技能操作

在分析罐头食品变质原因的过程中填写表 9-5、表 9-6，镀锡薄钢板食品空罐密封性检验见表 9-7，变质原因分析评分标准见表 9-8。

表 9-5　低酸性罐藏食品接种培养检验记录单

<table>
<tr><td colspan="2">班级</td><td></td><td colspan="4">姓名</td><td colspan="4"></td><td colspan="4">学号</td><td colspan="4"></td><td colspan="4">组别</td><td colspan="4"></td></tr>
<tr><td colspan="3">检验项目及限值</td><td colspan="24"></td></tr>
<tr><td colspan="2" rowspan="4">检验准备</td><td>仪器</td><td colspan="24"></td></tr>
<tr><td>试剂</td><td colspan="24"></td></tr>
<tr><td>耗材</td><td colspan="24"></td></tr>
<tr><td>样品</td><td colspan="24"></td></tr>
<tr><td colspan="2">检验操作步骤</td><td colspan="25"></td></tr>
<tr><td rowspan="12">记录结果</td><td rowspan="5">第一次培养结果</td><td rowspan="2">培养基</td><td colspan="6">庖肉培养基 A</td><td colspan="6">溴甲酚紫葡萄糖肉汤 A</td><td colspan="6">庖肉培养基 B</td><td colspan="6">溴甲酚紫葡萄糖肉汤 B</td></tr>
<tr><td colspan="3">1 管</td><td colspan="3">2 管</td><td colspan="3">1 管</td><td colspan="3">2 管</td><td colspan="3">1 管</td><td colspan="3">2 管</td><td colspan="3">1 管</td><td colspan="3">2 管</td></tr>
<tr><td>有无微生物生长</td><td colspan="3"></td><td colspan="3"></td><td colspan="3"></td><td colspan="3"></td><td colspan="3"></td><td colspan="3"></td><td colspan="3"></td><td colspan="3"></td></tr>
<tr><td>是否需要镜检</td><td colspan="3"></td><td colspan="3"></td><td colspan="3"></td><td colspan="3"></td><td colspan="3"></td><td colspan="3"></td><td colspan="3"></td><td colspan="3"></td></tr>
<tr><td>镜检结果</td><td colspan="3"></td><td colspan="3"></td><td colspan="3"></td><td colspan="3"></td><td colspan="3"></td><td colspan="3"></td><td colspan="3"></td><td colspan="3"></td></tr>
<tr><td rowspan="3">第二次培养结果</td><td>培养基</td><td colspan="4">营养琼脂小斜面 A</td><td colspan="4">庖肉培养基(需氧)A</td><td colspan="4">庖肉培养基(厌氧)A</td><td colspan="4">营养琼脂小斜面 B</td><td colspan="4">庖肉培养基(需氧)B</td><td colspan="4">庖肉培养基(厌氧)B</td></tr>
<tr><td>镜检结果</td><td colspan="4"></td><td colspan="4">—</td><td colspan="4"></td><td colspan="4"></td><td colspan="4">—</td><td colspan="4"></td></tr>
<tr><td>是否有纯培养物生长</td><td colspan="4">—</td><td colspan="4"></td><td colspan="4"></td><td colspan="4">—</td><td colspan="4"></td><td colspan="4"></td></tr>
<tr><td rowspan="2">第三次培养结果</td><td>培养基</td><td colspan="6">肝小牛肉琼脂或营养琼脂(厌氧)A</td><td colspan="6">肝小牛肉琼脂或营养琼脂(需氧)A</td><td colspan="6">肝小牛肉琼脂或营养琼脂(厌氧)B</td><td colspan="6">肝小牛肉琼脂或营养琼脂(需氧)B</td></tr>
<tr><td>培养结果</td><td colspan="6"></td><td colspan="6"></td><td colspan="6"></td><td colspan="6"></td></tr>
<tr><td>检验结论</td><td colspan="25"></td></tr>
<tr><td colspan="12">检验人员：</td><td colspan="14">检验日期：</td></tr>
</table>

表 9-6　酸性罐藏食品接种培养检验记录单

<table>
<tr><td colspan="3">班级</td><td></td><td>姓名</td><td></td><td>学号</td><td></td><td>组别</td><td colspan="3"></td></tr>
<tr><td colspan="4">检验项目及限值</td><td colspan="8"></td></tr>
<tr><td colspan="2" rowspan="4">检验准备</td><td>仪器</td><td colspan="9"></td></tr>
<tr><td>试剂</td><td colspan="9"></td></tr>
<tr><td>耗材</td><td colspan="9"></td></tr>
<tr><td>样品</td><td colspan="9"></td></tr>
<tr><td colspan="2">检验操作步骤</td><td colspan="10"></td></tr>
<tr><td rowspan="16">记录结果</td><td rowspan="5">第一次培养结果</td><td rowspan="2">培养基</td><td colspan="3">酸性肉汤 A</td><td colspan="3">酸性肉汤 B</td><td colspan="3">麦芽浸膏汤</td></tr>
<tr><td colspan="2">1 管</td><td>2 管</td><td colspan="2">1 管</td><td>2 管</td><td colspan="2">1 管</td><td>2 管</td></tr>
<tr><td>有无微生物生长</td><td colspan="2"></td><td></td><td colspan="2"></td><td></td><td colspan="2"></td><td></td></tr>
<tr><td>是否需要镜检</td><td colspan="2"></td><td></td><td colspan="2"></td><td></td><td colspan="2"></td><td></td></tr>
<tr><td>镜检结果</td><td colspan="2"></td><td></td><td colspan="2"></td><td></td><td colspan="2"></td><td></td></tr>
<tr><td rowspan="2">第二次培养结果</td><td>培养基</td><td colspan="2">营养琼脂或沙氏葡萄糖琼脂(需氧)A</td><td>营养琼脂或沙氏葡萄糖琼脂(厌氧)A</td><td colspan="2">营养琼脂平板(需氧)B</td><td>营养琼脂平板(厌氧)B</td><td colspan="2">营养琼脂或沙氏葡萄糖琼脂(需氧)C</td><td>营养琼脂或沙氏葡萄糖琼脂(厌氧)C</td></tr>
<tr><td>镜检结果</td><td colspan="2"></td><td></td><td colspan="2"></td><td></td><td colspan="2"></td><td></td></tr>
<tr><td rowspan="5">第三次培养结果</td><td>培养基</td><td>营养琼脂小斜面(需氧)A</td><td>酸性肉汤或麦芽浸膏汤(需氧)A</td><td>酸性肉汤或麦芽浸膏汤(厌氧)A</td><td>营养琼脂小斜面(需氧)B</td><td>酸性肉汤(需氧)B</td><td>酸性肉汤(厌氧)B</td><td>营养琼脂小斜面(需氧)C</td><td>酸性肉汤或麦芽浸膏汤(需氧)C</td><td>酸性肉汤或麦芽浸膏汤(厌氧)</td></tr>
<tr><td>镜检结果</td><td></td><td>—</td><td>—</td><td></td><td>—</td><td>—</td><td></td><td>—</td><td>—</td></tr>
<tr><td>培养结果</td><td>—</td><td></td><td></td><td>—</td><td></td><td></td><td>—</td><td></td><td></td></tr>
<tr><td></td><td></td><td>营养琼脂或沙氏葡萄糖琼脂(厌氧)A</td><td>营养琼脂或沙氏葡萄糖琼脂(需氧)A</td><td></td><td>营养琼脂(厌氧)B</td><td>营养琼脂(需氧)B</td><td></td><td>营养琼脂或沙氏葡萄糖琼脂(厌氧)C</td><td>营养琼脂或沙氏葡萄糖琼脂(需氧)C</td></tr>
<tr><td>培养结果</td><td></td><td></td><td></td><td></td><td></td><td></td><td></td><td></td><td></td></tr>
<tr><td>检验结论</td><td colspan="10"></td></tr>
<tr><td colspan="11">检验人员：　　　　　　　　　　　检验日期：</td></tr>
</table>

表 9-7　镀锡薄钢板食品空罐密封性检验

减压试漏		加压试漏	
有无气泡产生		有无气泡产生	
漏气时间		漏气时间	
真空度		压力	
漏气部位		漏气部位	
检验结论			
检验人员		检验日期	

表 9-8　分析罐头食品变质原因评分表

班级		姓名		学号		组别	
编号	配分	评分细则描述					得分
01	25	第一次培养	根据低酸性、酸性样品不同,培养基选用正确,得 5 分 接种操作正确,得 5 分 典型菌落辨认准确,得 5 分 染色镜检操作规范,得 5 分 镜检视野调节清晰,观察记录 5 个视野菌数及菌体形态,得 5 分				
02	25	第二次培养	培养基选用正确,得 5 分 接种操作正确,得 5 分 染色镜检操作规范,得 5 分 镜检视野调节清晰,观察记录 5 个视野菌数及菌体形态,得 5 分 好氧厌氧培养正确,得 5 分				
03	25	第三次培养	培养基选用正确,得 5 分 接种操作正确,得 5 分 染色镜检操作规范,得 5 分 镜检视野调节清晰,观察记录 5 个视野菌数及菌体形态,得 5 分 好氧厌氧培养正确,得 5 分				
04	8	操作熟练	操作熟练,得 8 分				
05	7	原始记录	检测结果直接填入记录表,得 3 分 空缺项规范用"/"表示,得 1 分 记录表无修改,得 3 分				
06	6	结果报告	检测结论表述正确,得 6 分				
07	4	职业素养	团队协作,分工清晰,得 2 分 及时清理台面,清洗物品,得 2 分				
合计得分							

项目十

生活饮用水微生物检验

【项目背景】

水的卫生质量与人类健康息息相关，但水也是微生物广泛分布的天然环境，是食品的重要微生物污染源。在我国的食品安全相关标准中规定食品加工企业用水应符合生活饮用水卫生标准。食品加工企业为保障食品卫生质量，须定期对生产用水进行常规指标检验，其中微生物指标有 4 项，即总大肠菌群、耐热大肠菌群、大肠埃希氏菌和菌落总数。

【学习目标】

知识目标

1. 了解生活饮用水微生物指标限量要求

2. 理解生活饮用水各项微生物指标检验的原理

3. 清晰地表达出测定菌落总数、总大肠菌群、耐热大肠菌群和大肠埃希氏菌步骤

4. 清晰地表达出菌落总数计数规则和结果的报告方法，清晰地表达出总大肠菌群、耐热大肠菌群、大肠埃希氏菌测定结果观察与报告方法

能力目标

1. 规范完成生活饮用水中菌落总数、总大肠菌群、耐热大肠菌群和大肠埃希氏菌的检验，包括样品制备、梯度稀释、接种、培养、鉴定等操作。

2. 按照菌落计数规则进行菌落总数的计数，按照 MPN 检索表规范查表计数，会换算总大肠菌群、耐热大肠菌群和大肠埃希氏菌计数结果，规范报告定性、定量结果，并正确运用其检验结果判定水质质量

素质目标

1. 锻炼团队合作与互助的优秀品德

2. 养成无菌操作、规范操作、安全操作的良好习惯

任务一　生活饮用水菌落总数测定

任务描述

食品加工企业应定期对生产用水进行常规指标检验，微生物检验指标之一——菌落总数是必检项目。菌落总数符合要求的水才可用于食品的生产加工。生活饮用水和水源水的菌落总数如何测定？请查阅相关标准，进行标准解读后完成生活饮用水和水源水的菌落总数测定。

学习导图

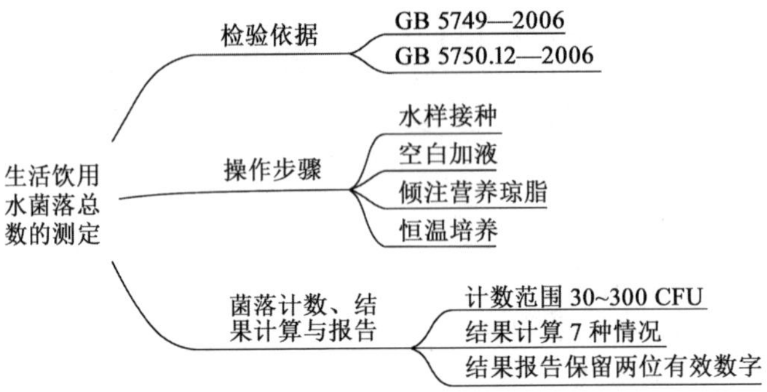

相关知识

一、参考标准

GB 5749—2006 生活饮用水卫生标准

GB/T 5750.12—2006 生活饮用水标准检验方法　微生物指标

二、生活饮用水菌落总数限量

生活饮用水是指由集中式供水单位直接供给居民的饮水和生活用水，该水的水质必须确保居民饮用安全。

生活饮用水菌落总数应符合 GB 5749—2006 生活饮用水卫生标准中规定的限量，菌落总数限量值为 100 CFU/mL，采用 GB /T 5750.12 进行检验（表 10-1）。

表 10-1　生活饮用水菌落总数限值

项目	限值/(CFU/mL)	检验方法
菌落总数	≤100	GB/T 5750 .12

三、生活饮用水中的菌落总数

（一）饮用水菌落总数的概念

菌落总数是指水样在营养琼脂上有氧条件下 37℃ 培养 48 h 后，所得 1 mL 水样所含菌落的总数。

菌落总数是测定水中需氧菌、兼性厌氧菌和异氧菌密度的方法。因为细菌能以单独个体、成双成对、链状、成簇等形式存在，而且没有任何单独一种培养基能满足一个水样中所有细菌的生理要求，所以，由此法所得的菌落可能要低于真正存在的细菌的总数。此法主要作为判定饮用水、水源水等污染程度的标志。

(二)饮用水菌落总数检验原理

水样(水源水需稀释)悬液中的微生物充分分散后，定量接种 1 mL 到平皿中，与培养基充分混匀，微生物在培养基中分散而呈单个(理想状态下)存在，一个菌体长出一个肉眼可见的菌落，计算菌落数可推出菌体数，最终以菌落形成单位数(CFU)报告。

任务实施

一、检验材料

(一)主要设备

恒温培养箱(36℃±1℃)、恒温水浴锅(46℃±1℃)、旋涡振荡器、菌落计数器等。

(二)主要培养基和试剂

营养琼脂培养基、磷酸盐缓冲液、无菌生理盐水等。

(三)主要器皿

1 mL(具 0.01 mL 刻度)吸管、250 mL 锥形瓶、500 mL 锥形瓶、直径 90 mm 培养皿。

二、检验程序

菌落总数检验程序见图 10-1。

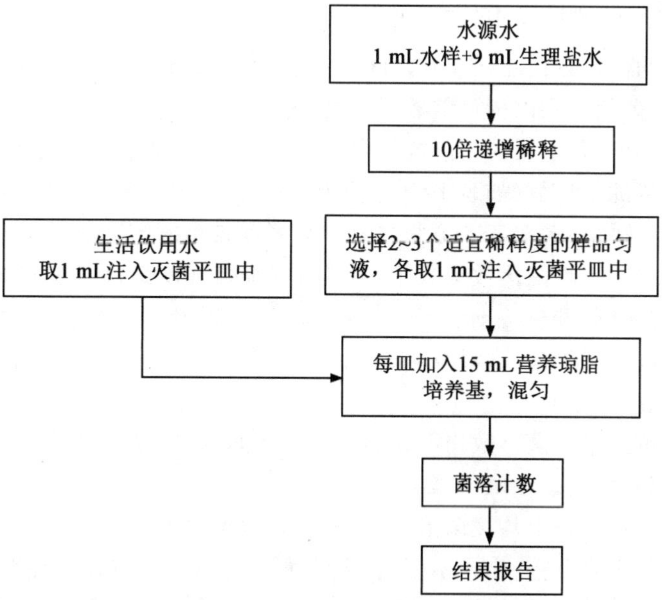

图 10-1　生活饮用水及水源水菌落总数检验程序图

三、操作步骤

(一)检验操作

1. 生活饮用水检验操作

生活饮用水
菌落总数测定

以无菌操作方法用灭菌吸管吸取 1 mL 充分混匀的水样,注入灭菌平皿中,倾注约 15 mL 已熔化并冷却到 45℃左右的营养琼脂培养基,并立即旋摇平皿,使水样与培养基充分混匀。每次检验时应做一平行接种,同时另用一个平皿只倾注营养琼脂培养基作为空白对照。

待冷却凝固后,翻转平皿,使底面向上,置于 36℃±1℃ 培养箱内培养 48 h,进行菌落计数,即为 1 mL 水样中的菌落总数。

2. 水源水检验操作

以无菌操作方法吸取 1 mL 充分混匀的水源水样,注入盛有 9 mL 灭菌生理盐水的试管中,混匀制成 1∶10 稀释液。吸取 1∶10 的稀释液 1 mL 注入盛有 9 mL 灭菌生理盐水的试管中,混匀制成 1∶10 稀释液。按同法依次稀释成 1∶100 ,1∶1000 稀释液等备用。如此递增稀释一次,必须更换一支 1 mL 灭菌吸管。用灭菌吸管取未稀释的水样和 2～3 个适宜稀释度的水样 1 mL,分别注入灭菌平皿内,以下操作同生活饮用水的检验步骤。

(二)菌落计数及报告方法

平皿菌落计数时,可用眼睛直接观察,必要时用放大镜检查,以防遗漏。在记下各平皿的菌落数后,应求出同稀释度的平均菌落数,供下一步计算时应用。在求同稀释度的平均数时,若其中一个平皿有较大片状菌落生长时,则不宜采用,而应以无片状菌落生长的平皿作为该稀释度的平均菌落数。若片状菌落不到平皿的一半,而其余一半中菌落数分布又很均匀,则可将此半皿计数后乘 2 以代表全皿菌落数,然后再求该稀释度的平均菌落数。

(三)不同稀释度的选择及报告方法

1. 首先选择平均菌落数在 30～300 之间者进行计算,若只有一个稀释度的平均菌落数符合此范围时,则将该菌落数乘以稀释倍数报告之(见表 10-2 中实例 1)。

2. 若有两个稀释度,其生长的菌落数均在 30～300 之间,则视二者之比值来决定。若其比值小于 2 应报告两者的平均数(如表 10-2 中实例 2);若大于 2 则报告其中稀释度较小的菌落总数(如表 10-2 中实例 3);若等于 2 亦报告其中稀释度较小的菌落数(见表 10-2 中实例 4)。

3. 若所有稀释度的平均菌落数均大于 300,则应按稀释度最高的平均菌落数乘以稀释倍数报告之(见表 10-2 中实例 5)。

4. 若所有稀释度的平均菌落数均小于 30,则应按稀释度最低的平均菌落数乘以稀释倍数报告之(见表 10-2 中实例 6)。

5. 若所有稀释度的平均菌落数均不在 30～300 之间,则应以最接近 30 或 300 的平均菌落数乘以稀释倍数报告之(见表 10-2 中实例 7)。

6. 若所有稀释度的平板上均无菌落生长,则以未检出报告之。

7. 如果所有平板上都菌落密布,不要用“多不可计”报告,而应在稀释度最大的平板上,任意数其中 2 个平板 1 cm^2 中的菌落数,除以 2 求出每平方厘米内平均菌落数,乘以皿底面积 63.6 cm^2,再乘其稀释倍数作报告。

8.菌落计数的报告：菌落数在100以内时按实有数报告，大于100时，采用两位有效数字，在两位有效数字后面的数值，以四舍五入方法计算，为了缩短数字后面的零数也可用10的指数来表示（见表10-2“报告方式”栏）。

表10-2　稀释度选择及菌落总数报告方式

实例	不同稀释度的平均菌落数			两个稀释度菌落数之比	菌落总数/(CFU/mL)	报告方式/(CFU/mL)
	10^{-1}	10^{-2}	10^{-3}			
1	1 365	164	20	—	16 400	16 000
2	2 760	295	46	1.6	37 750	38 000
3	2 890	271	60	2.2	27 100	27 000
4	150	30	8	2	1 500	1 500
5	多不可计	1 650	513	—	513 000	510 000
6	27	11	5	—	270	270
7	多不可计	305	12	—	30 500	31 000

任务二　生活饮用水总大肠菌群检验

任务描述

总大肠菌群既包括存在于人及动物粪便的大肠菌群，也包括存在于其他环境中的大肠菌群，这些细菌都可随人畜排泄物进入水源。生活饮用水中总大肠菌群的数量，是直接反映生活饮用水被人畜排泄物污染的一项重要指标。食品加工企业须定期对生产用水进行总大肠菌群检验，未检出总大肠菌群的水才能用于食品生产加工。生活饮用水及其他水源水中总大肠菌群如何进行检验？有几种检验方法？常用哪种方法检验？请查阅相关标准，进行标准解读后完成生活饮用水及其他水源水中总大肠菌群检验。

学习导图

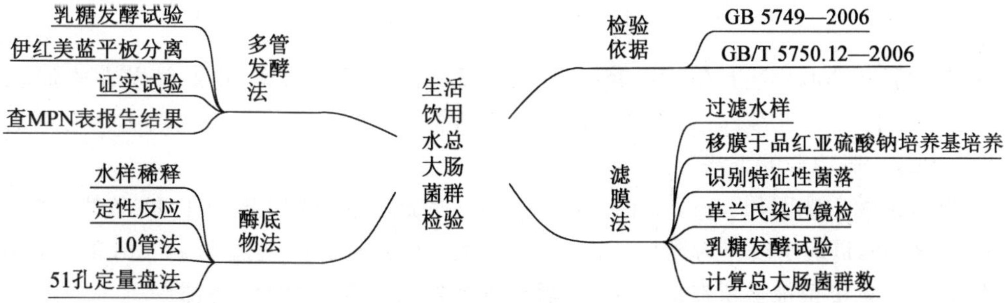

相关知识

一、参考标准

GB 5749—2006 生活饮用水卫生标准

GB/T 5750.12—2006 生活饮用水标准检验方法　微生物指标

二、生活饮用水总大肠菌群限量

生活饮用水总大肠菌群测定方法有多管发酵法、滤膜法、酶底物法 3 种。其中多管发酵法常用。

依据 GB 5749—2006 生活饮用水卫生标准，生活饮用水总大肠菌群检验方法和限量值见表 10-3。

表 10-3　生活饮用水总大肠菌群限值

项目	限值/(MPN/100 mL 或 CFU/100 mL)	检验方法
总大肠菌群	不得检出	GB/T 5750.12

三、总大肠菌群检验方法

(一)总大肠菌群的概念

总大肠菌群是指一群在 37℃培养 24 h 能发酵乳糖、产酸产气、需氧和兼性厌氧的革兰氏阴性无芽孢杆菌。

水的总大肠菌群是指 100 mL 水样中含有的总大肠菌群数，以总大肠菌群最近似数(MPN)表示。

(二)总大肠菌群的检验方法

1. 多管发酵法

水中总大肠菌群的数量，是直接反映水源被人畜排泄物污染的一项重要指标。MPN 法是统计学和微生物学结合的一种定量检测法。待测样品经系列稀释并培养后，根据其未生长的最低稀释度与生长的最高稀释度，应用统计学概率论推算出待测水样中总大肠菌群的最大可能数。

2. 滤膜法

(1)总大肠菌群滤膜法是指用孔径 0.45 μm 微孔滤膜过滤水样，将滤膜贴在添加乳糖的选择性培养基上 37℃培养 24 h，能形成特性菌落的需氧和兼性厌氧的革兰氏阴性无芽孢杆菌以检测水中总大肠菌群的方法。

(2)以疏水物质在面积 5 cm^2、孔径为 0.45 μm 的滤膜上，横竖各刻印 40 条线，将滤膜分为 1 600 个小格，以疏水线作为栅栏，防止菌落扩散。样品稀释液通过 0.45 μm 的 HGMF 滤膜过滤，样品中的细菌被截留在滤膜上，然后根据所需检验菌的特性，将滤膜置于添加乳糖的选择培养基上培养 24～48 h，阳性结果即可通过菌落显色而进行鉴定。根据阳性菌落数查“阳性菌落数与单位生长最近似值换算表”即可得出单位样品中大肠菌群的 MPN。

本法可在 24～30 h 得出结果，大肠菌群准确率为 100%，无假阳性。该法优点在于只使用单一的稀释度，大大减少了检验过程中的随机误差和系统误差；在过滤时除掉了所含的一些固体物质以及一些不利于细菌生长的可溶性物质，便于细菌的生长。因为滤膜先在营养琼脂上培养 4～5 h，再转移到选择性培养基，使受伤细菌得以恢复，因此缩短了检出时间，提高了灵敏度。

3. 酶底物法

总大肠菌群酶底物法是指在选择性培养基上能产生 β-半乳糖苷酶的细菌群组。该细菌群组能分解色原底物释放出色原体使培养基呈现颜色变化，以此技术来检测水中总大肠菌群的方法。该方法可在 24 h 内判定水样中是否含有总大肠菌群及含有的总大肠菌群的最可能数。

任务实施

一、多管发酵法检验生活饮用水中总大肠菌群

（一）检验材料

1. 主要设备

恒温培养箱（36℃±1℃）、旋涡振荡器、显微镜等。

2. 主要培养基和试剂

双料乳糖蛋白胨培养液、单料乳糖蛋白胨培养液、伊红美蓝培养基（EMB）、革兰氏染色液、磷酸盐缓冲液、无菌生理盐水等。

3. 主要器皿

1 mL（具 0.01 mL 刻度）吸管、10 mL（具 0.1 mL 刻度）吸管、250 mL 锥形瓶、500 mL 锥形瓶、直径 90 mm 培养皿。

（二）检验程序

总大肠菌群检验程序见图 10-2。

（三）操作步骤

1. 乳糖发酵试验

乳糖发酵试验

取 10 mL 水样接种到 10 mL 双料乳糖蛋白胨培养液中，取 1 mL 水样接种到 10 mL 单料乳糖蛋白胨培养液中，另取 1 mL 水样注入 9 mL 灭菌生理盐水中，混匀后吸取 1 mL（即 0.1 mL 水样）注入到 10 mL 单料乳糖蛋白胨培养液中，每一稀释度接种 5 管。

对已处理过的出厂自来水，需经常检验或每天检验一次的，可接种 5 份 10 mL 水样双料培养基，每份接种 10 mL 水样。

检验水源水时，如污染较严重，应加大稀释度，可接种 1，0.1，0.01 mL 甚至 0.1，0.01，0.001 mL，每个稀释度接种 5 管，每个水样共接种 15 管。接种 1 mL 以下水样时，必须作 10 倍递增稀释后，取 1 mL 接种，每递增稀释一次，换用 1 支 1 mL 灭菌刻度吸管。

将接种管置 36℃±1℃ 培养箱内，培养 24 h±2 h，如所有乳糖蛋白胨培养管都不产气产酸，则可报告为总大肠菌群阴性，如有产酸产气者，则按下列步骤进行。

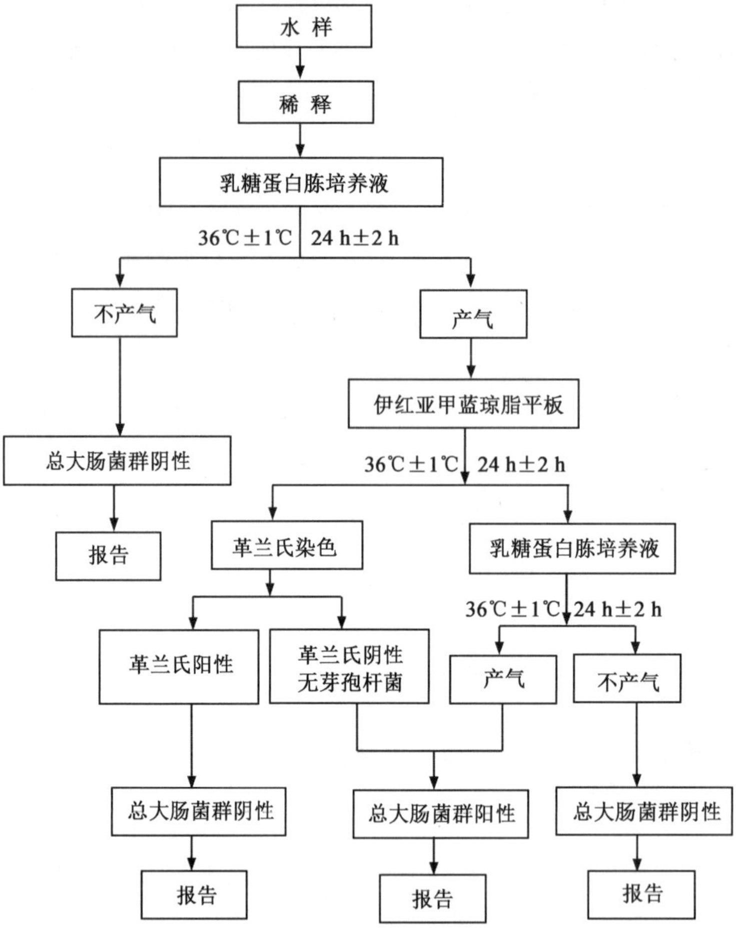

图 10-2 生活饮用水及水源水总大肠菌群检验程序图

2. 分离培养

将产酸产气的发酵管分别转种在伊红美蓝琼脂平板上，于 36℃±1℃培养箱内培养 18～24 h，观察菌落形态，挑取符合下列特征的菌落作革兰氏染色、镜检和证实试验、深紫黑色、具有金属光泽的菌落；紫黑色、不带或略带金属光泽的菌落；淡紫红色、中心较深的菌落。

分离培养

3. 证实试验

经上述染色镜检为革兰氏阴性无芽孢杆菌，同时接种乳糖蛋白胨培养液，置 36℃±1℃培养箱中培养 24 h±2 h，有产酸产气者，即证实有总大肠菌群存在。

证实试验

(四)结果报告

根据证实为总大肠菌群阳性的管数，查 MPN 检索表，报告每 100 mL 水样中的总大肠菌群最可能数(MPN)值。5 管法结果见表 10-4，15 管法结果见附录Ⅳ。稀释样品查表后所得结果应乘稀释倍数。如所有乳糖发酵管均阴性时，可报告总大肠菌群未检出。

表 10-4　用 5 份 10 mL 水样时各种阳性和阴性结果组合时的最可能数(MPN)

5 个 10 mL 管中阳性管数	最可能数/(MPN)	5 个 10 mL 管中阳性管数	最可能数/(MPN)
0	<2.2	3	9.2
1	2.2	4	16.0
2	5.1	5	>16

二、滤膜法检验生活饮用水中总大肠菌群

(一)检验材料

1. 主要设备

恒温培养箱(36℃±1℃)、恒温水浴锅、显微镜等。

2. 主要培养基和试剂

品红亚硫酸钠培养基、乳糖蛋白胨培养液、磷酸盐缓冲液、无菌生理盐水、革兰氏染色液等。

3. 主要器皿

细菌滤器(0.45 μm)、无菌滤膜、直径 90 mm 培养皿、烧杯(250 mL)、1 mL(具 0.01 mL 刻度)吸管、10 mL(具 0.1 mL 刻度)吸管、250 mL 锥形瓶、500 mL 锥形瓶。

(二)操作步骤

1. 准备工作

(1)滤膜灭菌　将滤膜放入烧杯中,加入蒸馏水,置于沸水浴中煮沸灭菌 3 次,每次 15 min。前两次煮沸后需要更换洗涤 2～3 次,以除去残留溶剂。

(2)滤器灭菌　用点燃的酒精棉球火焰灭菌,也可用蒸汽灭菌器 103.43 kPa(121℃, 15 lb)高压灭菌 20 min。

2. 过滤水样

用无菌镊子夹取灭菌滤膜边缘部分,将粗糙面向上,贴放在已灭菌的滤床上,固定好滤器,将 100 mL 水样(如水样含菌数多,可减少过滤水样量,或将水样稀释)注入滤器中,打开滤器阀门,在 -5.07×10^4 Pa(负 0.5 大气压)下抽滤。

3. 培养

水样滤完后,再抽气约 5 s,关上滤器阀门,取下滤器,用火菌镊子夹取滤膜边缘部分,移放在品红亚硫酸钠培养基上,滤膜截留细菌面向上,滤膜应与培养基完全贴紧,两者间不得留有气泡,然后将平皿倒置,放入 37℃恒温箱内培养 24 h±2 h。

(三)结果观察与报告

挑取符合下列特征的菌落进行革兰氏染色、镜检:紫红色、具有金属光泽的菌落;深红色、不带或略带金属光泽的菌落;淡红色、中心较深的菌落。

1. 凡革兰氏染色为阴性的无芽孢杆菌,再接种乳糖蛋白胨培养液,于 37℃培养 24 h,有产酸产气者,则判定为总大肠菌群阳性。

2. 按下式计算滤膜上生长的总大肠菌群数,以每 100 mL 水样中的总大肠菌群菌落数(CFU/100 mL)报告之。

$$总大肠菌群菌落数(CFU/100\ mL)=\frac{数出的总大肠菌群菌落数\times 100}{过滤的水样体积(mL)}$$

三、酶底物法检验生活饮用水中总大肠菌群

(一)检验材料

1. 主要设备

恒温培养箱(36℃±1℃)、51孔定量盘、程控定量封口机等。

2. 主要培养基和试剂

MMO-MUG培养基、磷酸盐缓冲液、无菌生理盐水等。

3. 主要器皿

试管(15 mm×10 cm)、1 mL(具0.01 mL刻度)吸管、10 mL(具0.1 mL刻度)吸管、250 mL锥形瓶、500 mL锥形瓶。

(二)操作步骤

1. 水样稀释

检测所需水样为100 mL。若水样污染严重，可对水样进行稀释。取10 mL水样加到90 mL灭菌生理盐水中，必要时可加大稀释度。

2. 定性反应

用100 mL的无菌稀释瓶量取100 mL水样，加入2.7 g±0.5 g MMO-MUG培养基粉末，混摇均匀使之完全溶解后，放入36℃±1℃的培养箱内培养24 h。

3. 10管法

(1)用100 mL的无菌稀释瓶量取100 mL水样，加入2.7 g±0.5 g MMO-MUG培养基粉末，混摇均匀使之完全溶解。

(2)准备10支15 mm×10 cm或适当大小的灭菌试管，用无菌吸管分别从前述稀释瓶中吸取10 mL水样至各试管中，放入36℃±1℃的培养箱内培养24 h。

4. 51孔定量盘法

(1)用100 mL的无菌稀释瓶量取100 mL水样，加入2.7 g±0.5 g MMO-MUG培养基粉末，混摇均匀使之完全溶解。

(2)将前述100 mL水样全部倒入51孔无菌定量盘内，以手抚平定量盘背面以赶除孔穴内气泡，然后用程控定量封口机封口，放入36℃±1℃的培养箱内培养24 h。

(三)结果报告

1. 结果判读

将水样培养24 h后进行结果判读，如果结果为可疑阳性，可延长培养时间到28 h进行结果判读，超过28 h之后出现的颜色反应不作为阳性结果。

2. 定性反应

水样经24 h培养后如果颜色变成黄色，判定为阳性反应，表示水中含有总大肠菌群。水样颜色未发生变化，判定为阴性反应。定性反应结果以总大肠菌群检出或未检出报告。

3. 10管法

(1)将培养24 h后的试管取出观察，如果试管内水样变成黄色则表示该试管含有总大肠

菌群。

(2)计算有黄色反应的试管数，对照表 10-5 查出其代表的总大肠菌群最可能数(MPN)。结果以 MPN/100 mL 表示。如所有管未产生黄色，则可报告总大肠菌群未检出。

表 10-5　10 管法不同阳性结果的最可能数(MPN)及 95%可信范围

阳性管数	总大肠菌群/(MPN/100 mL)	95%可信范围	
		下限	上限
0	<1.1	0.0	3.0
1	1.1	0.03	5.9
2	2.2	0.26	8.1
3	3.6	0.69	10.6
4	5.1	1.3	13.4
5	6.9	2.1	16.8
6	9.2	3.1	21.1
7	12.0	4.3	27.1
8	16.1	5.9	36.8
9	23.0	8.1	59.5
10	>23.0	13.5	—

4.51 孔定量盘法

(1)将培养 24 h 后的定量盘取出观察，如果空穴内的水样变成黄色则表示该空穴含有总大肠菌群。

(2)计算有黄色反应的穴内数，对照表附录Ⅴ查出其代表的总大肠菌群最可能数(MPN)，结果以 MPN/100 mL 表示。如所有穴未产生黄色，则可报告总大肠菌群未检出。

任务三　生活饮用水耐热大肠菌群检验

任务描述

食品加工企业对生产用水进行微生物检验，当水样检出总大肠菌群时，应进一步检验耐热大肠菌群；若未检出总大肠菌群，不必检验耐热大肠菌群。生活饮用水及水源水中耐热大肠菌群如何进行检验？有几种检验方法？请查阅相关标准，进行标准解读后完成生活饮用水及水源水中耐热大肠菌群检验。

学习导图

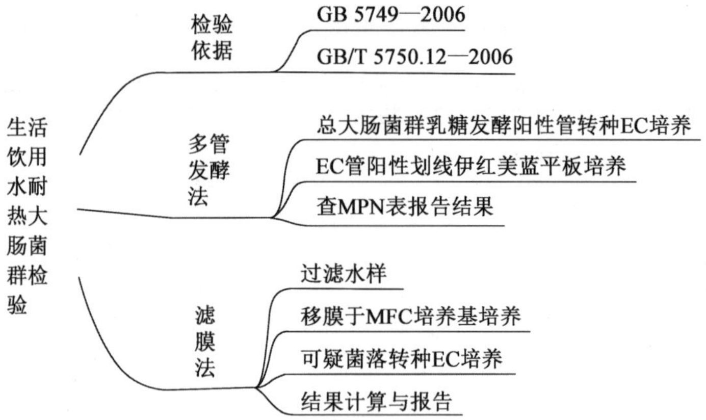

相关知识

一、参考标准

GB 5749—2006 生活饮用水卫生标准

GB/T 5750.12—2006 生活饮用水标准检验方法　微生物指标

二、生活饮用水耐热大肠菌群限量

GB 5749—2006 生活饮用水卫生标准中规定了生活饮用水耐热大肠菌群应采用的检验方法为 GB/T 5750.12—2006，包括多管发酵法和滤膜法。耐热大肠菌群限量值(MPN/100 mL 或 CFU/100 mL)不得检出。

三、耐热大肠菌群及检验方法

(一)耐热大肠菌群的概念

耐热大肠菌群是指在 44.5℃仍能生长的大肠菌群。

水的耐热大肠菌群是指 100 mL 水样中含有的耐热大肠菌群数，以耐热大肠菌群最近似数(MPN)表示。

(二)耐热大肠菌群的检验方法

1. 多管发酵法

用提高培养温度的方法将自然环境中的大肠菌群与粪便中的大肠菌群区分开来，耐热大肠菌群在 44.5℃仍能生长，而非耐热大肠菌群不生长。以此技术来检测水中是否含有耐热大肠菌群及耐热大肠菌群最近似数(MPN)。

2. 滤膜法

耐热大肠菌群滤膜法是指用孔径 0.45 μm 微孔滤膜过滤水样，细菌被阻留在膜上，将滤膜贴在添加乳糖的选择性培养基上，44.5℃培养 24 h，能形成特征性菌落，以此技术来检测水中是否含有耐热大肠菌群及耐热大肠菌群最可能数(MPN)。

任务实施

一、多管发酵法检验生活饮用水中耐热大肠菌群

(一)检验材料

1. 主要设备

恒温培养箱(36℃±1℃、44.5℃±0.5℃)、恒温水浴锅(44.5℃±0.5℃)或隔水式恒温培养箱、旋涡振荡器等。

2. 主要培养基和试剂

双料乳糖蛋白胨培养液、单料乳糖蛋白胨培养液、EC肉汤培养基、伊红美蓝培养基(EMB)、磷酸盐缓冲液、无菌生理盐水等。

3. 主要器皿

1 mL(具0.01 mL刻度)吸管、10 mL(具0.1 mL刻度)吸管、250 mL锥形瓶、500 mL锥形瓶、直径90 mm培养皿。

(二)检验程序

耐热大肠菌群检验程序见图10-3。

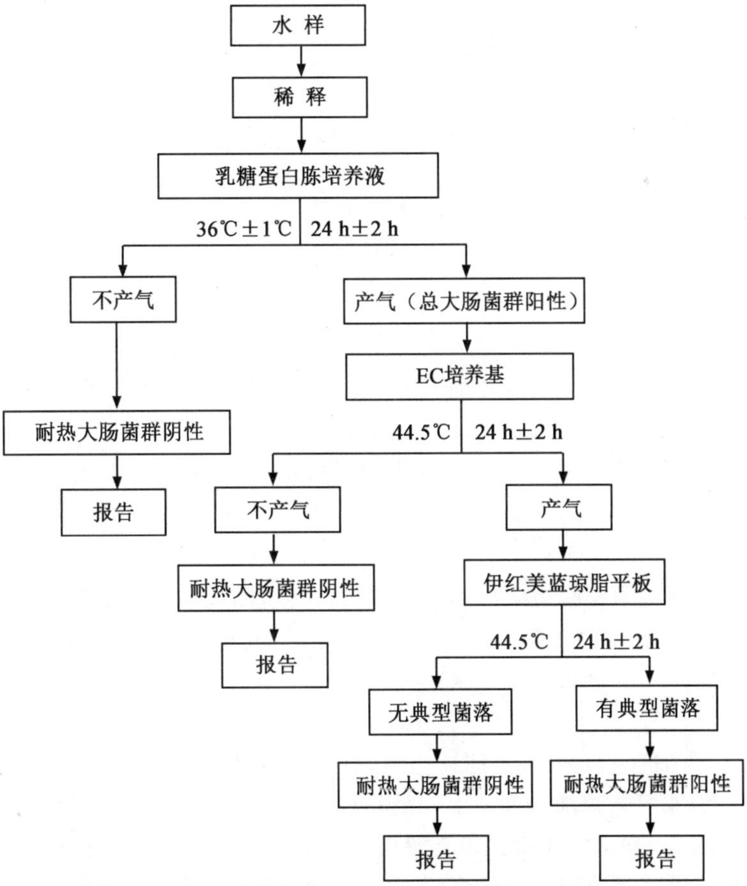

图10-3　多管发酵法检验生活饮用水中耐热大肠菌群程序图

(三)操作步骤

1. 自总大肠菌群乳糖发酵试验中的阳性管(产酸产气)中取1滴转种于EC培养基中,置44.5℃水浴箱或隔水式恒温培养箱内(水浴箱的水面应高于试管中培养基液面),培养24 h±2 h,如所有管均不产气,则可报告为阴性;如有产气者,则转种于伊红美蓝琼脂平板上,于44.5℃培养18~24 h,凡平板上有典型菌落者,则证实为耐热大肠菌群阳性。

2. 如检测未经氯化消毒的水,且只想检测耐热大肠菌群时,或调查水源水的耐热大肠菌群污染时,可用直接多管耐热大肠菌群方法,即在第一步乳糖发酵试验时按总大肠菌群多管发酵法(项目十 任务二)接种乳糖蛋白胨培养液在44.5℃±0.5℃水浴中培养,以下步骤同总大肠菌群多管发酵法(项目十 任务二)。

(四)结果报告

根据证实为耐热大肠菌群阳性的管数,查最可能数(MPN)检索表,报告每100 mL水样中耐热大肠菌群最可能数(MPN)值。

二、滤膜法检验生活饮用水中耐热大肠菌群

(一)检验材料

1. 主要设备

恒温培养箱(36℃±1℃)、隔水式培养箱(44.5℃±0.5℃)等。

2. 主要培养基和试剂

MFC培养基、磷酸盐缓冲液、无菌生理盐水等。

3. 主要器皿

细菌滤器(0.45 μm)、无菌滤膜、直径90 mm培养皿、烧杯(250 mL)、1 mL(具0.01 mL刻度)吸管、10 mL(具0.1 mL刻度)吸管、250 mL锥形瓶、500 mL锥形瓶。

(二)操作步骤

1. 准备工作

(1)膜灭菌 将滤膜放入烧杯中,加入蒸馏水,置于沸水浴中煮沸灭菌3次,每次15 min。前两次煮沸后需要更换洗涤2~3次,以除去残留溶剂。

(2)滤器灭菌 用点燃的酒精棉球火焰灭菌,也可用蒸汽灭菌器103.43 kPa(121℃,15 lb)高压灭菌20 min。

2. 过滤水样

用无菌镊子夹取灭菌滤膜边缘部分,将粗糙面向上,贴放在已灭菌的滤床上,固定好滤器,将100 mL水样(如水样含菌数多,可减少过滤水样量,或将水样稀释)注入滤器中,打开滤器阀门,在-5.07×10^{4} Pa(负0.5大气压)下抽滤。

3. 培养

水样滤完后,再抽气约5 s,关上滤器阀门,取下滤器,用灭菌镊子夹取滤膜边缘部分,移放在MFC培养基上,滤膜截留细菌面向上,滤膜应与培养基完全贴紧,两者之间不得留有气泡,然后将平皿倒置,放入44.5℃隔水式培养箱内培养24 h±2 h。如使用恒温水浴,则需用塑料平皿,将皿盖紧,或用防水胶带贴封每个平皿,将培养皿成叠封入塑料袋内,浸到44.5℃恒温水浴里,培养24 h±2 h。耐热大肠菌群在此培养基上菌落为蓝色,非耐热大肠菌群菌落为灰

色至奶油色。

4. 对可疑菌落转种 EC 培养基，44.5℃培养 24 h，如产气则证实为耐热大肠菌群。

（三）结果报告

计数被证实的耐热大肠菌群菌落数，水中耐热大肠菌群数系以 100 mL 水样中的耐热大肠菌群菌落形成单位（CFU）表示，见下式。

$$\text{耐热大肠菌群菌落数(CFU/mL)} = \frac{\text{所计得的耐热大肠菌群菌落数} \times 100}{\text{过滤的水样体积(mL)}}$$

任务四　生活饮用水大肠埃希氏菌检验

任务描述

食品加工企业要对生产用水进行微生物检验时，当水样检出总大肠菌群时，应进一步检验大肠埃希氏菌；若未检出总大肠菌群，不必检验大肠埃希氏菌。生活饮用水及水源水中大肠埃希氏菌如何进行检验？有几种检验方法？请查阅相关标准，进行标准解读后完成生活饮用水及水源水中大肠埃希氏菌检验。

学习导图

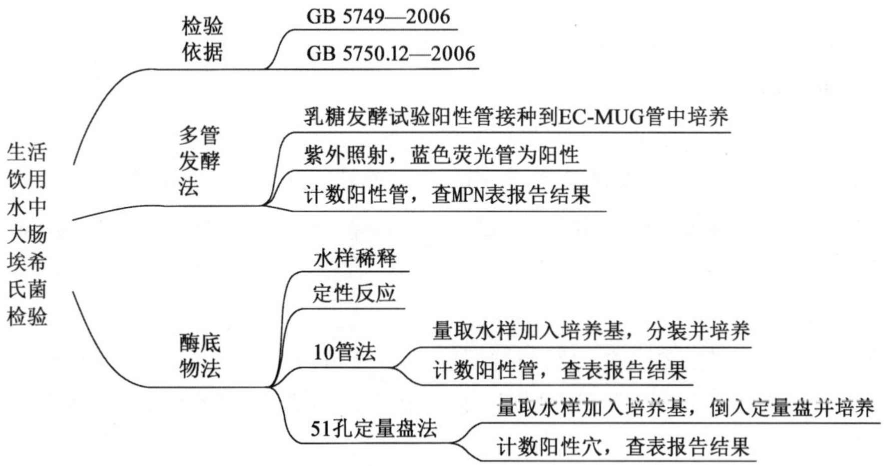

相关知识

一、参考标准

GB 5749—2006 生活饮用水卫生标准

GB/T 5750.12—2006 生活饮用水标准检验方法　微生物指标

二、生活饮用水大肠埃希氏菌限量

生活饮用水大肠埃希氏菌测定方法有多管发酵法、滤膜法和酶底物法 3 种。

生活饮用水大肠埃希氏菌依据 GB 5749—2006 生活饮用水卫生标准中规定的限量，应采用的检验方法为 GB/T 5750.12—2006，大肠埃希氏菌限量值(MPN/100 mL 或 CFU/100 mL)不得检出(表 10-6)。

表 10-6　生活饮用水大肠埃希氏菌限值

项目	限值/(MPN/100 mL 或 CFU/100 mL)	检验方法
大肠埃希氏菌	不得检出	GB/T 5750.12—2006

三、大肠埃希氏菌及检验方法

(一)大肠埃希氏菌的概念

大肠埃希氏菌在自然界中分布广泛，主要寄居场所是人和其他温血动物的肠道中，是一类条件致病菌。致病性大肠埃希氏菌是指能使人和动物(尤其是婴儿和幼龄动物)感染及使人食物中毒的一群大肠杆菌。

水的大肠埃希氏菌数是指 100 mL 水样中含有的大肠埃希氏菌数，以大肠埃希氏菌最近似数(MPN)表示。

(二)大肠埃希氏菌检验方法

1. 多管发酵法

大肠埃希氏菌多管发酵法是指多管发酵法总大肠菌群阳性，在含有荧光底物的培养基上 44.5℃培养 24 h 产生 β-葡萄糖醛酸酶(β-glucuronidase)，分解荧光底物释放出荧光产物，使培养基在紫外光下产生特征性荧光的细菌，以此技术来检测水中是否含有大肠埃希氏菌及大肠埃希氏菌最近似数(MPN)。

2. 滤膜法

大肠埃希氏菌滤膜法是指总大肠菌群阳性的滤膜贴在含有荧光底物的培养基上培养，形成的菌落能够在紫外光下产生特征性荧光，以此技术来检测水中大肠埃希氏菌及大肠埃希氏菌的最可能数(MPN)。

3. 酶底物法

大肠埃希氏菌酶底物法是指在选择性培养基上能产生 β-半乳糖苷酶(β-*D*-galactosidase)分解色原底物释放出色原体使培养基呈现颜色变化，并能产生 β-葡萄糖醛酸酶(β-glucuronidase)分解荧光底物释放出荧光产物，使菌落能够在紫外光下产生特征性荧光，以此技术来检测水中大肠埃希氏菌及大肠埃希氏菌的最可能数(MPN)。

任务实施

一、多管发酵法检验生活饮用水中大肠埃希氏菌

(一)检验材料

1. 主要设备

恒温培养箱(36℃±1℃、44.5℃±0.5℃)、恒温水浴锅(44.5℃±0.5℃)、旋涡振荡器、紫外光灯(波长 366 nm)等。

2. 主要培养基和试剂

双料乳糖蛋白胨培养液、单料乳糖蛋白胨培养液、EC-MUG 培养基、磷酸盐缓冲液、无菌生理盐水等。

3. 主要器皿

1 mL(具 0.01 mL 刻度)吸管、10 mL(具 0.1 mL 刻度)吸管、250 mL 锥形瓶、500 mL 锥形瓶、直径 90 mm 培养皿。

(二)检验程序(图 10-4)

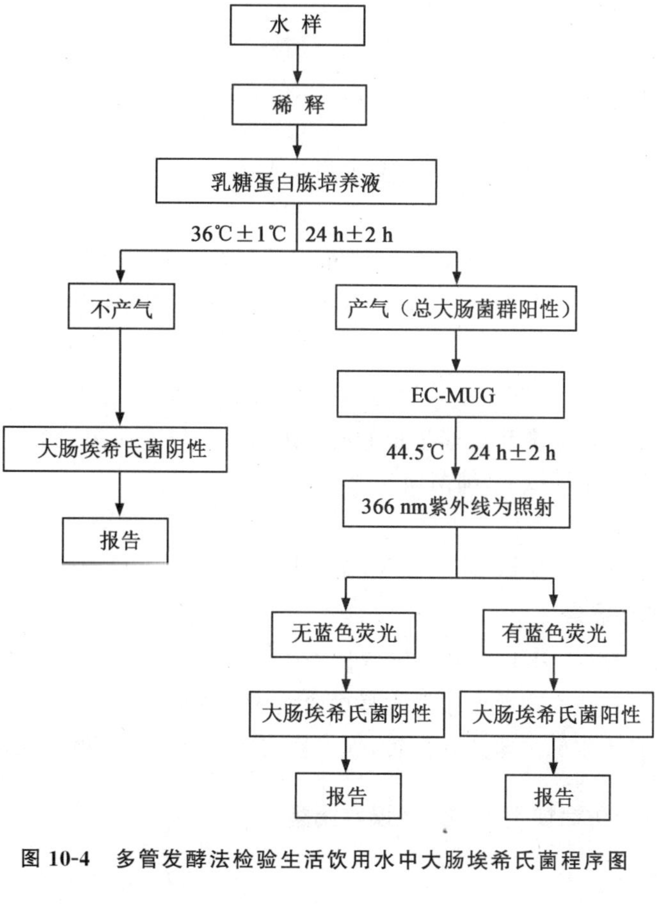

图 10-4　多管发酵法检验生活饮用水中大肠埃希氏菌程序图

(三)操作步骤

1.接种

将总大肠菌群多管发酵法初发酵产酸或产气的管进行大肠埃希氏菌检测。用烧灼灭菌的金属接种环或无菌棉签将上述试管中液体接种到 EC-MUG 管中。

2.培养

将已接种的 EC-MUG 管在培养箱或恒温水浴中 44.5℃±0.5℃培养 24 h±2 h。如使用恒温水浴,在接种后 30 min 内进行培养,使水浴的液面超过 EC-MUG 管的液面。

(四)结果观察与报告

将培养后的 EC-MUG 管在暗处用波长为 366 nm 功率为 6w 的紫外光灯照射,如果有蓝色荧光产生则表示水样中含有大肠埃希氏菌。

计数 EC-MUG 阳性管数,查对应的最可能数(MPN)表得出大肠埃希氏菌的最可能数,结果以 MPN/100 mL 报告。

二、滤膜法检验生活饮用水中大肠埃希氏菌

(一)检验材料

1.主要设备

恒温培养箱(36℃±1℃)、隔水式培养箱(44.5℃±0.5℃)、紫外光灯(波长 366 nm)等。

2.主要培养基和试剂

NA-MUG 培养基、磷酸盐缓冲液、无菌生理盐水等。

3.主要器皿

细菌滤器(0.45 μm)、无菌滤膜、直径 90 mm 培养皿、烧杯(250 mL)、1 mL(具 0.01 mL 刻度)吸管、10 mL(具 0.1 mL 刻度)吸管、250 mL 锥形瓶、500 mL 锥形瓶。

(二)操作步骤

1.接种

将总大肠菌群滤膜法有典型菌落生长的滤膜进行大肠埃希氏菌检测。在无菌操作条件下将滤膜转移到 NA-MUG 平板上,细菌面朝上,进行培养。

2.培养

将已接种的 NA-MUG 平板 36℃±1℃培养 4 h。

(三)结果观察与报告

将培养后的 NA-MUG 平板在暗处用波长为 366 nm,功率为 6 W 的紫外光灯照射,如果菌落边缘或背面有蓝色荧光产生则表示水样中含有大肠埃希氏菌。

记录有蓝色荧光产生的菌落数并报告,报告格式同总大肠菌群滤膜法格式。

三、酶底物法检验生活饮用水中大肠埃希氏菌

(一)检验材料

1.主要设备

恒温培养箱(36℃±1℃)、51 孔定量盘、程控定量封口机、紫外光灯(波长 366 nm)等。

2. 主要培养基和试剂

MM0-MUG 培养基、磷酸盐缓冲液、无菌生理盐水等。

3. 主要器皿

试管(15 mm×10 cm)、1 mL(具 0.01 mL 刻度)吸管、10 mL(具 0.1 mL 刻度)吸管、250 mL 锥形瓶、500 mL 锥形瓶。

(二)操作步骤

1. 水样稀释

检测所需水样为 100 mL。若水样污染严重,对水样进行稀释。取 10 mL 水样加到 90 mL 灭菌生理盐水中,必要时可加大稀释度。

2. 定性反应

用 100 mL 的无菌稀释瓶量取 100 mL 水样,加入 2.7 g±0.5 g MMO-MUG 培养基粉末,混摇均匀使之完全溶解后,放入 36℃±1℃的培养箱内培养 24 h。

3. 10 管法

(1)用 100 mL 的无菌稀释瓶量取 100 mL 水样,加入 2.7 g±0.5 g MMO-MUG 培养基粉末,混摇均匀使之完全溶解。

(2)准备 10 支 15 mm×10 cm 或适当大小的灭菌试管,用无菌吸管分别从前述稀释瓶中吸取 10 mL 水样至各试管中,放入 36℃±1℃的培养箱内培养 24 h。

4. 51 孔定量盘法

(1)用 100 mL 的无菌稀释瓶量取 100 mL 水样,加入 2.7 g±0.5 g MMO-MUG 培养基粉末,混摇均匀使之完全溶解。

(2)将前述 100 mL 水样全部倒入 51 孔无菌定量盘内,以手抚平定量盘背面以赶除孔穴内气泡,然后用程控定量封口机封口。放入 36℃±1℃的培养箱内培养 24 h。

(三)结果观察与报告

1. 结果判读

将水样培养 24 h 后进行结果判读。如果结果为可疑阳性,可延长培养时间到 28 h 进行结果判读,超过 28 h 之后出现的颜色反应不作为阳性结果。对照表同总大肠菌群。水样变黄色同时有蓝色荧光判断为大肠埃希氏菌阳性,水样未变黄色而有荧光产生不判断为大肠埃希氏菌阳性。

2. 定性反应

将经过 24 h 培养颜色变成黄色的水样在暗处用波长 366 nm 的紫外光灯照射,如果有蓝色荧光产生判断为阳性反应,表示水中含有大肠埃希氏菌,水样未产生蓝色荧光判断为阴性反应。结果以大肠埃希氏菌检出或未检出报告。

3. 10 管法

(1)将培养 24 h 后颜色变成黄色的水样的试管在暗处用波长 366 nm 的紫外光灯照射,如果有蓝色荧光产生则表示有大肠埃希氏菌存在。

(2)计算有荧光反应的试管数,对照表 10-5 查出其代表的大肠埃希氏菌最可能数。结果以 MPN/100 mL 表示。如所有管未产生荧光,则可报告为大肠埃希氏菌未检出。

4. 51 孔定量盘法

(1)将培养 24 h 后颜色变成黄色的水样的定量盘在暗处用波长 366 nm 的紫外光灯照射,

如果有蓝色荧光产生则表示该定量盘孔穴中含有大肠埃希氏菌。

(2)计算有荧光反应的孔穴数,对照附录Ⅴ查出其代表的大肠埃希氏菌最可能数。结果以MPN/100 mL 表示。如所有孔未产生荧光,则可报告大肠埃希氏菌未检出。

理论习题

一、填空题

1. 生活饮用水微生物检验国家标准是________(写出 GB 代号)。

2. 水源水菌落计数时采用的3个梯度分别是原液(10^0)、10^{-1}、10^{-2};培养后3个梯度的菌数平均数依次是多不可计,26,0,样品中的菌落数为________CFU/mL。

3. 稀释倍数越高,平板上的菌落数应越________。

4. 生活饮用水中菌落总数的限定值为________。

5. 水中总大肠菌群检验有________法、________法和________法3种。

6. 多管发酵法总大肠菌群判定阳性结果应是证实试验观察乳糖蛋白胨管________,同时革兰氏染色________性无芽孢杆菌。

7. 多管发酵法检验总大肠菌群检验分离培养用的培养基是________,其培养温度是________。

8. 滤膜法检验生活饮用水中总大肠菌群用的培养基是________。

9. 耐热大肠菌群是指在________℃仍能生长的大肠菌群。

10. 生活饮用水中耐热大肠菌群检验有________法和________法两种。

11. 国标规定生活饮用水中耐热大肠菌群限量值________。

12. 多管发酵法检验耐热大肠菌群检验分离培养用的培养基是________,其培养温度是________。

13. 滤膜法检验生活饮用水中耐热大肠菌群用的培养基是________。

14. 当水样检出总大肠菌群时,应进一步检验________和________。

15. 水中大肠埃希氏菌检验有________法、________法和________法3种。

16. 国标规定生活饮用水中大肠埃希氏菌限量值________。

17. EC-MUG 管在培养箱或恒温水浴中培养温度________,其培养时间是________。

18. 滤膜法检验生活饮用水中大肠埃希氏菌用的培养基是________。

二、选择题

1. 生活饮用水菌落总数测定用的培养基是____。

A. 平板计数琼脂　　B. 营养琼脂

C. VRBA 琼脂　　D. BS 琼脂

2. 水样菌落总数报告时,在1∶10稀释度的菌落是56、60;在1∶100稀释度的菌落是5、7;在1∶1000稀释度的菌落是0、0,则水样中菌落总数为____CFU/mL。

A. 58　　B. 50

C. 580　　D. 500

3. 水样总大肠菌群多管发酵法初发酵试验每个稀释度应接种____管。

A. 3　　B. 5

C. 10　　D. 15

4. 下列不是总大肠菌群在 EMB 平板上菌落特征的是____。

A. 深紫黑色、具有金属光泽的菌落　　B. 紫黑色、不带或略带金属光泽的菌落

C. 淡紫红色、中心较深的菌落　　D. 深蓝色、具有金属光泽的菌落

5. 酶底物法定性反应结果为水样，经 24 h 培养后颜色变成____，判定为阳性反应，表示水样中含有总大肠菌群。

A. 红色　　B. 绿色

C. 黄色　　D. 蓝色

6. 检验水中耐热大肠菌群 EC 肉汤管培养条件是____。

A. 需氧，44.5℃，24 h　　B. 需氧，36℃，48 h

C. 厌氧，44.5℃，24 h　　D. 厌氧，36℃，48 h

7. 下列不是检验耐热大肠菌群用培养基的是____。

A. 乳糖蛋白胨培养液　　B. EC 培养基

C. 伊红美蓝琼脂培养基　　D. 营养琼脂培养基

8. 耐热大肠菌群滤膜法在选择性培养基上菌落为____，非耐热大肠菌群菌落为灰色至奶油色。

A. 红色　　B. 绿色

C. 黄色　　D. 蓝色

9. 多管发酵法检验耐热大肠菌群初发酵试验选择的稀释度为原液、1：10、1：100 三个连续梯度，经 EC 发酵和 EMB 分离培养证实阳性的管数为 1、1、0，查 MPN 检索表，该水样总大肠菌群结果是____。

A. 4 MPN/100 mL　　B. 40 MPN/100 mL

C. 400 MPN/100 mL　　D. 4 000 MPN/100 mL

10. 耐热大肠菌群滤膜法过滤水样的微孔滤膜孔径是____。

A. 0.22 μm　　B. 0.44 μm

C. 0.45 μm　　D. 0.54 μm

11. 滤膜法检验水样大肠埃希氏菌时，在暗处用紫外光灯照射培养后的 EC-MUG 管观察有无荧光，紫外灯的波长和功率应为____。

A. 366 nm，6 W　　B. 366 nm，12 W

C. 266 nm，6 W　　D. 266 nm，12 W

12. 下列不是检验大肠埃希氏菌用培养基的是____。

1. EC-MUG 培养基　　B. EC 培养基

2. NA-MUG 培养基　　D. MM0-MUG 培养基

13. 滤膜法培养后的 NA-MUG 平板在暗处用紫外光灯照射，若水样中含有大肠埃希氏菌，菌落边缘或背面应产生____。

A. 红色荧光　　B. 绿色荧光

C. 黄色荧光　　D. 蓝色荧光

14. 多管发酵法检验大肠埃希氏菌初发酵试验接种量为 10 mL 、1 mL、0.1 mL 3 个连续梯度，经检测 EC-MUG 阳性管数为 1、0、0，查 MPN 检索表，该水样大肠埃希氏菌结果是____。

A. 2 MPN/100 mL　　B. 20 MPN/100 mL

C. 200 MPN/100 mL　　D. 2 000 MPN/100 mL

15. 酶底物法检验水样大肠埃希氏菌有荧光反应的孔穴数为 5，查表得出该水样大肠埃希氏菌最可能数是____。

A. 5.3 MPN/100 mL　　B. 53 MPN/100 mL

C. 6.9 MPN/100 mL　　D. 69 MPN/100 mL

三、判断题

1. 生活饮用水菌落总数测定时一般不用进行稀释，用原液接种培养即能得到理想结果。(　　)

2. 生活饮用水菌落总数测定时无须做平行接种，但应做空白对照。(　　)

3. 如果所有平板上都菌落密布，超过 300 CFU 可用"多不可计"报告。(　　)

4. 水源水稀释时每递增稀释一次，必须更换一支 1 mL 灭菌吸管。(　　)

5. 菌落总数测定时稀释度选择依据是对水样污染状况的估计。(　　)

6. 总大肠菌群初发酵试验接种量 10 mL 时，需用双料乳糖蛋白胨培养液。(　　)

7. 总大肠菌群检验时，待检水样接种初发酵管，经培养如乳糖蛋白胨管产气，即可报告总大肠菌群阳性。(　　)

8. 分离培养后挑取菌落进行革兰氏染色为革兰氏阳性菌，即可报告大肠菌群阴性。(　　)

9. 总大肠菌群酶底物法是指在选择性培养基上能产生 β-半乳糖苷酶的细菌群组。(　　)

10. 当水样检出总大肠菌群时，应进一步检验耐热大肠菌群。(　　)

11. 使用水浴箱进行培养时，水浴箱的水面应高于 EC 肉汤管培养基的液面。(　　)

12. 耐热大肠菌群检验时，EC 培养基产气，即可报告总大肠菌群阳性。(　　)

13. 耐热大肠菌群检验时，EMB 平板有典型菌落，即可报告大肠菌群阳性。(　　)

14. 如检测未经氯化消毒的水，且只想检测耐热大肠菌群时，或调查水源水的耐热大肠菌群污染时，可用直接多管耐热大肠菌群方法。(　　)

15. 水样中未检出总大肠菌群，也应进行大肠埃希氏菌检验。(　　)

16. 大肠埃希氏菌滤膜法的原理是利用含大肠埃希氏菌的滤膜贴在含有荧光底物的培养基上培养，形成的菌落能够在紫外光下产生特征性荧光来判定的。(　　)

17. 多管发酵法检验大肠埃希氏菌时，若 EC-MUG 培养基产气，即可报告大肠埃希氏菌阳性。(　　)

18. 酶底物法中的 10 管法，试管培养 24 h 后颜色变成黄色且有蓝色荧光产生则表示该水样有大肠埃希氏菌存在。(　　)

19. 培养 24 h 后颜色变成黄色的水样的定量盘在暗处用波长 366 nm 的紫外光灯照射，如果有蓝色荧光产生表示该定盘孔穴中含有大肠埃希氏菌。(　　)

技能操作

一、准备生活饮用水微生物检验物品

完成生活饮用水微生物检验物品准备，要求菌落总数检验采用平板计数法，其余项目均采用多管发酵法，填写表 10-7。

表 10-7 生活饮用水微生物检验物品准备记录单

<table>
<tr><td>班级</td><td></td><td>姓名</td><td></td><td>学号</td><td></td><td>组别</td><td></td></tr>
<tr><td>样品</td><td colspan="3"></td><td colspan="2">检验依据</td><td colspan="2"></td></tr>
<tr><td>检验项目及限值</td><td colspan="7"></td></tr>
<tr><td>准备培养基</td><td colspan="7">营养琼脂________ mL。
双料乳糖蛋白胨培养液________ mL，分装于______ mm×______ mm 试管中，每管________ mL，内置__________，共分装________ 支。
单料乳糖蛋白胨培养液________ mL，分装于______ mm×______ mm 试管中，每管________ mL，内置__________，共分装________ 支。
EC 培养基______ mL，分装于______ mm×______ mm 试管中，每管______ mL，内置__________，共分装________ 支。
伊红美蓝琼脂培养基________ mL。
EC-MUG ______ mL，分装于______ mm×______ mm 试管中，每管______ mL，共分装________ 支。</td></tr>
<tr><td>准备稀释液</td><td colspan="7">生理盐水________ mL 装于________ mm×________ mm 试管中。</td></tr>
<tr><td>包扎物品</td><td colspan="7">包扎________平皿________ 个。
包扎________ mL 刻度吸管________支，包扎________ mL 刻度吸管________支。
或包扎______ μL 移液枪吸头______ 盒，______ mL 移液枪吸头______盒，______ mL 移液枪吸头________盒。</td></tr>
<tr><td>干热灭菌</td><td colspan="7">物品：　　　　　　　　　　条件：</td></tr>
<tr><td>湿热灭菌</td><td colspan="7">物品：　　　　　　　　　　条件：</td></tr>
<tr><td>设备准备</td><td colspan="7">水浴锅恒温至________℃；培养箱 1 恒温至________℃；培养箱 2 恒温至________℃；
无菌室及净化工作台杀菌________ min。</td></tr>
</table>

生活饮用水微生物检验物品准备考核评分共计 30 分，具体见表 10-8。

表 10-8 生活饮用水微生物检验物品准备评分表

班级		姓名		学号		组别	
编号	配分	评分细则描述					得分
01	12	准备培养基及稀释液	营养琼脂培养基配制量准确,得 1 分 伊红美蓝琼脂培养基配制量准确,得 1 分 单、双料乳糖蛋白胨培养液配制量准确,分装量准确,管数准确,得 2 分 EC 培养基配制量准确、分装量准确,管数准确,得 2 分 EC-MUG 培养基配制量准确,分装量准确,管数准确,得 2 分 发酵培养基内置发酵倒管并排气,得 2 分 稀释液配制量准确,分装量准确,得 2 分				
02	8	操作规范	称量操作规范,调节天平平衡,称量质量准确,得 2 分 溶解操作规范,蒸馏水量取准确,培养基和稀释液溶解均一,得 2 分 分装规范,锥形瓶和试管规格选择合适,移液操作准确,得 2 分 包扎捆绑操作规范,得 2 分				
06	6	灭菌	灭菌方法选择正确,得 2 分 不同培养基灭菌时,参数设置正确,得 2 分 灭菌操作规范,得 2 分				
07	4	设备准备	操作环境灭菌规范,得 1 分 培养基温度波动范围符合标准,得 1 分 设置培养温度准确,得 1 分 设置培养基保温温度准确,得 1 分				
合计得分							

二、实施生活饮用水微生物检验操作

规范地完成生活饮用水中菌落总数、总大肠菌群、耐热大肠菌群和大肠埃希氏菌的检验(表 10-9)。

表 10-9 生活饮用水微生物检验操作

班级		姓名		学号		组别	
请根据实际操作情况绘制生活饮用水微生物检验操作流程图。要求体现从一份样品出发,融合性地推进生活饮用水中菌落总数、总大肠菌群、耐热大肠菌群和大肠埃希氏菌的检验。注:菌落总数采用平板计数法,其余均采用多管发酵法。							

生活饮用水微生物检验操作考核评分共计 50 分，具体见表 10-10。

表 10-10　生活饮用水微生物检验操作评分表

班级		姓名		学号		组别	
编号	配分	评分细则描述					得分
01	4	操作前准备	物品摆放合理，防止交叉污染且方便操作，得 1 分 台面消毒、手部消毒和物品消毒，得 1 分 器皿标识清楚（稀释度、检验人、检验日期），得 1 分 检查发酵倒管内有无气泡，得 1 分				
02	4	取样及梯度稀释	摇匀生活饮用水样品，得 1 分 无菌吸取 1 mL 生活饮用水样品，得 1 分 置于 9 mL 生理盐水，得 1 分 充分混匀，得 1 分				
03	7	接样	无菌吸取两次 1 mL 稀释液加入两个无菌平皿内，得 1 分 无菌吸取两次 1 mL 生活饮用水原液，加入两个无菌平皿中，得 1 分 分别无菌吸取 10 mL 和 1 mL 水样，接种乳糖蛋白胨培养管，得 2 分 无菌吸取 1 mL 的 10 倍稀释水样，接种乳糖蛋白胨培养管，得 1 分 单双料培养管选择和每个梯度接样管数正确，得 1 分 每递增稀释一次换用 1 mL 无菌吸管或吸头，接样操作规范，得 1 分				
04	5	倾注培养与初发酵培养	营养琼脂培养基冷却至 45℃，倾注平皿，每皿 15 mL，得 1 分 转动平皿，混合均匀，得 1 分 判断营养琼脂凝固正确，得 1 分 倒置于培养箱 36℃±1℃培养 48 h±2 h，得 1 分 发酵培养管置 36℃±1℃培养 24 h±2 h，得 1 分				
05	8	转种与划线操作	观察产酸产气情况并判断阳性结果正确，得 1 分 接种环接种前后灼烧灭菌，得 1 分 分区划线只有接种第一区时挑菌，其他区则从前一区带菌，得 2 分 每划一区均灼烧灭菌并冷却，得 1 分 规范转种划线 EMB 平板，得 1 分 正确做好梯度等标记，得 1 分 倒置于培养箱 36℃±1℃培养 18～24 h，得 1 分				
06	5	鉴别总大肠菌群疑似菌落	观察 EMB 平板特征性菌落并判断准确，得 1 分 挑取特征性菌落制作涂片规范，得 1 分 革兰氏染色操作规范，得 1 分 使用显微镜正确镜检，染色特性结果判断正确得 2 分				
07	3	证实试验	挑取疑似菌落正确，转种乳糖蛋白胨培养基操作规范，得 1 分 正确做好梯度等标记，得 1 分 发酵培养管置 36℃±1℃培养 24 h±2 h，得 1 分				
08	5	转种 EC 与分离培养	正确转种 EC 培养液，得 1 分 正确做好梯度等标记，得 1 分 置培养箱（水浴锅）44.5℃培养 24 h±2 h，得 1 分 产气管规范转种 EMB 平板并正确培养，得 1 分 观察并判定典型菌落正确，得 1 分				

续表10-10

班级		姓名		学号		组别	
09	5	转种 EC-MUG 与紫外灯照射	正确转种 EC-MUG 培养液，得 1 分； 正确做好梯度等标记，得 1 分 置培养箱(水浴锅)44.5℃培养 24 h±2 h，得 1 分 选择波长适宜的紫外光在暗处照射，得 1 分 准确判断蓝色荧光管，得 1 分				
10	4	职业素养	无菌意识强，得 2 分 及时清洁整理台面，废弃物无害化处理，清洗物品，得 2 分				
合计得分							

三、生活饮用水微生物检验结果记录

请如实规范地填写生活饮用水微生物检验结果，包括菌落总数、总大肠菌群和大肠埃希氏菌的检验结果，填写表 10-11。

表 10-11 生活饮用水微生物检验结果记录表

样品名称				检验方法依据	
样品编号				样品状态	
样品数量				检验地点	
结 果 记 录					
稀释度					
菌落数							
空白试验					
总大肠菌群阳性管数					
查表 MPN 值					
耐热大肠菌群阳性管数					
查表 MPN 值					
EC-MUG 阳性管数					
查表 MPN 值					
实测结果	菌落总数： 耐热大肠菌群：		总大肠菌群： 大肠埃希氏菌：		
标准限值	菌落总数： 耐热大肠菌群：		总大肠菌群： 大肠埃希氏菌：		
检验结论					
检验人员：			检验日期：		

生活饮用水微生物检验结果及记录共计 20 分，具体见表 10-12。

表 10-12　生活饮用水微生物检验结果及记录考核评分表

<table>
<tr><td>班级</td><td></td><td>姓名</td><td></td><td>学号</td><td></td><td>组别</td><td></td></tr>
<tr><td>编号</td><td>配分</td><td colspan="5">评分细则描述</td><td>得分</td></tr>
<tr><td>01</td><td>3</td><td>菌落生长情况</td><td colspan="4">空白对照未长菌落，得 1 分
菌落在平板上分布均匀，得 1 分
平行试验的两块平板菌落数相比小于 5%，得 1 分</td><td></td></tr>
<tr><td>02</td><td>2</td><td>阳性结果判定</td><td colspan="4">产酸产气判定准确，得 1 分
EMB 平板特征菌落识别准确，得 1 分</td><td></td></tr>
<tr><td>03</td><td>5</td><td>原始记录</td><td colspan="4">稀释度填写正确，得 1 分
试验数据直接填入原始记录表，得 1 分
空缺项规范用“/”表示，得 1 分
填写单位正确，得 1 分
无修改，得 1 分</td><td></td></tr>
<tr><td>04</td><td>9</td><td>结果报告</td><td colspan="4">菌落总数结果计算正确，得 1 分
菌落数结果有效位数修约正确，得 1 分
MPN 检索表使用正确，得 3 分
稀释度换算正确，得 3 分
结论表述正确，得 1 分</td><td></td></tr>
<tr><td>05</td><td>1</td><td>职业素养</td><td colspan="4">培养物进行无害化处理，得 1 分</td><td></td></tr>
<tr><td colspan="7">合计得分</td><td></td></tr>
</table>

项目十一

生产环境微生物检验

【项目背景】

环境空气中有大量的微生物存在，食品生产环境也是微生物污染的一个重要来源和控制环节。食品生产车间中必须严格控制环境微生物的数量，对生产车间实施密封并对内部空气进行严格过滤，达到所要求的洁净度。

为了保证食品的质量安全，食品企业必须采取措施以更早发现和防止因为生产环境造成产品的微生物污染。食品生产环境监测可增强对产品生产过程的控制，确保按照所期望的标准生产合格的产品。此外，环境监测也有助于更快检测污染事件和防止未来事件，以相对较低的监测成本，提高质量，降低了总的生产风险和成本。

食品生产环境检测通常包括空气监测和表面检测。

【学习目标】

知识目标

1. 了解婴幼儿配方乳粉生产作业区空气及表面微生物的控制要求

2. 理解空气中浮游菌和沉降菌检测的原理，清晰地表达出浮游菌和沉降菌的测定步骤，包括样品采集和培养

3. 清晰地表达出表面微生物样品采集方法和检测操作

4. 清晰地表达出浮游菌、沉降菌和表面微生物检测结果计算方法和报告要求

能力目标

1. 能根据生产环境的具体情况，规范地进行浮游菌和沉降菌的采样布点

2. 会使用浮游菌采样器，完成生产环境空气中浮游菌的采样

3. 规范地完成生产环境空气中沉降菌的采样

4. 能用棉拭子规范地完成生产环境中表面微生物的采样

5. 能熟练地进行菌落计数和结果计算并填写检测报告

素质目标

1. 具有安全生产的社会责任感、法律与诚信意识以及规范操作意识

2. 树立系统的食品质量安全观，培养整体性、创新性解决问题的意识

任务一　婴幼儿配方乳粉生产清洁作业区空气微生物检验

任务描述

婴幼儿配方乳粉生产企业每周都要对清洁作业区的空气微生物进行检验。具体要检验哪些项目呢？如何检验呢？请查阅相关标准法规并进行解读，完成婴幼儿配方乳粉生产清洁作业区的微生物检验。

学习导图

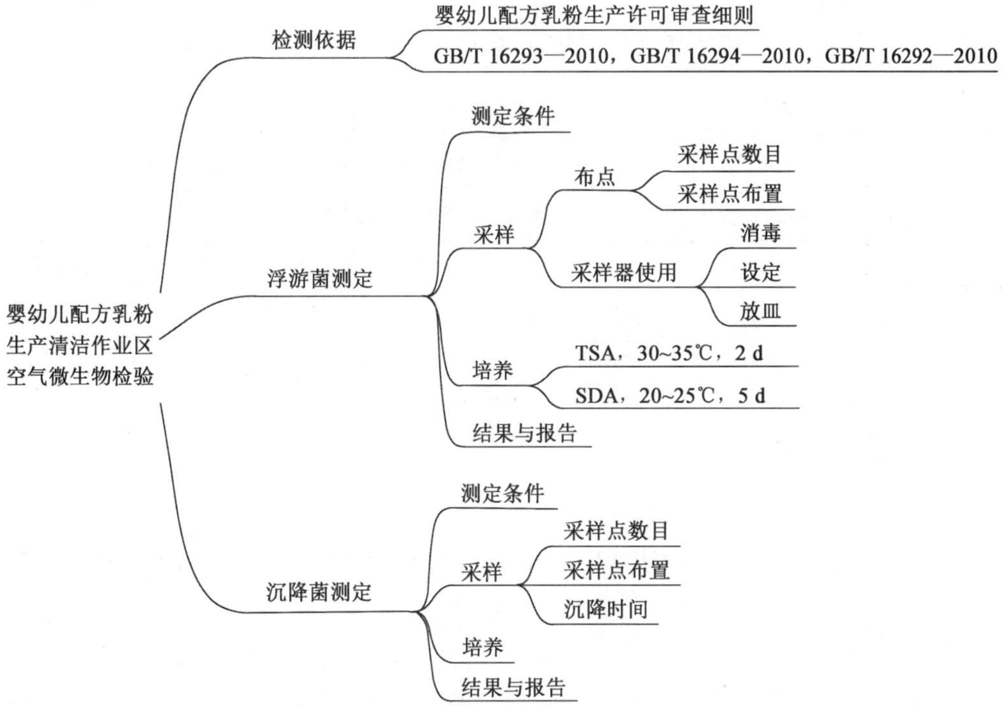

相关知识

一、参考标准

婴幼儿配方乳粉生产许可审查细则(2013 版)
GB/T 16293—2010 医药工业洁净室(区)浮游菌的测试方法
GB/T 16294—2010 医药工业洁净室(区)沉降菌的测试方法
GB/T 16292—2010 医药工业洁净室(区)悬浮粒子的测试方法

二、婴幼儿配方乳粉生产清洁作业区(动态)空气微生物监测标准

婴幼儿配方乳粉包括婴儿配方乳粉、较大婴儿配方乳粉和幼儿配方乳粉。婴儿配方乳粉是指以乳类及乳蛋白制品为主要原料，加入适量的维生素、矿物质和(或)其他成分，仅用物理

方法生产加工制成的液态或粉状产品，适于正常婴儿食用，其能量和营养成分能够满足0～6月龄婴儿的正常营养需要。较大婴儿和幼儿配方乳粉是指以乳类及乳蛋白制品为主要原料，加入适量的维生素、矿物质和（或）其他辅料，仅用物理方法生产加工制成的液态或粉状产品，适用于较大婴儿和幼儿食用，其营养成分能满足正常较大婴儿和幼儿的部分营养需要。

读劳模故事
学劳模精神

生产作业区包括清洁作业区、准清洁作业区和一般作业区。清洁作业区是指清洁度要求高的作业区域，如裸露待包装的半成品贮存、充填作业区及内包装车间等。准清洁作业区是指清洁度要求低于清洁作业区的作业区域，如原辅料预处理车间等。一般作业区是指清洁度要求低于准清洁作业区的作业区域，如收乳间、原料仓库、包装材料仓库、外包装车间及成品仓库等。

动态是指清洁作业区处于正常生产状态，设备在指定的方式下进行，并且有指定的人员按照规范操作。

监测婴幼儿配方乳粉生产清洁作业区（动态）微生物需依据婴幼儿配方乳粉生产许可审查细则，细则中明确需每周检验空气中的浮游菌和沉降菌，具体见表11-1。

表11-1 婴幼儿配方乳粉生产清洁作业区（动态）空气微生物标准控制表

项目	检测方法	控制要求	监控频次
浮游菌	GB/T 16293—2010	≤200 CFU/m^3	1次/周
沉降菌	GB/T 16294—2010	≤100 CFU/4 h（ϕ90 mm）	1次/周

三、浮游菌检测原理

（一）浮游菌的概念

浮游菌是指悬浮在空气中的活微生物粒子，可通过专门的培养基，在适宜的生长条件下繁殖其到可见的菌落后计数来检测。

（二）检测原理

浮游菌计数采用的方法是计数浓度法。即收集悬浮在空气中的生物性粒子于专门的培养基（选择证实其能够支持微生物生长的培养基），经若干时间和适宜的生长条件让其繁殖到可见的菌落后计数，以判定该洁净室的微生物浓度。

浮游菌的收集是通过浮游菌采样器来实现的。浮游菌采样器一般采用撞击法原理，可分为狭缝式采样器、离心式采样器及针孔式采样器。狭缝式采样器由内部风机将气流吸入，通过采样器的狭缝式平板，将采集的空气喷射并撞击到缓慢旋转的平板培养基表面上，附着的活微生物粒子经培养后形成菌落。离心式采样器通过内部风机的高速旋转，使气流从采样器前部吸入从后部流出，在离心力的作用下，空气中的活微生物粒子有足够的时间撞击到专用的圆形培养条上，附着的活微生物粒子经培养后形成菌落。针孔式采样器是气流通过一个金属盖吸入，盖子上有密集的、经过机械加工的特制小孔，通过风机将收集到的细小的空气流直接撞击到平板培养基表面，附着的活微生物粒子经培养后形成菌落。

四、沉降菌检测原理

(一)沉降菌的概念

沉降菌是指通过自然沉降的方法计数的微生物,即空气中的活微生物粒子在重力作用下自然沉降到专门的培养基上,在适宜的生长条件下繁殖到可见的菌落后计数。

(二)方法提要

本测试方法采用沉降法,即通过自然沉降原理收集在空气中的生物粒子于培养基平皿,经若干时间,在适宜的条件下让其繁殖到可见的菌落后进行计数,以平板培养皿中的菌落数来判定洁净环境内的活微生物数,并以此来评定洁净室(区)的洁净度。

任务实施

一、浮游菌的测定

(一)检测规则

在检测之前,要对洁净室(区)相关参数进行预先测试,包括温度、相对湿度的测试,室内送风量、风速、压差的测试,高效过滤器的泄漏测试。洁净室(区)的温度和相对湿度应与其生产工艺要求相适应(无特殊要求时,温度在18～26℃,相对湿度在45%～65%为宜),同时应满足测试仪器的使用范围。

另外,动态测试时,须记录生产开始的时间以及测试时间。

(二)检测步骤

1.采样点数量及其布置

浮游菌测试的最少采样点数目与洁净室(区)面积和洁净度级别有关,具体可参照表11-2。

表11-2　最少采样点数目(引自GB/T 16292—2010)

面积/m²	洁净度级别			
	100	10 000	100 000	300 000
<10	2～3	2	2	2
≥10～<20	4	2	2	2
≥20～<40	8	2	2	2
≥40～<100	16	4	2	2
≥100～<200	40	10	3	3
≥200～<400	80	20	6	6
≥400～<1 000	160	40	13	13
≥1 000～<2 000	400	100	32	32
≥2 000	800	200	63	63

注:对于100级的单向流洁净室(区),包括100级洁净工作台,面积指的是送风口表面积,对于10 000级以上的非单向流洁净室(区),面积指的是房间面积。

采样点应布置在具有代表性且气流扰动极小的地方,并力求均匀,避免样点在局部区域过于稀疏。采样布点可参考图11-1。

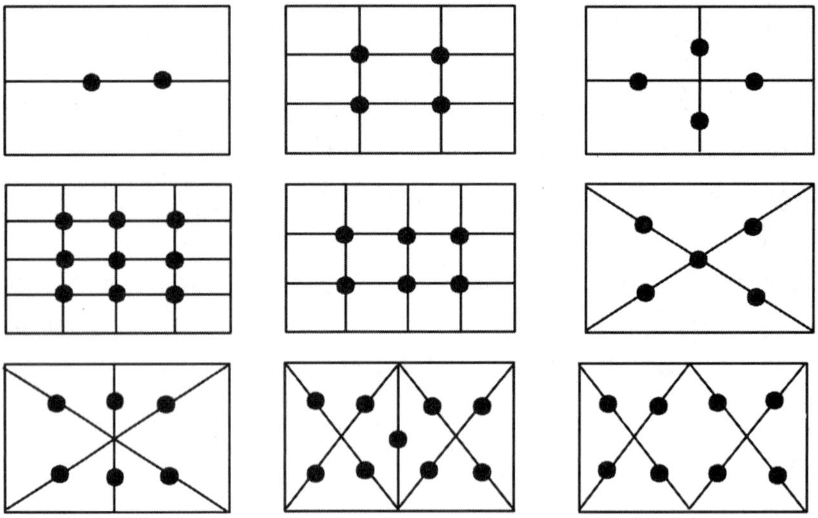

图 11-1 平面采样点布置图

浮游菌的采样工作区测点位置离地面 0.8～1.5 m，送风口测定位置离开送风面 30 cm 左右，可在关键设备或关键工作活动范围处增加测点。

对于单向流洁净室(区)或送风口，采样器采样口朝向应正对气流方向；对于非单向流洁净室(区)，采样口应向上。布置采样点时，至少应尽量避开尘埃较集中的回风口。

浮游菌采样时每个采样点一般采样一次，每次采样量与洁净度级别有关，具体见表 11-3。

表 11-3 最小采样量(引自 GB/T 16292—2010)

洁净度级别	采样量/(L/次)
100 级	1 000
10 000 级	500
100 000 级	100
300 000 级	100

2. 消毒与采样

采样器进入被测房间前先用消毒房间的消毒剂消毒，用于 100 级洁净室的采样器宜预先放在被测房间内。事先用消毒剂擦净培养皿的外表面。采样前，先用消毒剂清洗采样器的顶盖、转盘以及罩子的内外面；采样结束，再用消毒剂轻轻喷射罩子的内壁和转盘。采样口及采样管，使用前必须高温灭菌。在用消毒剂对采样管的外壁及内壁进行消毒时，应先将管中的残留液倒掉并晾干。

采样器经消毒后先不放入培养皿。此时开启浮游菌采样器，使仪器中的残余消毒剂蒸发，时间不少于 5 min，检查流量并根据采样量调整设定采样时间，然后关闭浮游菌采样器，将采样器放入培养皿，盖上盖子。

采样者应穿戴与被测洁净区域相应的工作服。在转盘上放入或调换培养皿前，双手用消毒剂消毒或戴无菌手套操作。

置采样器于采样点后，开启浮游菌采样器进行采样。采样时，测试人员应站在采样口的下风侧，并尽量少走动。应采取一切措施防止采样过程对样本的污染和其他可能对样本的污染。

3. 培养

全部采样结束后，将培养皿倒置于恒温培养箱中培养。采用大豆酪蛋白琼脂培养基（TSA）配制的培养皿经采样后，在 30～35℃培养箱中培养，时间不少于 2 d；采用沙氏培养基（SDA）配制的培养皿经采样后，在 20～25℃培养箱中培养，时间不少于 5 d。

每批培养基应有对照试验，检验培养基本身是否污染，可每批选定 3 只培养皿做对照培养。

4. 菌落计数

由于细菌种类繁多，差别甚大，计数时一般用透射光于培养皿背面或正面仔细观察。用肉眼对培养皿上所有的菌落直接计数，标记或在菌落计数器上点计，然后用 5～10 倍放大镜检查，并须注意细菌菌落或培养基沉淀物的区别，必要时用显微镜鉴别。若平板上有 2 个或 2 个以上的菌落重叠，可分辨时仍以 2 个或 2 个以上菌落计数。

5. 结果计算与报告

用计数方法得出各个培养皿的菌落数。

每个测点的浮游菌平均浓度的计算，按下式计算：

$$\text{浮游菌平均浓度}(\text{个}/\text{m}^3)=\frac{\text{菌落数}}{\text{采样量}}$$

示例 1：某测点采样量为 400 L，菌落数为 1，则：

$$\text{浮游菌平均浓度}=\frac{1}{0.4}=2.5(\text{个}/\text{m}^3)$$

示例 2：某测点采样量为 2 m^3，菌落数为 3，则：

$$\text{浮游菌平均浓度}=\frac{3}{2}=1.5(\text{个}/\text{m}^3)$$

检测结果以单位体积空气中含浮游菌菌落数表示计数浓度，单位为个/m^3 或个/L。每个测点的浮游菌平均浓度必须低于所选定评定标准中的界限。

二、沉降菌的测定

（一）检测规则

在检测之前，要对洁净室（区）相关参数进行预先测试，包括温度、相对湿度的测试，室内送风量或风速、或压差的测试，高效过滤器的泄漏测试。洁净室（区）的温度和相对湿度应与其生产工艺要求相适应（无特殊要求时，温度在 18～26℃，相对湿度在 45%～65%为宜），同时应满足测试仪器的使用范围。

另外，动态测试时，须记录生产开始的时间以及测试时间。

（二）检测步骤

1. 样品采集

采样点数量及其布置参考浮游菌检测，但同时要满足沉降菌测定最少培养皿数，具体见表 11-4。

表 11-4 沉降菌测定最少培养皿数

洁净度级别	最少培养皿数(φ90 mm)
100	14
10 000	2
100 000	2
300 000	2

将已制备好的培养皿按采集点布置图逐个放置，然后从里到外逐个打开培养皿盖，使培养基表面暴露在空气中。每个采样点一般采样一次。动态测试时，培养皿暴露时间为不大于 4 h（静态测试时，培养皿暴露时间为 30 min 以上）。

2. 培养

全部采样结束后，将培养皿倒置于恒温培养箱中培养。采用大豆酪蛋白琼脂培养基(TSA)配制的培养皿经采样后，在 30～35℃培养箱中培养，时间不少于 2 d；采用沙氏培养基(SDA)配制的培养皿经采样后，在 20～25℃培养箱中培养，时间不少于 5 d。每批培养基应有对照试验，检验培养基本身是否污染。可每批选定 3 只培养皿对照培养。

3. 菌落计数

用肉眼对培养皿上所有的菌落直接计数、标记或在菌落计数器上点计，然后用 5～10 倍放大镜检查有否遗漏。若平板上有 2 个或 2 个以上的菌落重叠，可分辨时仍以 2 个或 2 个以上菌落计数。

4. 结果计算与报告

用计数方法得出各个培养皿的菌落数。

每个测点的沉降菌平均菌落数的计算，按下式计算。

$$\overline{M}=\frac{M_1+M_2+\cdots+M_n}{n}$$

式中：$\overline{M}$ 为平均菌落数；M_1 为 1 号培养皿菌落数；M_2 为 2 号培养皿菌落数；M_n 为 n 号培养皿菌落数；n 为培养皿总数。

沉降菌菌落数是指规定时间内每个平板培养皿收集到的空气中沉降菌的数目，以 CFU/皿表示。

任务二　婴幼儿配方乳粉生产清洁作业区表面微生物检验

任务描述

婴幼儿配方乳粉生产企业每周都要对清洁作业区的表面微生物进行检测。具体要检测哪些微生物项目呢？如何检测呢？请查阅相关标准法规并进行解读，完成婴幼儿配方乳粉生产清洁作业区表面微生物检测。

学习导图

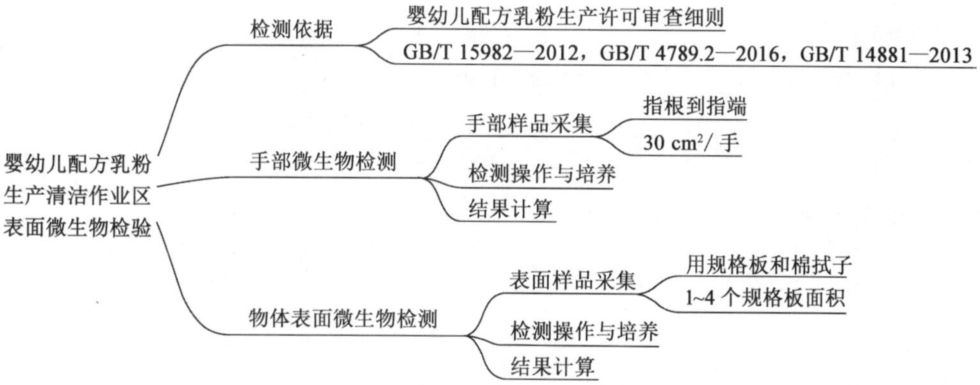

相关知识

一、参考标准

婴幼儿配方乳粉生产许可审查细则(2013 版)

GB/T 15982—2012 医院消毒卫生标准

GB/T 4789.2—2016 菌落总数的测定

GB/T 14881—2013 食品安全国家标准　食品生产通用卫生规范

二、婴幼儿配方乳粉生产清洁作业区(动态)表面微生物监测标准

表面微生物是指食品接触表面或与食品接触面临近的表面，具体包括食品加工人员的手部、工作服、传送皮带、工具器具、直接接触食品的设备表面、设备外表面、支架表面、控制面板等。

监测婴幼儿配方乳粉生产清洁作业区(动态)表面微生物需依据婴幼儿配方乳粉生产许可审查细则，细则中明确了需每周检测表面微生物，具体见表 11-5。

表 11-5　婴幼儿配方乳粉生产清洁作业区(动态)表面微生物标准控制表

项目	检测方法	控制要求	监控频次
表面微生物	参照 GB 15982 采样，按 GB 4789.2 计数	≤50 CFU/皿(ϕ55 mm)	1 次/周

由于采样方法和计算方法的差异，表面微生物检测具体分为操作人员手部微生物检测和物体表面微生物检测。

任务实施

一、操作人员手部微生物检测

(一)样品采集

将浸有无菌 0.03 mol/L 磷酸盐缓冲液或生理盐水采样液的棉拭子一支在双手指曲面从

指根到指端来回涂擦各两次(一只手涂擦面积约 30 cm^2),并随之转动采样棉拭子,剪去手接触部位,将棉拭子放入装有 10 mL 采样液的试管内送检。采样面积按平方厘米(cm^2)计算。

(二)检测

把采样管充分振荡后,取不同稀释倍数的洗脱液 1.0 mL 接种平皿,将冷却至 40~45℃的熔化营养琼脂培养基每皿倾注 15~20 mL,36℃±1℃恒温培养 48 h,计算菌落数,必要时分离致病性微生物。

(三)结果计算

$$\text{人员手部菌落总数}(CFU/cm^2)=\frac{\text{平均每皿菌落数}\times\text{采样液稀释倍数}}{30\times 2}$$

二、表面微生物检测

(一)样品采集

用 5 cm×5 cm 灭菌规格板放在被检物体表面,用浸有无菌 0.03 mol/L 磷酸盐缓冲液或生理盐水采样液的棉拭子 1 支,在规格板内横竖往返各涂抹 5 次,并随之转动棉拭子,连续采样 1~4 个规格板面积,剪去手接触部分,将棉拭子放入装有 10 mL 采样液的试管中送检。门把手等小型物体则采用棉拭子直接涂抹物体采样。

(二)检测

把采样管充分振荡后,取不同稀释倍数的洗脱液 1.0 mL 接种平皿,将冷却至 40~45℃的熔化营养琼脂培养基每皿倾注 15~20 mL,36℃±1℃恒温箱培养 48 h,计数菌落数,必要时分离致病性微生物。

(三)结果计算

$$\text{表面菌落总数}(CFU/cm^2)=\frac{\text{平均每皿菌落数}\times\text{采样液稀释倍数}}{\text{采样面积}(cm^2)}$$

项目拓展

1. 生活指导

手是人体接触微生物最多的部位,若不洗手,微生物很容易传播,甚至会对自己和身边人的健康造成威胁。请设计试验,检测洗手前后的微生物数量,体会良好洗手习惯的重要意义。

2. 方法拓展

GB 15979—2002 中华人民共和国国家标准　一次性使用卫生用品卫生标准

GB/T 18204.3—2013 中华人民共和国国家标准　公共场所卫生检验方法第 3 部分:空气微生物

GB/T 18204.4—2013 中华人民共和国国家标准　公共场所卫生检验方法第 4 部分:公共用品用具微生物

ISO 14698－1—2003 生物污染控制总则

理论习题

一、填空题

1. 清洁作业区处于正常生产状态，设备在指定的方式下进行，并且有指定的人员按照规范操作被称为________。

2. 婴幼儿配方乳粉生产清洁作业区（动态）空气微生物监测项目包括____________和____________。

3. ____________是指悬浮在空气中的活微生物粒子。

4. 手部微生物采集时，一只手涂擦面积约______ cm^2。

5. 物体表面微生物检验样品采集时需在规格板内横竖往返各涂抹________次。

6. 婴幼儿配方乳粉清洁作业区（动态）表面微生物控制要求为________ CFU/皿（φ 55 mm）。

7. 浮游菌的收集是通过浮游菌采样仪器实现的，一般采用____________机理。

8. 由于____________方法和____________方法的差异，表面微生物检测具体分为操作人员手部微生物检验和物体表面微生物检验。

9. 沉降菌计数单位为____________，浮游菌计数单位为____________。

二、选择题

1. 浮游菌检验若采用大豆酪蛋白琼脂培养基（TSA）配制的培养皿经采样后，在____________培养箱中培养，培养条件为____________。

A. 20～25℃，2 d　　B. 20～25℃，5 d

C. 30～25℃，2 d　　D. 30～25℃，5 d

2. 浮游菌采样仪器经消毒后，开启浮游菌采样器，使仪器中的残余消毒剂蒸发，时间不少于____________。

A. 5 min　　B. 10 min　　C. 15 min　　D. 30 min

3. 浮游菌的采样工作区测点位置离地____________左右。

A. 0.5～0.8 m　　B. 0.8～1.0 m　　C. 0.8～1.5 m　　D. 1.0～1.5 m

4. 浮游菌采样时每个采样点一般采样一次，每次的采样量与洁净度级别有关，100 000 级作业区最小采样量为____________ L/次。

A. 1 000　　B. 500　　C. 200　　D. 100

5. 沉降菌检验动态测试时，培养皿暴露时间为不大于________，静态测试时，培养皿暴露时间为________ 以上。

A. 1 h，5 min　　B. 2 h，10 min　　C. 3 h，15 min　　D. 4 h，30 min

6. 人________ 皮肤上存在的细菌无论从种类还是数量上都较身体其他部位要多。

A. 手部　　B. 脚部　　C. 脸部　　D. 头部

7. 依据 GB 15982 采集手部微生物时需将浸有无菌 0.03 mol/L 磷酸盐缓冲液或生理盐水采样液的棉拭子一支在双手指曲面从指根到指端来回涂擦各________次。

A. 2　　B. 5　　C. 8　　D. 10

8. 物体表面微生物检验采样规格板面积为________ cm^2。

A. 16　　B. 25　　C. 36　　D. 100

9. 物体表面微生物检验，将放有棉棒的试管充分振摇，此液为________稀释液。

A. 1∶1　　B. 1∶5　　C. 1∶10　　D. 1∶20

10. 沉降菌检验若采用沙氏培养基(SDA)配制的培养皿经采样后，在________培养箱中培养，培养条件为________。

A. 20～25℃，2 d　　B. 20～25℃，5 d

C. 30～25℃，2 d　　D. 30～25℃，5 d

11. 沉降菌检测时，应采用直径________ mm 平皿。

A. 55　　B. 75　　C. 90　　D. 100

12. 接触式采集表面微生物时，培养基表面应与采样点接触不少于________ S，并向整个接触表面施加恒定均匀的压力。

A. 5　　B. 10　　C. 30　　D. 60

三、判断题

1. 某婴儿配方粉清洁作业区面积为 30 m^2，浮游菌检测时采样点数至少为 2 个。(　　)

2. 浮游菌检验以单位体积空气中含浮游菌菌落数表示计数浓度，单位为个/m^3 或个/L。(　　)

3. 每个测点的浮游菌平均浓度必须低于所选定评定标准中的界限，才能判定对应作业区浮游菌数未超标。(　　)

4. 依据婴幼儿配方乳粉生产许可审查细则，需每周监测表面微生物。(　　)

5. 30 m^2 万级洁净区，沉降菌测定最少培养皿数为 2 个。(　　)

6. 沉降菌检测前，不需要对洁净室(区)温度、相对湿度和压差等相关参数进行预先测试，但浮游菌检测前则必须进行测试。(　　)

7. 表面微生物采样后，需将棉拭子上端手接触部位剪掉后，方能放入采样管中。(　　)

8. 婴幼儿配方乳粉生产清洁作业区(动态)空气浮游菌数应≤200 CFU/m^3。(　　)

9. 浮游菌的采样送风口测点位置应离开送风面 50 cm 左右。(　　)

10. 浮游菌采样仪器经消毒后应马上放入培养皿。(　　)

11. 表面微生物是指食品接触表面或与食品接触面临近的表面，具体包括食品加工人员的手部、工具器具、直接接触食品的设备表面、设备外表面、控制面板等。(　　)

12. 物品表面微生物检验结果计算时，代入公式中的采样面积是 25 cm^2。(　　)

四、综合题

1. 分析比较自然沉降法和撞击式空气采样法的优缺点。

2. 对某婴儿配方粉清洁作业区控制面板表面进行微生物采样，连续采样 2 个规格板面积后棉拭子放入装有 10 mL 采样液的试管中混匀，取 1.0 mL 接种平皿，培养计数后平均每皿菌落数为 8 CFU，计算并判断该表面微生物是否超标。

技能操作

一、准备生产清洁作业区微生物检验物品

完成生产清洁作业区微生物检验物品准备，包括培养基、稀释液的配制分装，器皿包扎，物品灭菌和操作环境和设备的准备，填写表11-6。

表11-6 生产清洁作业区微生物检验物品准备记录单

<table>
<tr><td>班级</td><td></td><td>姓名</td><td></td><td>学号</td><td></td><td>组别</td><td></td></tr>
<tr><td>样品</td><td colspan="3"></td><td>依据</td><td colspan="3"></td></tr>
<tr><td colspan="2">检验项目及限值</td><td colspan="6"></td></tr>
<tr><td colspan="2">准备培养基</td><td colspan="6">TSA或SD培养基__________mL，盛装于________mL锥形瓶中。
制备TSA或SD平板________个。
营养琼脂________mL，盛装于________mL锥形瓶中。</td></tr>
<tr><td colspan="2">准备稀释液</td><td colspan="6">稀释液________mL，分装于____支______mm×______mm试管中。</td></tr>
<tr><td colspan="2">包扎物品</td><td colspan="6">包扎直径______cm平皿______个，包扎直径______cm平皿______个。
包扎______mL刻度吸管______支或包扎______μL移液枪吸头____盒。</td></tr>
<tr><td colspan="2">干热灭菌</td><td colspan="6">物品：　　　　　　　　　　条件：</td></tr>
<tr><td colspan="2">湿热灭菌</td><td colspan="6">物品：　　　　　　　　　　条件：</td></tr>
<tr><td colspan="2">无菌物品</td><td colspan="6">棉拭子______支，______cm×______cm灭菌规格板______张。</td></tr>
<tr><td colspan="2">设备准备</td><td colspan="6">水浴锅恒温至__________℃；培养箱1恒温至__________℃；
培养箱2恒温至____℃；无菌室及净化工作台杀菌______min。
另需准备浮游菌采样器、温湿度计、压差计和风速计。</td></tr>
</table>

生产清洁作业区微生物检验物品准备考核共计30分，具体评分标准见表11-7。

表11-7 生产清洁作业区微生物检验物品准备评分表

<table>
<tr><td>班级</td><td colspan="2"></td><td>姓名</td><td></td><td>学号</td><td></td><td>组别</td><td></td></tr>
<tr><td>编号</td><td>配分</td><td colspan="6">评分细则描述</td><td>得分</td></tr>
<tr><td>01</td><td>6</td><td>准备培养基及稀释液</td><td colspan="5">营养琼脂培养基配制量准确，得1分
TSA或SD培养基配制量准确，得1分
TSA或SD平板数量准确，得1分
TSA或SD平板厚度适宜，得1分
稀释液配制量准确，分装量准确，得2分</td><td></td></tr>
</table>

续表11-7

班级		姓名		学号		组别	
02	10	操作规范	称量操作规范，调节天平平衡，称量质量准确，得2分 溶解操作规范，蒸馏水量取准确，培养基和稀释液溶解均一，得2分 分装规范，锥形瓶和试管规格选择合适，移液操作准确，得2分 包扎捆绑操作规范，得2分 培养基倾注操作规范无菌，得2分				
03	6	灭菌	灭菌方法选择正确，得2分 不同培养基灭菌时，参数设置正确，得2分 灭菌操作规范，得2分				
04	8	设备准备	操作环境灭菌规范，得1分 设置培养温度准确，得2分 培养温度波动范围符合标准，得2分 设置培养基保温温度准确，得1分 准备浮游菌采样器、压差计等，得2分				
合计得分							

二、实施生产清洁作业区微生物检验操作

规范地完成生产清洁作业区浮游菌、沉降菌、手部微生物和表面微生物检测，填写表11-8。

表11-8 生产清洁作业区微生物检验操作

班级		姓名		学号		组别	
1.请根据生产作业区实际操作情况绘制浮游菌和沉降菌采样点布置图。 2.请根据实际操作情况，列出并分析对检验结果产生影响的操作点。							

生产清洁作业区微生物检验操作考核共计 50 分，具体评分标准见表 11-9。

表 11-9　生产清洁作业区微生物检验操作评分表

<table>
<tr><td>班级</td><td colspan="2"></td><td>姓名</td><td></td><td>学号</td><td></td><td>组别</td><td></td></tr>
<tr><td>编号</td><td>配分</td><td colspan="6">评分细则描述</td><td>得分</td></tr>
<tr><td>01</td><td>4</td><td>相关
参数
测试</td><td colspan="5">温湿度测试，得 2 分
压差测试，得 1 分
风速测试，得 1 分</td><td></td></tr>
<tr><td>02</td><td>16</td><td>空气
微生物
采集</td><td colspan="5">采样前后采样器消毒彻底，消毒 5 min 后使用采样器，得 4 分
培养皿表面消毒，得 2 分
双手消毒或戴无菌手套，得 1 分
浮游菌和沉降菌采样点数量及采样点布置均合理，得 4 分
浮游菌采样量设置准确，得 2 分
浮游菌采样过程不走动，得 1 分
沉降时间准确，得 2 分</td><td></td></tr>
<tr><td>03</td><td>12</td><td>表面
微生物
采集</td><td colspan="5">棉拭子蘸取无菌稀释液，得 2 分
在双手指曲面从指根到指端来回涂擦各两次，得 4 分
规格板放入物体表面不移动，得 2 分
用棉拭子在规格板内横竖往返各涂抹 5 次，得 2 分
棉拭子放入采样管前剪去手接触部位，得 2 分</td><td></td></tr>
<tr><td>04</td><td>8</td><td>接种
平皿</td><td colspan="5">取样前摇匀样品，得 1 分
摇匀过程中，稀释液未蘸到试管塞，得 1 分
开、盖、持塞手法规范，得 1 分
开塞后、盖塞前烧试管口，得 1 分
做空白对照，得 1 分
表面微生物检验做平行，得 1 分
右手持吸量管，得 1 分
移液过程未漏液，移液体积准确，得 1 分</td><td></td></tr>
<tr><td>05</td><td>3</td><td>倾注
培养基</td><td colspan="5">营养琼脂冷却至 46℃，得 1 分
倾注营养琼脂培养基适量（15～20 mL），得 1 分
转动平皿混合均匀，培养基未溅到皿盖，得 1 分</td><td></td></tr>
<tr><td>06</td><td>7</td><td>培养</td><td colspan="5">判断营养琼脂凝固正确，得 2 分
平皿倒置，得 1 分
空气微生物培养条件正确，得 2 分
表面微生物培养条件正确，得 2 分</td><td></td></tr>
<tr><td colspan="8">合计得分</td><td></td></tr>
</table>

三、生产清洁作业区微生物检验结果记录

请如实规范地填写生产清洁作业区浮游菌、沉降菌、手部微生物和表面微生物的检验结果记录表 11-10。

表 11-10　生产清洁作业区微生物检验结果记录表

检验依据				
测试时间		生产开始时间		
温度		湿度		
压差		换气		
作业区面积		作业区所处状态		
结　果　记　录				
检测项目	浮游菌	沉降菌	手部微生物	表面微生物
样品采集	布点数： 采样量：	布点数： 沉降时间：	稀释倍数：	采样面积： 稀释倍数：
空白试验				
培养条件				
平板菌落数				
计算结果				
控制值				
单项结论				
检验结论				
检验人员：		检验日期：		

生产清洁作业区微生物检验结果及记录共计 20 分，具体评分见表 11-11。

表 11-11　生产清洁作业区微生物检验结果及记录考核评分表

<table>
<tr><td>班级</td><td></td><td>姓名</td><td></td><td>学号</td><td></td><td>组别</td><td></td></tr>
<tr><td>编号</td><td>配分</td><td colspan="5">评分细则描述</td><td>得分</td></tr>
<tr><td>01</td><td>3</td><td>菌落生长情况</td><td colspan="4">空白对照未长菌落，得 1 分
菌落在平板上分布均匀，得 1 分
平行试验的两块平板菌落数相比小于 5%，得 1 分</td><td></td></tr>
<tr><td>02</td><td>4</td><td>环境条件</td><td colspan="4">及时记录温湿度等环境条件，得 2 分
温湿度、压差等符合检测要求，得 2 分</td><td></td></tr>
<tr><td>03</td><td>6</td><td>原始记录</td><td colspan="4">试验数据直接填入原始记录表，得 1 分
浮游菌、沉降菌、手部微生物和表面微生物结果单位填写正确，得 4 分
无修改，得 1 分</td><td></td></tr>
<tr><td>04</td><td>7</td><td>菌落计数与结果报告</td><td colspan="4">菌落计数正确，得 1 分
浮游菌、沉降菌、手部微生物和表面微生物菌落数的结果计算正确，得 4 分
结果的有效位数正确，得 1 分
结论表述正确，得 1 分</td><td></td></tr>
<tr><td colspan="7">合计得分</td><td></td></tr>
</table>

项目十二
糕点微生物检验

【项目背景】

我国的面包糕点行业从21世纪初开始呈现出快速发展的趋势。2015年面包糕点市场规模1 000亿元，其中面包行业规模270亿元，增速在10%以上。随着人们生活水平的不断提高、生活节奏的加快、饮食习惯的变化、农村市场的开发，面包产业将会有更大的发展空间。预计2020年，我国面包零售规模将达到330亿元，到2026年面包零售规模将突破550亿元。随着未来蛋糕向二、三级城市漫延的速度加快，预计2020年，我国蛋糕零售规模将达到870亿元，到2026年蛋糕零售规模将达到1 500亿元。怎样才能生产出合格的产品？GB 7099—2015《食品安全国家标准 糕点 面包》为糕点的生产提供微生物的限量标准，也为糕点产品的质量保驾护航。

匠人精神

【学习目标】

知识目标

1. 认知GB 7099、GB 29921、GB 4789.2、GB 4789.3、GB 4789.4、GB 4789.10、GB 4789.15对检验的要求
2. 认知糕点中微生物检验的基本要求、操作步骤、结果计算及判断产品安全质量

能力目标

1. 能规范地采样
2. 能规范地进行取样，无菌操作
3. 能规范地完成菌落总数、大肠菌群、霉菌及致病菌的检验
4. 能对检验结果进行分析，能判断产品质量，能写出一份完整的检测报告

素质目标

1. 恪守职业道德，具有较强的食品质量安全法律法规意识和规范操作意识
2. 具有良好的沟通能力、团队协作精神与创新思维和发展能力
3. 具有获取、处理、传递和利用信息的能力

任务一　糕点微生物限量检验

任务描述

糕点生产企业要对糕点进行检验，检验合格才能销售。除了感官和理化指标，还要进行微生物检验，具体要检验哪些微生物指标呢？如何检验呢？请查阅相关标准，进行标准解读后完成糕点的微生物检验并提交检验报告单。

学习导图

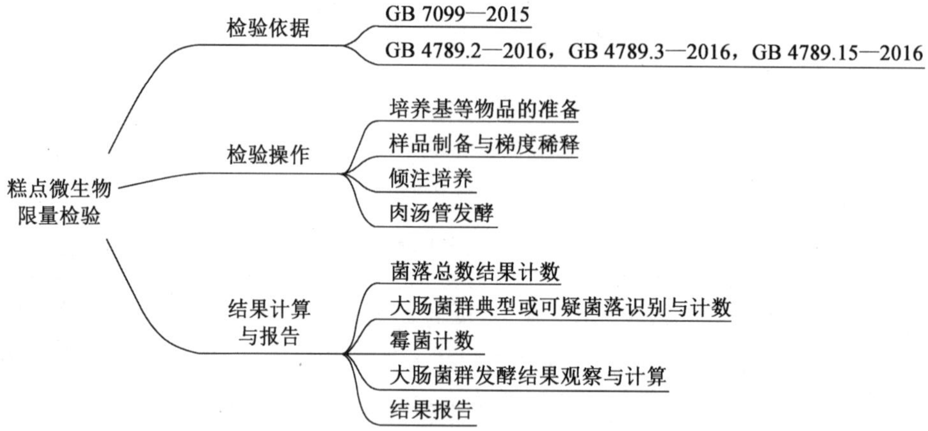

相关知识

一、参考标准

GB 7099—2015 食品安全国家标准　糕点　面包

GB 4789.2—2016 食品安全国家标准　食品微生物学检验　菌落总数测定

GB 4789.3—2016 食品安全国家标准　食品微生物学检验　大肠菌群计数

GB 4789.15—2016 食品安全国家标准　食品微生物学检验　霉菌酵母计数

二、糕点微生物指标限量

糕点是以面粉或米粉、糖、油脂、蛋、乳品等为主要原料，配以各种辅料、馅料和调味料，初制成型，再经蒸、烤、炸、炒等方式加工制成的食品。

糕点微生物检验培养基的制作

面包是一种以五谷（一般是麦类）为主要原料，以酵母、鸡蛋、油脂、果仁等为辅料，加水调制成面团，经过发酵、整型、成型、焙烤、冷却等过程加工而成的焙烤食品。

糕点中致病菌限量应符合 GB 29921—2013 中熟制粮食制品（含焙烤类）的规定。致病菌限量见表 12-1。

表 12-1 糕点中致病菌限量

项目	采样方案及限量(若非指定,均以 25 g 表示)				检验方法
	n	c	m	M	
沙门氏菌	5	0	0	—	GB 4789.4
金黄色葡萄球菌	5	1	100 CFU/g	1 000 CFU/g	GB 4789.10 第二法

糕点微生物检验需依据 GB 7099—2015,对微生物限量的规定及应采用的检验方法见表 12-2。

表 12-2 糕点中微生物限量及检验方法

项目	采样方案[a]及限量				检验方法
	n	c	m	M	
菌落总数[b]	5	2	10^4	10^5	GB 4789.2
大肠菌群[b]	5	2	10	10^2	GB 4789.3
霉菌[c]	≤150				GB 4789.15

a 样品的采集及处理按 GB 4789.1 执行

b 菌落总数和大肠菌群的要求不适用于现制现售的产品,以及含有未熟制的发酵配料或新鲜水果蔬菜的产品

c 不适用于添加了霉菌成熟干酪的产品

采样方案分为二级和三级采样方案。二级采样方案设有 n、c 和 m 值,三级采样方案设有 n、c、m 和 M 值。

按照二级采样方案设定的指标,在 n 个样品中,允许有≤c 个样品其相应微生物指标检验值大于 m 值。

按照三级采样方案设定的指标,在 n 个样品中,允许全部样品中相应微生物指标检验值小于或等于 m 值;允许有≤c 个样品其相应微生物指标检验值在 m 值和 M 值之间;不允许有样品中相应微生物指标检验值大于 M 值。

例如:$n=5$,$c=2$,$m=100$ CFU/g,$M=1\ 000$ CFU/g,含义是从一批产品中采集 5 个样品,若 5 个样品的检验结果均小于或等于 m 值(≤100 CFU/g),则这种情况是允许的;若≤2 个样品的结果(X)位于 m 值和 M 值之间(100 CFU/g <X≤1 000 CFU/g),则这种情况也是允许的;若有 3 个及以上样品的检验结果位于 m 值和 M 值之间,则这种情况是不允许的;若有任一样品的检验结果大于 M 值(>1 000 CFU/g),则这种情况也是不允许的。

糕点采样方案为三级采样方案。

任务实施

一、检验材料

(一)主要设备

恒温培养箱(36℃±1℃)、恒温水浴锅(46℃±1℃)、天平(感量为 0.1 g)、振荡器、菌落计

数器等。

(二)主要培养基和试剂

平板计数培养基(PCA)、结晶紫中性红胆盐琼脂(VRBA)、煌绿乳糖胆盐(BGLB)肉汤、马铃薯葡萄糖琼脂(PDA)或孟加拉红、磷酸盐缓冲液、无菌生理盐水等。

(三)主要器皿

1 mL(具 0.01 mL 刻度)吸管、10 mL(具 0.1 mL 刻度)吸管、250 mL 锥形瓶、500 mL 锥形瓶、直径 90 mm 培养皿。

二、操作步骤

糕点微生物检验

(一)检测前培养基及准备工作

1. 平板计数琼脂(PCA)培养基的制作

称取 3.55 g 的 PCA 放入三角瓶中→加入 150 mL 水→塞上硅胶塞→包牛皮纸(标注 PCA、日期及班组)(共做 5 瓶)→121℃高压灭菌 15～20 min。

2. 结晶紫中性红胆盐琼脂(VRBA)培养基的制作

称取 8.3 g 的 VRBA 放入三角瓶中→加入 200 mL 水→塞上硅胶塞→包牛皮纸(标注 VRBA、日期及班组)(共做 5 瓶)→煮沸 2 min。

3. 煌绿乳糖胆盐(BGLB)肉汤培养基的制作

称取 20.8 g 的 BGLB 放入烧杯中→加入 520 mL 水→搅拌溶解→用吸量管吸取 10 mL 溶液放入试管中→倒置放入杜氏小管(共做 50 支 BGLB 肉汤管)→10 支一扎包牛皮纸(标注 BGLB、日期及班组)→121℃高压灭菌 15～20 min。

4. 马铃薯葡萄糖琼脂(PDA)或孟加拉红培养基的制作

称取 9.2 g 的 PDA 或 7.32 g 孟加拉红培养基放入三角瓶中→加入 200 mL 水→塞上硅胶塞→包牛皮纸(标注孟加拉红、日期及班组)共做 5 瓶→121℃高压灭菌 15～20 min。

5. 无菌生理盐水的制作

称取 11.05 g 的 NaCl 于烧杯中,加入 1 300 mL 水→搅拌溶解→用量筒量取 225 mL 放入锥形瓶中(共做 5 瓶),用吸量管吸 9 mL 放入试管中(15 支)→塞上硅胶塞→包牛皮纸→121℃高压灭菌 15～20 min。

6. 无菌培养皿的准备

将 120 套培养皿清洗干净→放入烘箱烘干→再装入培养皿筒中→灭菌(湿热灭菌 121℃ 30 min,干热灭菌 165℃,2 h)

7. 做多个棉球→包 5 张取样的称量纸和 20 支 1 mL 的吸管→包 5 把镊子和 5 把剪刀→0.11 MPa(121℃)灭菌 15～20 min。

(二)样品制备及检验

1. 样品的全部制备过程均应遵循无菌操作。菌落总数、霉菌与大肠菌群计数检验流程见图 12-1 和图 12-2。

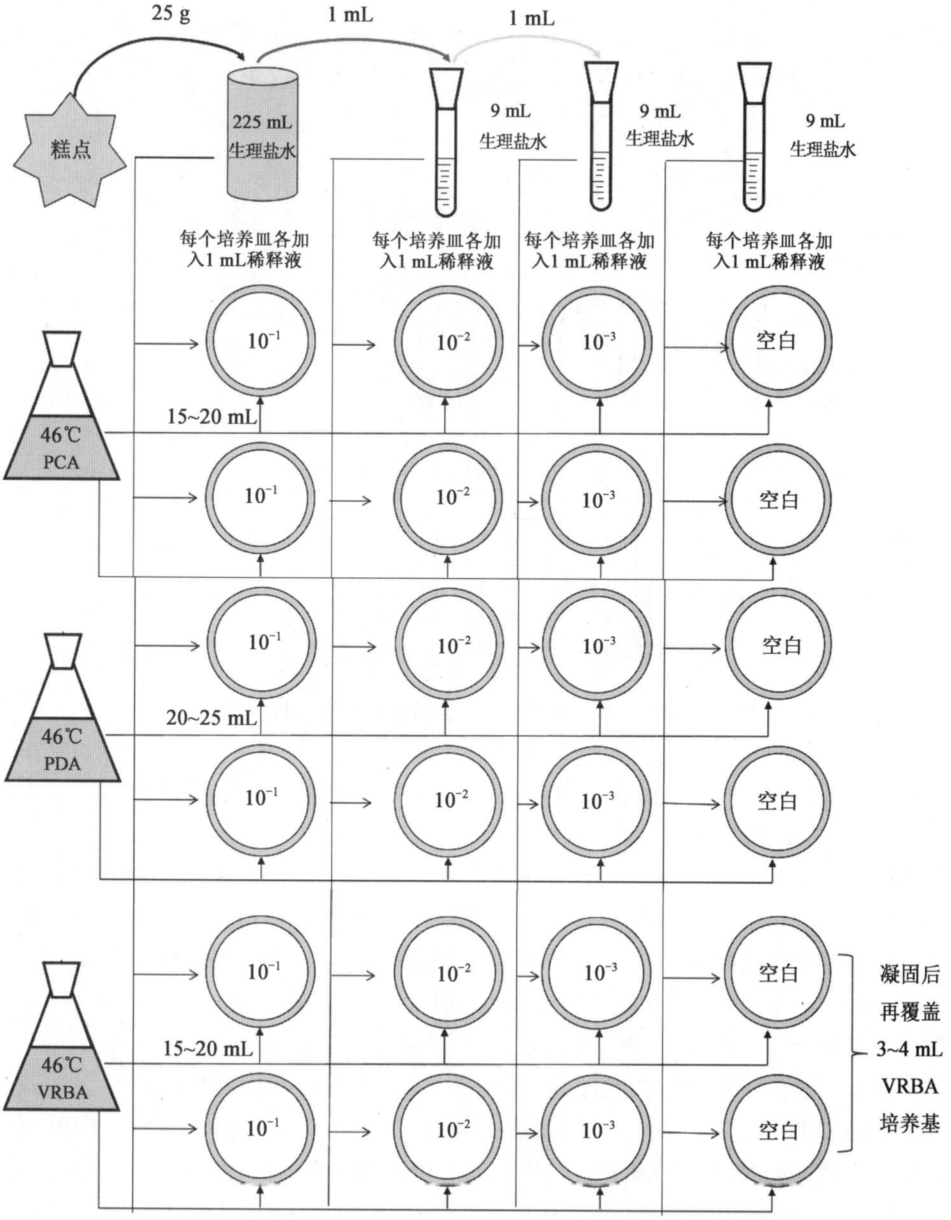

图 12-1　糕点中菌落总数、霉菌与大肠菌群计数检验流程

2. 以无菌操作称取 25 g 样品于无菌均质袋中，加入 225 mL 灭菌生理盐水，用拍击式均质器拍打 1～2 min，制成 1∶10 的样品匀液。

3. 样品匀液的 pH 应在 6.5～7.5，必要时分别用 1 mol/L 的 NaOH 或 1 mol/L 的 HCl 调节。

4. 用 1 mL 无菌吸管或微量移液器吸取 1∶10 样品匀液 1 mL，沿管壁缓慢注于装有 9 mL 生理盐水的无菌试管中(注意吸管尖端不要触及稀释液)，振摇试管或换用 1 支无菌吸管反复吹打使其混合均匀，制成 1∶100 的样品匀液。

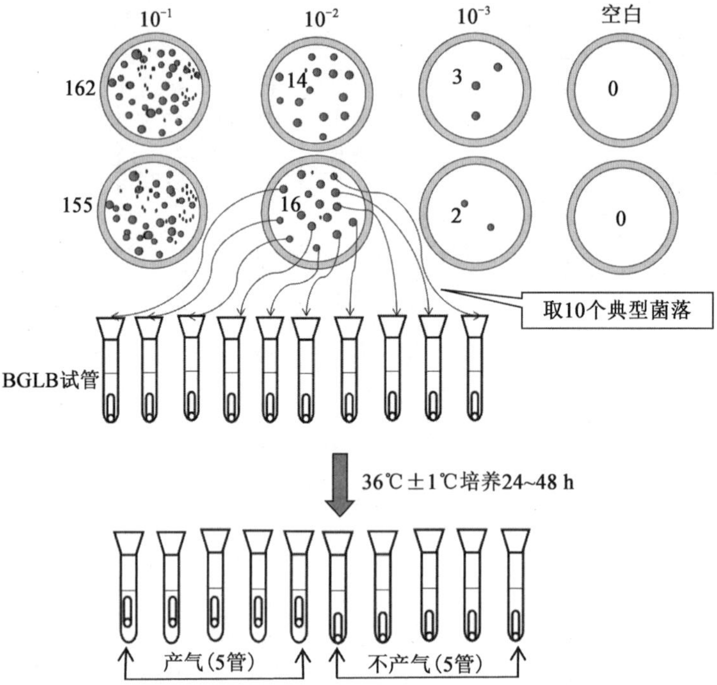

图 12-2 糕点中大肠菌群典型菌落发酵产气检验流程

5. 另取 1 mL 无菌吸管或微量移液器吸头，按上述操作顺序，做 10 倍递增样品匀液，每递增稀释一次，即换用 1 次 1 mL 灭菌吸管或吸头。

6. 菌落总数测定。根据对样品污染状况的估计，选择 2～3 个适宜稀释度的样品匀液，在进行 10 倍递增稀释时，吸取 1 mL 样品匀液于无菌平皿内，每个稀释度做两个平皿。同时，分别吸取 1 mL 空白稀释液加入两个无菌平皿内作空白对照。及时将 15～20 mL、冷却至 46℃的平板计数琼脂培养基(可放置于 46℃±1℃恒温水浴箱中保温)倾注平皿，并转动平皿使其混合均匀。待琼脂凝固后，将平板翻转，36℃±1℃培养 48 h±2 h。

7. 霉菌计数。根据对样品污染状况的估计，选择 2～3 个适宜稀释度的样品匀液，在进行 10 倍递增稀释时，吸取 1mL 样品匀液于无菌平皿内，每个稀释度做两个平皿。同时，分别吸取 1 mL 空白稀释液加入两个无菌平皿内作空白对照。及时将 20～25 mL、冷却至 46℃的马铃薯葡萄糖琼脂(PDA)或孟加拉红培养基(可放置于 46℃±1℃恒温水浴箱中保温)倾注平皿，并转动平皿使其混合均匀。待琼脂凝固后，正置平板，28℃±1 培养箱培养，观察并记录培养至第 5 天结果。

8. 大肠菌群计数。选取 2～3 个适宜的连续稀释度，每个稀释度接种 2 个无菌平皿，每皿 1 mL。同时取 1 mL 生理盐水加入无菌平皿作空白对照。及时将 15～20 mL、融化并恒温至 46℃的结晶紫中性红胆盐琼脂(VRBA)倾注于每个平皿中。小心旋转平皿，将培养基与样液充分混匀，待琼脂凝固后，再加 3～4 mL 的 VRBA 覆盖平板表层。翻转平板，置于 36℃±1℃培养 18～24 h。

选取菌落数在 15～150 CFU 之间的平板，分别计数平板上出现的典型和可疑大肠菌群菌落（如菌落直径较典型、菌落小)。典型菌落为紫红色，菌落周围有红色的胆盐沉淀环，菌落直径为 0.5 mm 或更大。最低稀释度平板低于 15 CFU 的记录具体菌落数。

从 VRBA 平板上挑取 10 个不同类型的典型和可疑菌落，少于 10 个菌落的挑取全部典型和可疑菌落，分别移种于 BGLB 肉汤管内，36℃±1℃培养 24～48 h，观察产气情况。凡 BGLB 肉汤管产气，即可报告为大肠菌群阳性。

（三）菌落计数

菌落计数参考：项目二 菌落总数的测定；项目三 大肠菌群计数；项目五 霉菌、酵母菌计数。

例 1：某批糕点产品做菌落总数的测定，大肠菌群计数和霉菌计数。取样为 5 份，微生物检验原始记录如表 12-3，表 12-4，表 12-5 所示，请完善结果栏并判断该批产品是否合格。

表 12-3　菌落总数测定结果情况

样品号	稀释度								结果/(CFU/g)
	1∶10(10^{-1})		1∶100(10^{-2})		1∶1 000(10^{-3})		空白试验		
	菌落数								
1 号	320	294	32	31	3	2	0	0	
2 号	255	289	25	28	2	1	0	0	
3 号	330	305	35	33	3	4	0	0	
4 号	322	298	34	38	2	4	0	0	
5 号	35	40	4	5	1	0	0	0	
单项检验结论：									

表 12-4　大肠菌群检验结果情况

样品号	项目	稀释度						结果/(CFU/g)
		1∶10(10^{-1})		1∶100(10^{-2})		1∶1 000(10^{-3})		
1 号	典型和可疑菌落数	155	162	14	16	2	3	
	用于 BGLB 肉汤管培养菌落数				10			
	BGLB 肉汤管产气管数				5			
2 号	典型和可疑菌落数	205	220	25	20	3	2	
	用于 BGLB 肉汤管培养菌落数			10				
	BGLB 肉汤管产气管数			6	5			
3 号	典型和可疑菌落数	210	180	24	15	3	2	
	用于 BGLB 肉汤管培养菌落数			10				
	BGLB 肉汤管产气管数			5	5			
4 号	典型和可疑菌落数	165	130	13	14	1	2	
	用于 BGLB 肉汤管培养菌落数		10					
	BGLB 肉汤管产气管数		5					
5 号	典型和可疑菌落数	183	152	18	14	2	2	
	用于 BGLB 肉汤管培养菌落数			10				
	BGLB 肉汤管产气管数			6				
单项检验结论：								

表 12-5　霉菌计数结果情况

样品号	稀释度								结果/(CFU/g)
	1∶10(10^{-1})		1∶100(10^{-2})		1∶1 000(10^{-3})		空白试验		
	菌落数								
1 号	125	115	12	13	1	2	0	0	
2 号	112	109	10	11	0	1	0	0	
3 号	130	123	13	11	1	3	0	0	
4 号	95	78	8	6	1	0	0	0	
5 号	25	35	3	4	1	0	0	0	
单项检验结论：									

解：1 号样品的结果如下。

(1)菌落总数：空白无菌，此次检验有效。第一稀释度和第二稀释度间有 30～300 CFU 之间的数。

$$N_1=\frac{\sum c}{(n_1+0.1n_2)\times d}=\frac{294+31+32}{[1+(0.1\times 2)]\times 10^{-1}}=\frac{357}{0.12}$$
$$=2\ 975\approx 3.0\times 10^3(\text{CFU/g})$$

(2)大肠菌群：10^{-2} 样品稀释液 1 mL，在 VRBA 平板上有 16 个典型和可疑菌落，挑取其中 10 个接种 BGLB 肉汤管，证实有 5 个阳性管，则该样品的大肠菌群数为：

$$N_2=\frac{16\times 5}{10\times 10^{-2}}=800=8.0\times 10^2(\text{CFU/g})$$

(3)霉菌计数：空白无菌，此次检验有效，第一稀释度和第二稀释度间有 10～150 CFU 之间的数。

$$N_3=\frac{\sum c}{(n_1+0.1n_2)\times d}$$
$$=\frac{125+115+13+12}{[2+(0.1\times 2)]\times 10^{-1}}=\frac{265}{0.22}=1\ 204=1.2\times 10^3(\text{CFU/g})$$

用同样方法计算 2～5 号样品(略)。该批糕点产品的检验结果见表 12-6。

表 12-6　糕点微生物检验计算结果　　CFU/g

样品	项目		
	菌落总数	大肠菌群	霉菌
1 号	3.0×10^3	8.0×10^2	1.2×10^3
2 号	2.8×10^3	1.3×10^3	2.4×10^3
3 号	3.4×10^3	9.8×10^2	2.7×10^3
4 号	3.1×10^3	6.5×10^2	1.3×10^3
5 号	3.8×10^2	1.1×10^3	4.3×10^3

对照表12-1的微生物限量，菌落总数都小于10^4 CFU/g，所以菌落总数是符合要求的，大肠菌群都超过了10^2 CFU/g，所以不符合要求；霉菌都超过150 CFU/g，所以霉菌检验也不符合要求，故判定该批糕点微生物中大肠菌群和霉菌超标，为不合格产品。

理论习题

一、判断题

1. 糕点、面包中会含有大量活的酵母菌。(　　)

2. 做霉菌计数时，稀释度的选择跟产品污染程度有关，最好选择的稀释度最后菌落数在10～150 CFU之间。(　　)

3. 做菌落总数测定时，稀释度的选择跟产品污染程度有关，最好选择的稀释度最后菌落数在30～300 CFU之间。(　　)

4. 从VRBA平板上挑取10个不同类型的典型和可疑菌落，少于10个菌落的挑取全部典型和可疑菌落，分别移种于BGLB肉汤管内，36℃±1℃培养24～48 h，观察产气情况。凡BGLB肉汤管产气，即可报告为大肠菌群阴性。(　　)

5. 大肠菌群在VRBA平板典型菌落为紫红色，菌落周围有红色的胆盐沉淀环，菌落直径为0.5 mm或更大。(　　)

6. 大肠菌群是革兰氏阳性无芽孢杆菌。(　　)

7. 糕点中一般检不出菌落总数，因为焙烤温度高可以把微生物杀死。(　　)

8. 糕点微生物检验时每个班次取1个样品就可以了。(　　)

9. 菌落数和大肠菌群的要求不适用于现制现售的产品，以及含有未熟制的发酵配料或新鲜水果蔬菜的产品。(　　)

10. 糕点中菌落总数测定时，如果空白试验有菌，则此次检验无效。(　　)

二、单选题

1. 糕点、面包中大肠菌群检验用下列________方法。

A. 大肠菌群MPN计数法　　B. 大肠菌群平板计数法

C. LST发酵法　　D. 革兰氏染色法

2. 糕点、面包微生物限量中菌落总数检测，同一批产品需要取________个样品进行检验。

A. 2个样品　　B. 3个样品

C. 4个样品　　D. 5个样品

三、主观讨论题

1. 糕点、面包微生物检验中，大肠菌群检出的概率大吗？为什么？

2. 假设您是糕点、面包生产工厂的质量主管，您将如何进行质量控制？请写出具体的工作方案。

技能操作

一、准备糕点微生物限量检验物品

完成糕点微生物限量检验物品准备，并填写表 12-7，具体操作要求见表 12-8。

表 12-7　糕点微生物限量检验物品准备记录单

<table>
<tr><td>班级</td><td></td><td>姓名</td><td></td><td>学号</td><td></td><td>组别</td><td></td></tr>
<tr><td>样品编号</td><td colspan="3"></td><td>检验依据</td><td colspan="3"></td></tr>
<tr><td>检验项目及限值</td><td colspan="7"></td></tr>
<tr><td rowspan="4">配制培养基</td><td>PCA 培养基</td><td colspan="6">称量____g 培养基，加入____mL 水溶解，盛装于____mL 锥形瓶中。</td></tr>
<tr><td>VRBA 培养基</td><td colspan="6">称量____g VRBA 培养基，加入____mL 水溶解，煮沸____min，分装于____mL 无菌锥形瓶中。</td></tr>
<tr><td>PDA 培养基</td><td colspan="6">称量____g 培养基，加入____mL 水溶解，盛装于____mL 锥形瓶中。</td></tr>
<tr><td>BGLB 肉汤培养基</td><td colspan="6">称量____g 培养基，加入____mL 水溶解，吸取____mL 放入试管中。</td></tr>
<tr><td>配制稀释液</td><td colspan="7">称量____g 氯化钠，加入____mL 水溶解，待分装。</td></tr>
<tr><td>分装稀释液</td><td colspan="7">量取出____mL 稀释液盛装于____mL 锥形瓶中。
量取出____mL 稀释液盛装于____试管中，共分装____支。</td></tr>
<tr><td>包扎器皿</td><td colspan="7">包扎____mL 移液管____支，包扎____mL 移液管____支。
包扎直径____mm 平皿____套。</td></tr>
<tr><td>干热灭菌</td><td colspan="7">物品：
条件：</td></tr>
<tr><td>高温高压蒸汽灭菌</td><td colspan="7">物品：
条件：</td></tr>
<tr><td>煮沸灭菌</td><td colspan="7">物品：
条件：</td></tr>
<tr><td>设备准备</td><td colspan="7">水浴锅恒温至____℃；培养箱恒温至____℃；
无菌室及净化工作台杀菌____min。</td></tr>
</table>

表 12-8　糕点微生物限量检验物品准备评分表

<table>
<tr><td>班级</td><td></td><td>姓名</td><td></td><td>学号</td><td></td><td>组别</td><td></td></tr>
<tr><td>编号</td><td>配分</td><td colspan="5">评分细则描述</td><td>得分</td></tr>
<tr><td>01</td><td>2</td><td>试剂选择</td><td colspan="4">培养基选择正确，得 1 分
稀释液成分选择正确，得 1 分</td><td></td></tr>
<tr><td>02</td><td>6</td><td>称量</td><td colspan="4">检查天平是否平衡，得 1 分
称量操作正确，得 3 分
称量质量准确，得 2 分</td><td></td></tr>
<tr><td>03</td><td>4</td><td>溶解</td><td colspan="4">蒸馏水量取准确，得 1 分
培养基溶解均一，得 2 分
稀释液溶解均一，得 1 分</td><td></td></tr>
<tr><td>04</td><td>7</td><td>分装</td><td colspan="4">锥形瓶规格选择合适，得 1 分
稀释试管规格选择合适，得 1 分
分装 BGLB 肉汤试管规格合适，得 1 分
BGLB 肉汤中发酵倒导管管口朝下放置，得 2 分
量取、移液操作准确，得 1 分
分装数量准确，得 1 分</td><td></td></tr>
<tr><td>05</td><td>4</td><td>包扎</td><td colspan="4">选择移液管规格正确，数量准确，得 1 分
选择平皿规格正确，数量准确，得 1 分
包扎捆绑操作规范，得 2 分</td><td></td></tr>
<tr><td>06</td><td>3</td><td>煮沸灭菌</td><td colspan="4">VRBA 培养基选择灭菌方法正确，得 1 分
VRBA 培养基煮沸时间正确，得 1 分
VRBA 培养基恒温至 45～50℃备用，得 1 分</td><td></td></tr>
<tr><td>07</td><td>4</td><td>高压蒸汽灭菌</td><td colspan="4">PCA、PDA、BGLB 肉汤灭菌参数选择正确，得 2 分
灭菌操作规范，得 2 分</td><td></td></tr>
<tr><td colspan="7">合计得分</td><td></td></tr>
</table>

二、实施糕点微生物限量检验操作

完成糕点微生物限量检验操作，并填写表 12-9，具体操作评分标准见表 12-10，糕点微生物限量检验操作考核共计 50 分。

表 12-9　糕点微生物限量检验操作

<table>
<tr><td>班级</td><td></td><td>姓名</td><td></td><td>学号</td><td></td><td>组别</td><td></td></tr>
<tr><td>操作前准备</td><td colspan="7">完成______和______消毒，点燃______，平皿标识清楚（稀释度、检验人、检验日期）。</td></tr>
<tr><td>制备样品</td><td colspan="7">无菌称取 ______ g 样品，置于均质袋中，加入 225 mL 生理盐水，均质，制成 ______ 的样品匀液。</td></tr>
</table>

续表12-9

班级		姓名		学号		组别	
样品梯度稀释	用______ mL 无菌吸管吸取 ______ mL 1∶10 的样品匀液，置于 9 mL 生理盐水中反复吹打或涡旋混匀。每递增稀释一次，即换用 1 次 1 mL 灭菌吸管或吸头，吸头尖端______稀释液面。						
加样	分别选择______个连续的适宜稀释度，每一个稀释度做______平皿。						
倾注培养基	菌落总数测定：______培养基冷却至______，倾注培养基______ mL，转动平皿，混合均匀。 霉菌测定：______培养基冷却至______，倾注培养基______ mL，转动平皿，混合均匀。 大肠菌群计数：______培养基冷却至______，倾注培养基______ mL，转动平皿，混合均匀，凝固后再 覆盖__________ mL 的 VRBA 培养基。						
培养	待琼脂凝固后 菌落总数测定：______℃培养______ h。 霉菌测定：______℃培养______ h。 大肠菌群计数：______℃培养______ h。						
大肠菌群典型菌落发酵产气检验	从______平板上挑取______个不同类型的典型和可疑菌落，少于______个菌落的挑取全部典型和可疑菌落，分别移种于 ______肉汤管内，36℃±1℃培养______ h，观察产气情况。凡______肉汤管______，即可报告为大肠菌群阳性。						
清理	把桌面清理干净，对检验后存在有害菌的样品处理时，必须进行__________灭活处理后方能进行其他处理。						

表 12-10　糕点微生物限量检验操作评分表

<table>
<tr><td>班级</td><td></td><td>姓名</td><td colspan="2"></td><td>学号</td><td></td><td>组别</td><td></td></tr>
<tr><td>编号</td><td>配分</td><td colspan="6">评分细则描述</td><td>得分</td></tr>
<tr><td>01</td><td>4</td><td>操作前准备</td><td colspan="5">完成台面清洁消毒和手部消毒，得 2 分
点燃酒精灯，得 1 分
平皿标识清楚（稀释度、检验人、检验日期），得 1 分</td><td></td></tr>
<tr><td>02</td><td>8</td><td>制备样品</td><td colspan="5">无菌称取 25 g 样品置于均质袋中，得 4 分
加入 225 mL 生理盐水，得 2 分
充分混匀，得 2 分</td><td></td></tr>
<tr><td>03</td><td>9</td><td>样品梯度稀释</td><td colspan="5">吸头尖端不触及稀释液面，得 4 分
反复吹打或涡旋，得 2 分
更换吸管，得 3 分</td><td></td></tr>
<tr><td>04</td><td>8</td><td>加样</td><td colspan="5">选择 3 个连续的适宜稀释度，得 4 分
每一个稀释度做 6 个平皿，得 4 分</td><td></td></tr>
<tr><td>05</td><td>8</td><td>倾注培养基</td><td colspan="5">培养基冷却至 46℃，得 2 分
PCA 和 VRBA 培养基每皿倾注 15～20 mL，PDA 培养基每皿倾注 20～25 mL，得 3 分
转动平皿，混合均匀，得 3 分</td><td></td></tr>
</table>

续表 12-10

班级		姓名		学号		组别	
编号	配分	评分细则描述					得分
06	6	培养	菌落总数测定：36℃±1℃培养 48h±2 h，得 2 分 霉菌计数：28℃±1℃培养箱培养，观察并记录培养至第 5 天，得 2 分 大肠菌群：36℃±1℃培养 18～24 h，得 2 分				
07	4	BGLB 产气检验	菌落挑取数量正确，得 1 分 菌落接种操作规范，得 2 分 置于 36℃±1℃培养 18～24 h，得 1 分				
08	3	职业素养	把桌面清理干净并作消毒处理，对检验后存在有害微生物的样品在处理时，必须进行灭活处理后方能进行其他处理，得 3 分				
合计得分							

三、糕点微生物限量检验结果记录

请如实、规范地填写糕点微生物限量检验结果记录表 12-11，糕点微生物检验结果及记录共计 20 分，具体考核评分见表 12-12。

表 12-11　糕点微生物限量检验结果记录表

检验起止日期：　　年　月　日到　　年　月　日

样品名称：	生产日期或编号：
样品数量：	采样地点时间：
样品状态：	检验方法依据：
检验项目：　☑菌落总数　☑大肠菌群	☑霉菌计数　□其他
样品制备：无菌称取 25 g 糕点均质(加 225 mL 生理盐水)。	
检验记录：	

1. 菌落总数测定

样品号	稀释度								结果/(CFU/g)
	1∶10(10^{-1})		1∶100(10^{-2})		1∶1 000(10^{-3})		空白实验		
	菌落数								
1 号									
2 号									
3 号									
4 号									
5 号									

2.大肠菌群检验

样品号	项目	稀释度						结果/(CFU/g)
		1∶10 (10^{-1})		1∶100 (10^{-2})		1∶1 000 (10^{-3})		
1号	典型和可疑菌落数							
	用于 BGLB 肉汤管培养菌落数							
	BGLB 肉汤管产气管数							
2号	典型和可疑菌落数							
	用于 BGLB 肉汤管培养菌落数							
	BGLB 肉汤管产气管数							
3号	典型和可疑菌落数							
	用于 BGLB 肉汤管培养菌落数							
	BGLB 肉汤管产气管数							
4号	典型和可疑菌落数							
	用于 BGLB 肉汤管培养菌落数							
	BGLB 肉汤管产气管数							
5号	典型和可疑菌落数							
	用于 BGLB 肉汤管培养菌落数							
	BGLB 肉汤管产气管数							

3.霉菌计数

样品号	稀释度								结果/(CFU/g)
	1∶10(10^{-1})		1∶100(10^{-2})		1∶1 000(10^{-3})		空白实验		
	菌落数								
1号									
2号									
3号									
4号									
5号									

4. 其他

检验人：　　　　　　　　　　　　　　　　　　校核人：

表 12-12　糕点微生物限量检验结果及记录考核评分表

<table>
<tr><td>班级</td><td></td><td>姓名</td><td></td><td>学号</td><td></td><td>组别</td><td></td></tr>
<tr><td>编号</td><td>配分</td><td colspan="5">评分细则描述</td><td>得分</td></tr>
<tr><td>01</td><td>4</td><td>菌落生长情况</td><td colspan="4">空白对照未长菌落，得 2 分
菌落在平板上分布均匀，得 2 分</td><td></td></tr>
<tr><td>02</td><td>4</td><td>菌落计数与计算</td><td colspan="4">菌落计数正确，得 1 分
选取合适稀释度平板进行计算，得 2 分
菌落数结果计算正确，得 1 分</td><td></td></tr>
<tr><td>03</td><td>5</td><td>大肠菌群计数</td><td colspan="4">选取菌落数在 15～150 CFU 之间的平板计数，得 1 分
典型和可疑大肠菌群菌落特征识别正确，计数正确，得 2 分
BGLB 肉汤产气结果判断正确，得 1 分
结果计算正确，得 1 分</td><td></td></tr>
<tr><td>04</td><td>5</td><td>霉菌和酵母菌菌落计数</td><td colspan="4">从第 3 天开始进行霉菌、酵母菌计数，得 2 分
正确区分霉菌和酵母菌，得 1 分
结果计算正确，得 2 分</td><td></td></tr>
<tr><td>05</td><td>2</td><td>结果报告</td><td colspan="4">菌落数结果的有效位数修约正确，得 1 分
结论表述正确，得 1 分</td><td></td></tr>
<tr><td colspan="7">合计得分</td><td></td></tr>
</table>

任务二　糕点致病菌限量检验

任务描述

糕点中致病菌限量应符合 GB 29921—2013 中熟制粮食制品（含焙烤类）的规定。致病菌限量中沙门氏菌不得检出，金黄色葡萄球菌有一定的限量。如何检验呢？请查阅相关标准，进行标准解读后完成糕点的致病菌限量检验并提交检验报告单。

学习导图

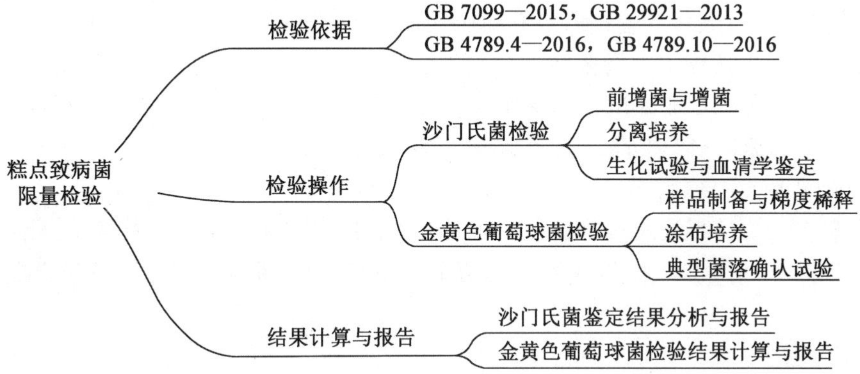

相关知识

参考标准

GB 7099—2015 食品安全国家标准　糕点、面包

GB 29921—2013 食品安全国家标准　食品微生物学检验　食品中致病菌限量

GB 4789.4—2016 食品安全国家标准　食品微生物学检验　沙门氏菌检验

GB 4789.10—2016 食品安全国家标准　食品微生物学检验　金黄色葡萄球菌检验

任务实施

一、检验材料

(一)主要设备

生物安全柜、恒温培养箱(36℃±1℃)、恒温水浴锅(46℃±1℃)、天平(感量为0.1 g)、振荡器、菌落计数器等。

(二)主要培养基和试剂

四硫磺酸钠亮绿培养基(TTB)增菌液、缓冲蛋白胨水(BPW)液、亚硒酸盐胱氨酸(SC)增菌液、亚硫酸铋(BS)琼脂、HE 琼脂、木糖赖氨酸脱氧胆盐(XLD)琼脂、Baird-Parker 培养基、脑心浸出液肉汤(BHI)、营养琼脂、兔血浆、无菌生理盐水等。

(三)主要器皿

1 mL(具0.01 mL 刻度)吸管、10 mL(具0.1 mL 刻度)吸管、直径90 mm 培养皿、250 mL 锥形瓶、500 mL 锥形瓶。

二、检验操作步骤

(一)检验前培养基及准备工作

1. 四硫磺酸钠亮绿培养基(TTB)增菌液的制作

称取0.46 g 的TTB 放入试管中→加入10 mL 水→塞上硅胶塞→包牛皮纸(标注TTB、日期及班组)(共做5管)→121℃高压灭菌15～20 min。

2. 缓冲蛋白胨水(BPW)液的制作

称取4.5g 的BPW 放入三角瓶中→加入225 mL 水→塞上硅胶塞→包牛皮纸(标注BPW、日期及班组)(共做5管)→121℃高压灭菌15～20 min。

3. 亚硒酸盐胱氨酸(SC)增菌液

称取0.23 g 的SC 放入试管中→加入10 mL 水→塞上硅胶塞→包牛皮纸(标注SC、日期及班组)(共做5瓶)→121℃高压灭菌15～20 min。

4. 亚硫酸铋(BS)琼脂

称取5.03 g 的BS 放入三角瓶中→加入100 mL 蒸馏水→加热煮沸至完全溶解→塞上硅胶塞→冷却至45～50℃→摇匀→倾入无菌平皿备用。(无须高压灭菌;保存于黑暗处,48 h 内使用。)

5. HE 琼脂(Hektoen Enteric Agar)

称取 7.56 g 的 HE 放入三角瓶中→加入 100 mL 蒸馏水→加热煮沸不超 1 min→塞上硅胶塞→冷却至 50℃→摇匀→倾入无菌平皿备用(5 皿)。(24 h 内使用,注意保持培养基表面干燥。)

6. 木糖赖氨酸脱氧胆盐(XLD)琼脂

称取 5.7 g 的 XLD 放入三角瓶中→加入 100 mL 纯化水→加热溶解(不要过分加热)→塞上硅胶塞→冷却至 50℃→摇匀→倾入无菌平皿备用(5 皿)。(部分开盖干燥 2 h,然后盖上,备用;无须高压灭菌。)

7. Baird-Parker 培养基

称取 47.3 g 的 Baird-Parker 琼脂培养基于三角瓶中→加入 750 mL 水→搅拌溶解(pH 7.0)→121℃高压灭菌 15 min→冷却至 50℃→加入 39.5 mL 亚碲酸钾卵黄增菌液→混匀后摇匀倾入无菌平皿备用。(共倒 45 个培养皿,使用前在冰箱贮存不得超过 48 h。)

8. 脑心浸出液肉汤(BHI)

称取 15 g 的 BHI 放入烧杯中,加入 600 mL 水→搅拌溶解(pH 7.4)→用吸量管吸取 5 mL 溶液放入试管中→共做 120 支管

9. 营养琼脂小斜面

称取 12 g 的 PCA 放入烧杯中→加入 500 mL 水→加热溶解(pH 7.2)→分装试管 →每管装 4 mL(共装 120 支管)→121℃高压灭菌 15 min →制成斜面

10. 无菌生理盐水的制作

称取 11.05 g 的 NaCl 于烧杯中,加入 1 300 mL 水→搅拌溶解→用量筒量取 225 mL 放入均质杯中(共做 5 杯),用吸量管吸 9mL 放入试管中(10 支)→塞上硅胶塞→包牛皮纸→121℃高压灭菌 15～20 min。

11. 兔血浆(参考项目六:金黄色葡萄球菌检验)

12. 做多个棉球、包 20 支 1 mL 的吸管、5 把镊子、5 把剪刀、5 张取样纸和 65 套培养皿→0.11 MPa(121℃)灭菌 15 min。

(二)沙门氏菌的检验步骤

1. 整个操作为无菌操作,操作步骤见图 12-3。

2. 前增菌　称取 25 g 样品放入盛有 225 mL BPW 的无菌均质杯中,以 8 000～10 000 r/min 均质 1～2 min。如需测定 pH,用 1 mol/mL 无菌 NaOH 或 HCl 调 pH 至 6.8±0.2。

无菌操作将样品转至 500 mL 锥形瓶中,于 36℃±1℃培养 8～18 h。

3. 增菌　轻轻摇动培养过的样品混合物,移取 1 mL,接种于 10 mL TTB 内,于 42℃±1℃培养 18～24 h。同时,另取 1 mL,接种于 10 mL SC 内,于 36℃±1℃培养 18～24 h。

4. 分离　分别用接种环取增菌液 1 环,划线接种于一个 BS 琼脂平板和一个 XLD 琼脂平板(或 HE 琼脂平板或沙门氏菌属显色培养基平板)于 36℃±1℃分别培养 18～24 h (XLD 琼脂平板、HE 琼脂平板、沙门氏菌属显色培养基平板) 或 40～48 h (BS 琼脂平板),观察各个平板上生长的菌落。不同选择性琼脂平板上的菌落特征见表 12-13。

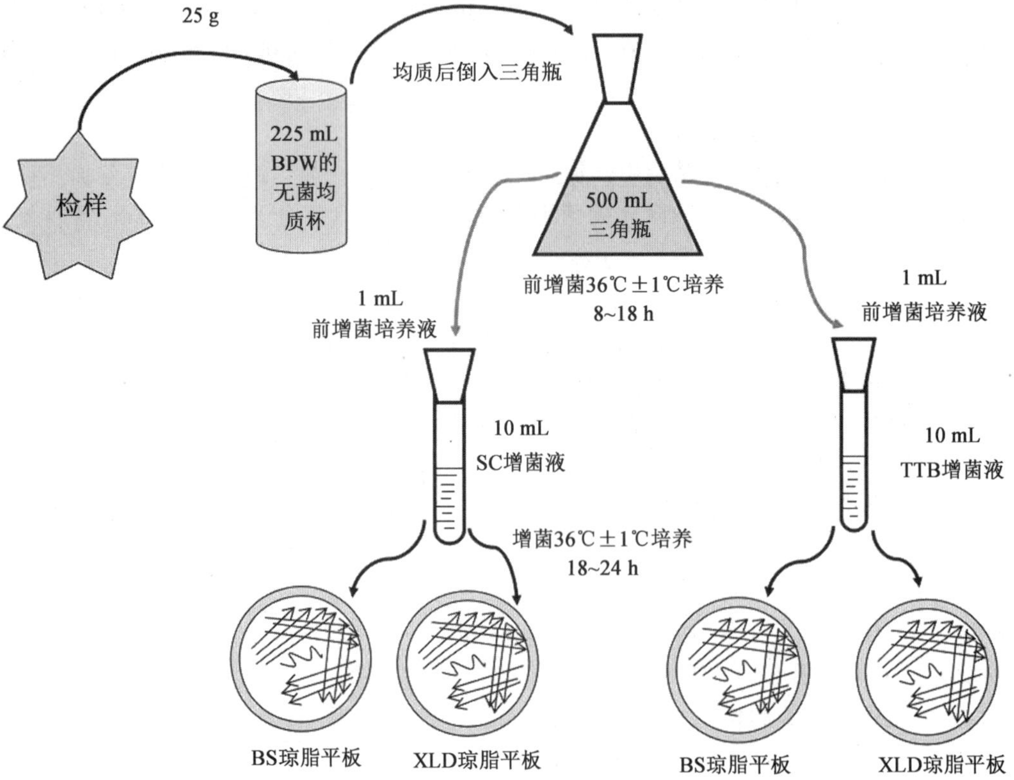

图 12-3 糕点中沙门氏菌检验步骤

表 12-13 沙门氏菌属在不同选择性琼脂平板上的菌落特征

选择性琼脂平板	沙门氏菌
BS 琼脂	菌落为黑色有金属光泽、棕褐色或灰色，菌落周围培养基可呈黑色或棕色；有些菌株形成灰绿色的菌落，周围培养基不变。
HE 琼脂	蓝绿色或蓝色，多数菌落中心为黑色或几乎全黑色；有些菌株为黄色，中心为黑色或几乎全黑色。
XLD 琼脂	菌落呈粉红色，带或不带黑色中心，有些菌株可呈现大的带光泽的黑色中心，或呈现全部黑色的菌落；有些菌株为黄色菌落，带或不带黑色中心。
沙门氏菌属显色培养基	按照显色培养基的说明进行判定。

5. 生化试验参考项目七：沙门氏菌检验

6. 血清学鉴定参考项目七：沙门氏菌检验

(三)金黄色葡萄球菌的检验步骤

1. 检验室消毒处理

2. Baird-Parker 平板制作见图 12-4。

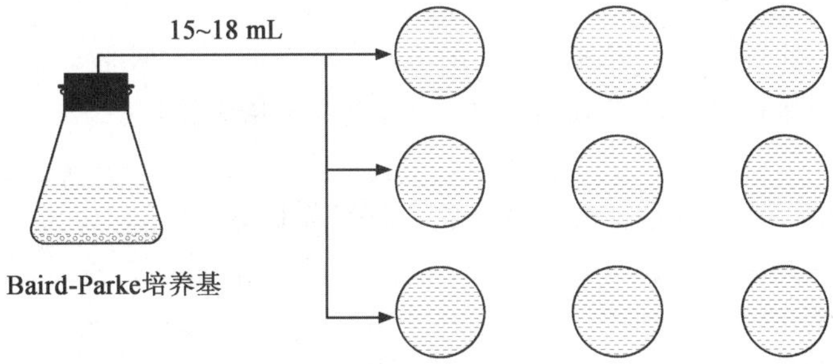

图 12-4 Baird-Parker 平板制作

3. 样品的稀释及接种培养

(1)样品的稀释

称取 25 g 样品置盛有 225 mL 生理盐水的无菌均质杯内，8 000～10 000 r/min 均质 1～2 min，制成 1∶10 的样品匀液。

用 1 mL 无菌吸管或微量移液器吸取 1∶10 样品匀液 1 mL，沿管壁缓慢注于盛有 9 mL 稀释液的无菌试管中(注意吸管或吸头尖端不要触及稀释液面)，振摇试管或换用 1 支 1 mL 无菌吸管反复吹打使其混合均匀，制成 1∶100 的样品匀液。制备 10 倍系列稀释样品匀液。每递增稀释一次，换用 1 次 1 mL 无菌吸管或吸头。

(2)样品的接种

根据对样品污染状况的估计，选择 2～3 个适宜稀释度的样品匀液。在进行 10 倍递增稀释时，每个稀释度分别吸取 1 mL 样品匀液以 0.3 mL、0.3 mL、0.4 mL 接种量分别加入 3 块 Baird-Parker 平板，然后用无菌 L 棒涂布整个平板，注意不要触及平板边缘。使用前，如 Baird-Parker 平板表面有水珠，可放在 25～50℃的培养箱里干燥，直到平板表面的水珠消失。糕点中金黄色葡萄球菌检验稀释、接种及培养见图 12-5。

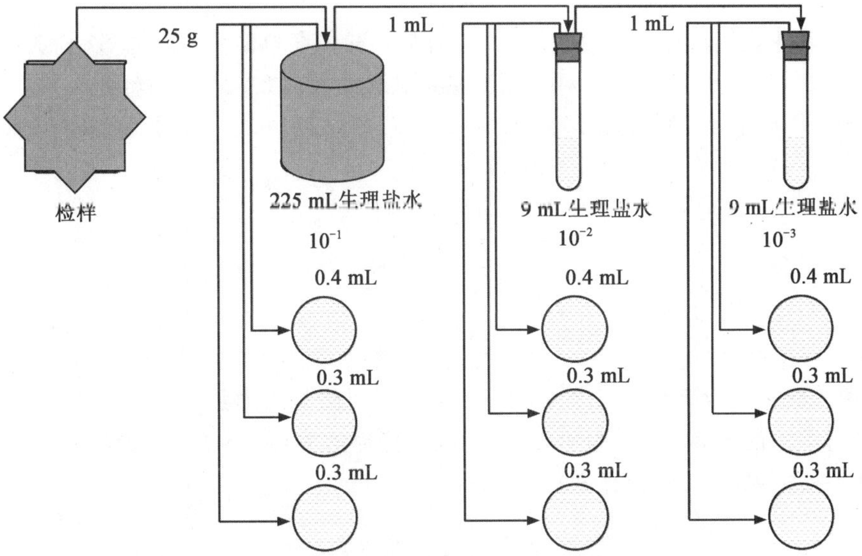

图 12-5 糕点中金黄色葡萄球菌检验稀释及接种培养

(3)培养

在通常情况下，涂布后，将平板静置 10 min，如样液不易吸收，可将平板放在培养箱 36℃±1℃培养 1 h；等样品匀液吸收后翻转平皿，倒置于培养箱，36℃±1℃培养 45～48 h。

4. 染色镜检

金黄色葡萄球菌为革兰氏阳性球菌，排列呈葡萄球状，无芽孢，无荚膜，直径为 0.5～1 μm。

5. 典型菌落计数和确认

(1)金黄色葡萄球菌在 Baird-Parker 平板上，菌落直径为 2～3 mm，颜色呈灰色到黑色，边缘为淡色，周围为一混浊带，在其外层有一透明圈。用接种针接触菌落有似奶油至树胶样的硬度，偶然会遇到非脂肪溶解的类似菌落；但无混浊带及透明圈。长期保存的冷冻或干燥食品中所分离的菌落比典型菌落所产生的黑色较淡些，外观可能粗糙并干燥。

(2)选择有典型的金黄色葡萄球菌菌落，且同一稀释度 3 个平板所有菌落数合计在 20～200 CFU 之间的平板，则计数典型菌落数。

①若只有一个稀释度平板的典型菌落数在 20～200 CFU 之间，则计数该稀释度平板上的典型菌落；

②若最低稀释度平板的典型菌落数大于 20 CFU，则计数该稀释度平板上的典型菌落；

③若某一稀释度平板的典型菌落数大于 200 CFU，但下一稀释度平板上没有典型菌落，则应计数该稀释度平板上的典型菌落；

④若某一稀释度平板的典型菌落数大于 200 CFU ，且下一稀释度平板上有的典型菌落数不在 20～200 CFU 之间，则应计数该稀释度平板上的典型菌落；

以上按公式①计算。

公式①：

$$T = \frac{AB}{Cd}$$

式中：T 为样品中金黄色葡萄球菌菌落数；A 为某一稀释度典型菌落的总数；B 为某一稀释度鉴定为阳性的菌落数；C 为某一稀释度用于鉴定试验的菌落数；d 为稀释因子。

2 个连续稀释度的典型菌落数均在 20～200 CFU 之间，按公式②计算。

公式②：

$$T = \frac{A_1B_1/C_1 + A_2B_2/C_2}{1.1d}$$

式中：T 为样品中金黄色葡萄球菌菌落数；A_1 为第一稀释度(低稀释倍数)典型菌落的总数；B_1 为第一稀释度(低稀释倍数)鉴定为阳性的菌落数；C_1 为第一稀释度(低稀释倍数)用于鉴定试验的菌落数；A_2 为第二稀释度(高稀释倍数)典型菌落的总数；B_2 为第二稀释度(高稀释倍数)鉴定为阳性的菌落数；C_2 为第二稀释度(高稀释倍数)用于鉴定试验的菌落数；1.1 为计算系数；d 为稀释因子(第一稀释度)。

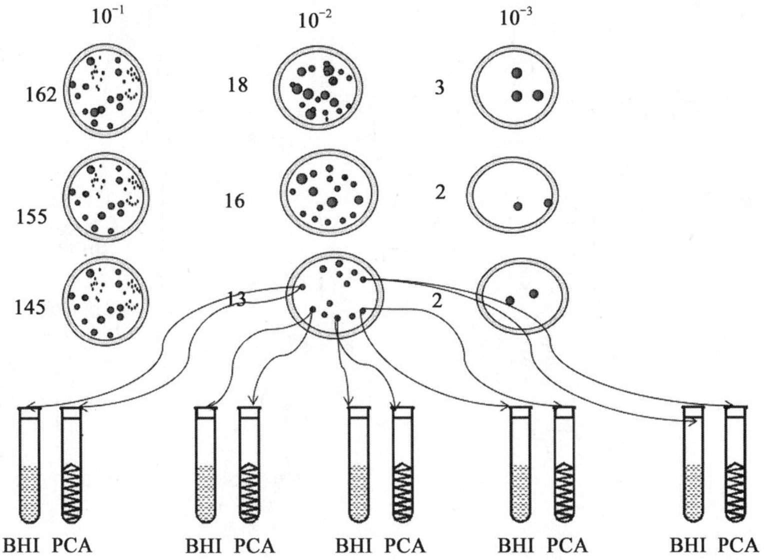

图 12-6　5 个典型菌落的菌落接种培养

(3)从典型菌落中任选 5 个菌落(小于 5 个全选)(图 12-6),分别做血浆凝固酶试验及结果判断(图 12-7、图 12-8)。

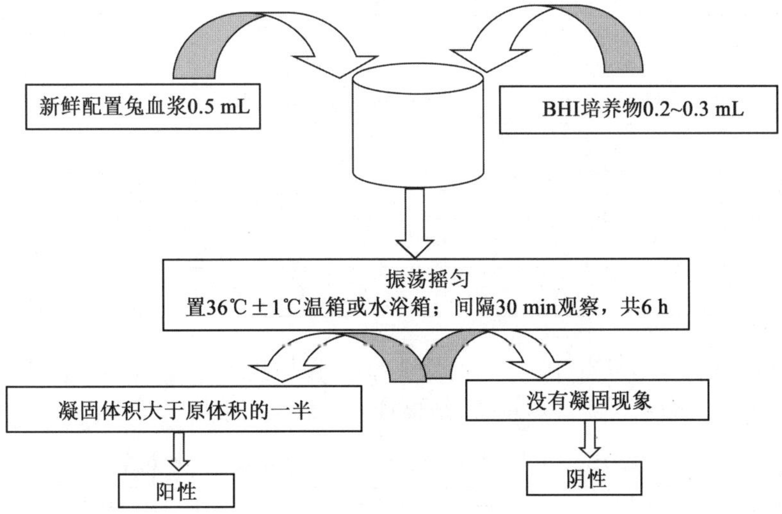

图 12-7　血浆凝固酶试验

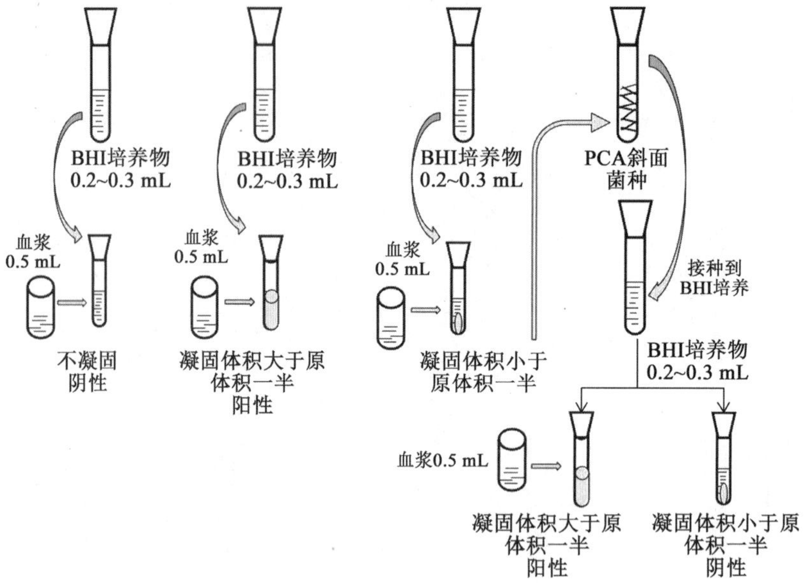

图 12-8 血浆凝固酶试验

三、结果与报告

参考项目六金黄色葡萄球菌检验和项目七:沙门氏菌检验。

例 1:某批糕点产品做金黄色葡萄球菌检验结果见表 12-14。

表 12-14 Baird-Parker 平板培养后菌落情况表

取样量	稀释度		
	1∶10(10^{-1})	1∶100(10^{-2})	1∶1000(10^{-3})
	典型菌落数/CFU	典型菌落数/CFU	典型菌落数/CFU
0.4 mL	25	2	1
0.3 mL	20	1	0
0.3 mL	18	1	0
菌落总数	63	4	1

由表 12-14 可以看出,只有 10^{-1} 平板的典型菌落总数是在 20～200 CFU 之间,所以取 10^{-1} 平板的典型菌落做血浆凝固酶试验,结果见表 12-15。

表 12-15 10^{-1} 平板的典型菌落做血浆凝固酶试验结果

取样量	挑选典型菌落数/CFU	阳性菌落数/CFU
0.4 mL	5	4
0.3 mL	5	5
0.3 mL	5	3
菌落总数	15	12

计算：以上按公式①计算。

$$T=\frac{AB}{Cd}=\frac{63\times 12}{15\times 10^{-1}}=504=5.0\times 10^{2}(\text{CFU/g})$$

例 2：某批糕点产品做金黄色葡萄球菌检验结果见表 12-16。

表 12-16　Baird-Parker 平板培养后菌落情况表

取样量	稀释度		
	1∶10(10^{-1})	1∶100(10^{-2})	1∶1000(10^{-3})
	典型菌落数/CFU	典型菌落数/CFU	典型菌落数/CFU
0.4 mL	70	8	1
0.3 mL	65	7	0
0.3 mL	62	6	0
菌落总数	197	21	1

由表 12-13 可以看出，10^{-1} 和 10^{-2} 平板的典型菌落总数是在 20～200 CFU 之间，所以取 10^{-1} 和 10^{-2} 平板的典型菌落做血浆凝固酶试验，结果见表 12-17。

表 12-17　10^{-1} 和 10^{-2} 平板典型菌落的血浆凝固酶试验结果

取样量	稀释度			
	1∶10(10^{-1})		1∶100(10^{-2})	
	挑选典型菌落数/CFU	阳性菌落数/CFU	挑选典型菌落数/CFU	阳性菌落数/CFU
0.4 mL	5	4	5	4
0.3 mL	5	5	5	3
0.3 mL	5	3	5	2
菌落总数	15	12	15	9

计算：以上按公式②计算。

$$T=\frac{A_1B_1/C_1+A_2B_2/C_2}{1.1d}=\frac{\dfrac{197\times 12}{15}+\dfrac{21\times 9}{15}}{1.1\times 10^{-1}}=1\ 547\approx 1.6\times 10^{3}(\text{CFU/g})$$

例 2：某批糕点产品，各取样 5 个做致病菌（沙门氏菌和金黄色葡萄球菌）检验，检验记录原始结果如表 12-18 和表 12-19，请判断该批产品是否合格。

表 12-18　糕点中沙门氏菌检验结果记录

项目	样品号				
	1 号样品	2 号样品	3 号样品	4 号样品	5 号样品
BS 琼脂	－	－	＋	－	＋
HE 琼脂或 XLD 琼脂	－	－	＋	－	＋
生化试验			－		＋
血清学鉴定					＋

表 12-19 糕点中沙门氏菌检验结果记录

样品号	项目	稀释度								
		1∶10(10^{-1})			1∶100(10^{-2})			1∶1000(10^{-3})		
		0.4/mL	0.3/mL	0.3/mL	0.4/mL	0.3/mL	0.3/mL	0.4/mL	0.3/mL	0.3/mL
1号	典型菌落数	70	65	62	8	7	6	1	0	0
	共挑选典型菌落数	5	5	5	5	5	5			
	血浆凝固酶阳性数	4	5	3	4	3	2			
2号	典型菌落数	25	20	21	2	3	2	0	1	0
	共挑选典型菌落数	5	5	5						
	血浆凝固酶阳性数	4	3	3						
3号	典型菌落数	5	4	2	1	0	0	0	0	0
	共挑选典型菌落数	5	4	2						
	血浆凝固酶阳性数	3	3	1						
4号	典型菌落数	2	1	0	0	0	0	0	0	0
	共挑选典型菌落数	2	1							
	血浆凝固酶阳性数	1	1							
5号	典型菌落数	0	0	0	0	0	0	0	0	0
	共挑选典型菌落数									
	血浆凝固酶阳性数									

通过计算及判断该批糕点的致病菌(沙门氏菌和金黄色葡萄球菌)检验结果如表 12-20。

表 12-20 致病菌(沙门氏菌和金黄色葡萄球菌)检验结果

项目	样品号				
	1号	2号	3号	4号	5号
金黄色葡萄球菌 CFU/g	1.6×10^3	4.4×10^2	70	20	<10
沙门氏菌	—	—	—	—	+

注:+:阳性,—:阴性

结果:综合以上生化试验和血清学鉴定的结果,5 号样品检出有沙门氏菌,报告 25 g 糕点中检出沙门氏菌。

判断:从表 12-20 可知,该批糕点采样有 5 个,检验沙门氏菌时有一个样品检出了沙门氏菌;金黄色葡萄球菌 1 号样品检测数据最大,为 1.6×10^3 CFU/g。根据表 12-1,沙门氏菌不得检出,金黄色葡萄球菌最大不超 1.0×10^3 CFU/g,所以金黄色葡萄球菌也超标,沙门氏菌和金黄色葡萄球菌只要有一项不合格,则该产品就不合格,所以该批糕点为不合格产品。

理论习题

一、判断题

1. 糕点、面包是不允许检出金黄色葡萄球菌的。(　　)

2. 糕点、面包中允许含有少量的沙门氏菌。(　　)

3. 做血浆凝固酶试验时，如呈现凝固(即将试管倾斜或倒置时，呈现凝块)或凝固体积大于原体积的一半，被判定为阳性结果。(　　)

4. 金黄色葡萄球菌在Baird-Parker平板上，菌落直径为2～3 mm，颜色呈灰色到黑色，边缘为淡色，周围为一混浊带，在其外层有一透明圈。(　　)

5. 金黄色葡萄球菌为革兰氏阳性球菌，排列呈葡萄球状，无芽孢，无荚膜，直径为0.5～1 μm。(　　)

6. 沙门氏菌属在BS琼脂上的菌落特征为：菌落为黑色有金属光泽、棕褐色或灰色，菌落周围培养基可呈黑色或棕色；有些菌株形成灰绿色的菌落，周围培养基不变。(　　)

7. 沙门氏菌属在XLD琼脂上的菌落特征为：菌落呈粉红色，带或不带黑色中心，有些菌株可呈现大的带光泽的黑色中心，或呈现全部黑色的菌落；有些菌株为黄色菌落，带或不带黑色中心。(　　)

8. 糕点制作用到鸡蛋，所以其中沙门氏菌检出概率很大。(　　)

9. 糕点产品可以允许检出沙门氏菌。(　　)

10. 糕点、面包致病菌检验主要检沙门氏菌、志贺氏菌、金黄色葡萄球菌。(　　)

二、单选题

1. 糕点、面包中致病菌检验主要检________。

A. 大肠菌群　　B. 霉菌

C. 沙门氏菌　　D. 李斯特菌

2. 糕点、面包致病菌检验，同一批产品需要取________个样品进行检验。

A. 2　　B. 3

C. 4　　D. 5

三、设计题

糕点全指标微生物检验中用到了哪些设备、器皿、培养基和试剂？请逐项列出，要求设备标出基本要求，器皿标出规格和数量，培养基和试剂标出数量。

技能操作

一、准备致病菌检验物品

完成糕点中致病菌检验物品准备，并填写表12-21，糕点中致病菌检验物品准备考核共计30分，其中操作为27分，职业素养为3分。具体考核评分见表12-22。

表 12-21　糕点中致病菌检验物品准备记录单

<table>
<tr><td>班级</td><td></td><td>姓名</td><td></td><td>学号</td><td></td><td>组别</td><td></td></tr>
<tr><td>样品编号</td><td colspan="3"></td><td colspan="2">检验依据</td><td colspan="2"></td></tr>
<tr><td>检验项目及限值</td><td colspan="7"></td></tr>
<tr><td rowspan="8">配制培养基</td><td>TTB 增菌液</td><td colspan="6">称量____ g ____培养基于试管中加入______ mL 水。</td></tr>
<tr><td>BPW 液</td><td colspan="6">称量____ g ____培养基，加入______ mL 水溶解，盛装于____ mL 锥形瓶中。</td></tr>
<tr><td>SC 增菌液</td><td colspan="6">称量____ g ____培养基，装于试管中加入____ mL 水。</td></tr>
<tr><td>BS 琼脂培养基</td><td colspan="6">称量____ g ____培养基，加入____ mL 水溶解，盛装于____ mL 锥形瓶中。</td></tr>
<tr><td>XLD 琼脂</td><td colspan="6">称量____ g ____培养基，加入____ mL 水溶解，盛装于____ mL 锥形瓶中。</td></tr>
<tr><td>BP 培养基</td><td colspan="6">称量____ g ____培养基，放入三角瓶中，加入____ mL 水溶解，灭菌后冷却至____ ℃，加入____ mL 亚碲酸钾卵黄增菌液。</td></tr>
<tr><td>BHI 肉汤</td><td colspan="6">称量____ g ____培养基，加入____ mL 水溶解，吸取____ mL 放入试管中。</td></tr>
<tr><td>营养琼脂小斜面</td><td colspan="6">称量____ g ____培养基放入烧杯中，加入 mL 水加热溶解，分装试管 。</td></tr>
<tr><td>配制稀释液</td><td colspan="7">称量____ g 氯化钠，加入____ mL 水溶解，待分装。</td></tr>
<tr><td>分装稀释液</td><td colspan="7">量取出____ mL 稀释液盛装于____ mL 锥形瓶中。
量取出____ mL 稀释液盛装于____ 试管中，共分装____ 支。____</td></tr>
<tr><td>包扎器皿</td><td colspan="7">包扎______ mL 移液管______支，包扎______ mL 移液管______支。
包扎______ 平皿______ 套。</td></tr>
<tr><td>干热灭菌</td><td colspan="7">物品：
条件：</td></tr>
<tr><td>湿热灭菌</td><td colspan="7">物品：
条件：</td></tr>
<tr><td>设备准备</td><td colspan="7">水浴锅恒温至____℃；培养箱恒温至____℃；
无菌室及净化工作台杀菌____ min。</td></tr>
</table>

表 12-22　糕点中致病菌检验物品准备评分表

<table>
<tr><td>班级</td><td></td><td>姓名</td><td></td><td>学号</td><td></td><td>组别</td><td></td></tr>
<tr><td>编号</td><td>配分</td><td colspan="5">评分细则描述</td><td>得分</td></tr>
<tr><td>01</td><td>2</td><td>试剂选择</td><td colspan="4">培养基选择正确,得 1 分
稀释液成分选择正确,得 1 分</td><td></td></tr>
<tr><td>02</td><td>6</td><td>称量</td><td colspan="4">检查天平是否平衡,得 1 分
称量操作正确,得 3 分
称量质量准确,得 2 分</td><td></td></tr>
<tr><td>03</td><td>4</td><td>溶解</td><td colspan="4">蒸馏水量取准确,得 1 分
培养基溶解均一,得 2 分
稀释液溶解均一,得 1 分</td><td></td></tr>
<tr><td>04</td><td>5</td><td>分装</td><td colspan="4">锥形瓶规格选择合适,得 1 分
试管规格选择合适,得 1 分
量取、移液操作准确,得 2 分
分装数量准确,得 1 分</td><td></td></tr>
<tr><td>05</td><td>4</td><td>包扎</td><td colspan="4">选择移液管规格正确,数量准确,得 1 分
选择平皿规格正确,数量准确,得 1 分
包扎捆绑操作规范,得 2 分</td><td></td></tr>
<tr><td>06</td><td>3</td><td>灭菌</td><td colspan="4">灭菌方法选择正确,得 1 分
灭菌操作规范,得 2 分</td><td></td></tr>
<tr><td>07</td><td>3</td><td>设备准备</td><td colspan="4">操作环境灭菌规范,得 1 分
设置培养温度准确,得 1 分
设置培养基保温温度准确,得 1 分</td><td></td></tr>
<tr><td>08</td><td>3</td><td>职业素养</td><td colspan="4">灭菌设备使用有安全意识,得 2 分
试验资源有共享意识,得 1 分</td><td></td></tr>
<tr><td colspan="7">合计得分</td><td></td></tr>
</table>

二、实施糕点中致病菌检验操作

完成糕点中致病菌检验操作,并填写表 12-23,具体操作要求见考核标准表 12-24,糕点中致病菌检验操作考核共计 50 分。

表 12-23　糕点中致病菌检验操作

<table>
<tr><td>班级</td><td></td><td>姓名</td><td></td><td>学号</td><td></td><td>组别</td><td></td></tr>
<tr><td colspan="2">操作前准备</td><td colspan="6">完成____和____消毒,点燃____,平皿标识清楚(稀释度、检验人、检验日期)</td></tr>
<tr><td colspan="2" rowspan="2">制备样品</td><td colspan="6">无菌称取 ____ g 样品,置于 225 mL 前增菌液中混匀,增菌培养。</td></tr>
<tr><td colspan="6">无菌称取 ____ g 样品于均质杯或均质袋中,加入 225 mL 生理盐水均质,制成 ____ 的样品匀液。</td></tr>
</table>

续表12-23

班级		姓名		学号		组别	
样品梯度稀释	用____ mL无菌吸管吸取____ mL的1∶10样品匀液，置于9 mL生理盐水中反复吹打或涡旋混匀。每递增稀释一次，即换用1次1 mL灭菌吸管，吸管头尖端 ____ 稀释液面						
沙门氏菌增菌培养	轻轻摇动培养过的样品混合物，移取____ mL，转种于____ mL TTB内，于42℃±1℃培养18～24 h。同时，另取____ mL，转接于____ mL SC内，于36℃±1℃培养18～24 h。						
沙门氏菌分离培养	分别用接种环取____ 1环，划线接种于一个____平板和一个____平板，于____℃±1℃分别培养____ h（XLD琼脂平板、HE琼脂平板、沙门氏菌属显色培养基平板）或40～48 h（BS琼脂平板），观察各个平板上生长的菌落						
BP平板培养	选择2～3个适宜稀释度的样品匀液，在进行10倍递增稀释时，每个稀释度分别吸取____ mL的样品匀液以____ mL和____ mL和____ mL接种量分别加入3块BP平板中，然后用无菌L棒涂布整个平板，注意不要触及平板边缘。____℃培养____ h。						
血浆凝固酶试验	典型菌落中任选____个菌落，分别做血浆凝固酶试验。						
沙门氏菌生化试验	挑取________菌落接种各生化试验管，其中接种三糖铁时应先____再______。						
清理	把桌面清理干净，存在有害菌的样品必须进行____灭活处理后方能进行其他处理。						

表12-24 糕点中致病菌检验操作评分表

班级		姓名		学号		组别	
编号	配分	评分细则描述				得分	
01	4	操作前准备	完成台面清洁消毒和手部消毒，得2分 点燃酒精灯，得1分 平皿标识清楚（稀释度、检验人、检验日期），得1分				
02	6	制备样品	无菌吸取25 g样品，得2分 置于225 mL增菌培养，得2分 置于225 mL生理盐水，得2分				
03	4	样品梯度稀释	吸头尖端不触及稀释液面，得2分 反复吹打或涡旋，得2分				
04	4	加样	选择3个连续的适宜稀释度，得2分 每一个稀释度做3个平皿，得2分				
05	8	增菌培养	移取样品混合物1 mL，得2分 接种于10 mL TTB内，于42℃±1℃培养18～24 h，得3分 同时，另取1 mL，接种于10 mL SC内，于36℃±1℃培养18～24 h，得3分				

续表 12-24

编号	配分	评分细则描述		得分
06	4	分离培养	分别用接种环取增菌液 1 环，划线接种于一个 BS 琼脂平板和一个 XLD 琼脂平板，得 2 分 于 36℃±1℃分别培养 18～24 h（XLD 琼脂平板、HE 琼脂平板、沙门氏菌属显色培养基平板）或 40～48 h（BS 琼脂平板），观察各个平板上生长的菌落，得 2 分	
07	7	BP 平板培养	选择 2～3 个适宜稀释度，得 2 分 每个稀释度分别吸取 1 mL 样品匀液以 0.3 mL、0.3 mL、0.4 mL 接种量分别加入 3 块 BP 平板，得 3 分 用无菌 L 棒涂布整个平板，注意不要触及平板边缘，得 2 分	
08	2	血浆凝固酶试验	典型菌落中任选 5 个菌落，分别做血浆凝固酶试验，得 2 分	
09	6	沙门氏菌生化试验	三糖铁接种时先划斜面再穿刺，得 2 分 赖氨酸脱羧酶试验及氰化钾试验接种完毕，滴加石蜡封盖，得 2 分 其他生化鉴定试验操作正确，得 2 分	
10	5	安全操作	检验操作过程在生物安全柜内进行，得 2 分 桌面清理干净并作消毒处理，对检验后存在有害细菌的样品进行高温高压灭活处理，得 3 分	
合计得分				

三、糕点中致病菌检验结果记录

请如实规范地填写糕点中致病菌检验结果记录表 12-25，糕点中致病菌检验结果及记录共计 20 分，具体考核评分见表 12-26。

表 12-25　糕点中致病菌检验结果记录表

检验起止日期：　　年　月　日到　　年　月　日

样品名称：		生产日期或编号：	
样品数量：		采样地点时间：	
样品状态：		检验方法依据：	
检验项目：	☑沙门氏菌	☑金黄色葡萄球菌	□其他

样品制备：无菌称取 25 g 糕点剪碎或均质[225 mL 缓冲蛋白胨水(BPW)液(沙门氏菌)，225 mL 生理盐水(金黄色葡萄球菌)]。

检验记录：

1. 沙门氏菌检测

项目	样品号				
	1号	2号	3号	4号	5号
BS 琼脂					
HE 琼脂或 XLD 琼脂					
生化试验					
血清学鉴定					

2. 金黄色葡萄球菌检测

样品号	项目	稀释度								
		1∶10(10^{-1})			1∶100(10^{-2})			1∶1000(10^{-3})		
		0.4 mL	0.3 mL	0.3 mL	0.4 mL	0.3 mL	0.3 mL	0.4 mL	0.3 mL	0.3 mL
1号	典型菌落数									
	共挑选典型菌落数									
	血浆凝固酶阳性数									
2号	典型菌落数									
	共挑选典型菌落数									
	血浆凝固酶阳性数									
3号	典型菌落数									
	共挑选典型菌落数									
	血浆凝固酶阳性数									
4号	典型菌落数									
	共挑选典型菌落数									
	血浆凝固酶阳性数									
5号	典型菌落数									
	共挑选典型菌落数									
	血浆凝固酶阳性数									

3. 其他

检验人：　　　　　　　　　　　　　　　　　　　　　　校核人：

表 11-26　糕点中致病菌检验结果及记录考核评分表

班级		姓名		学号		组别	
编号	配分	评分细则描述					得分
01	4	菌落特征	正确判断分离平板上可疑或典型的沙门氏菌菌落特征，得 2 分 正确判断 BP 平板上金黄色葡萄球菌菌落特征并进行计数，得 2 分				
02	6	沙门氏菌鉴定试验	准确判断沙门氏菌生化鉴定试验的阴阳性结果，得 2 分 准确判定沙门氏菌血清学凝集试验的阴阳性结果，得 2 分 能综合生化试验结果和血清学试验结果得出检验结论，得 2 分				
03	8	金黄色葡萄球菌鉴定试验	显微镜下菌体染色均匀，涂片均匀，菌体形态判定准确，得 2 分 血平板溶血现象判断准确，得 2 分 血浆凝固酶试验阴阳性结果符合，得 2 分 样品检验凝固现象判断准确得，2 分				
04	2	金黄色葡萄球菌结果计算与报告	结果计算准确，得 1 分 检验结论报告规范，得 1 分				
合计得分							

附　录

附录Ⅰ　检验常用培养基及制备

一、平板计数琼脂(plate count agar, PCA)培养基

1. 成分

胰蛋白胨	5.0 g
酵母浸膏	2.5 g
葡萄糖	1.0 g
琼脂	15.0 g
蒸馏水	1 000 mL

2. 制法

将上述成分加于蒸馏水中，煮沸溶解，调节 pH 至 7.0±0.2，分装试管或锥形瓶，121℃高压灭菌 15 min。

二、月桂基硫酸盐胰蛋白胨(LST)肉汤

1. 成分

胰蛋白胨或胰酪胨	20.0 g
氯化钠	5.0 g
乳糖	5.0 g
磷酸氢二钾(K_2HPO_4)	2.75 g
磷酸二氢钾(KH_2PO_4)	2.75 g
月桂基硫酸钠	0.1 g
蒸馏水	1 000 mL

2. 制法

将上述成分溶解于蒸馏水中，调节 pH 至 6.8±0.2，分装到有玻璃小倒管的试管中，每管 10 mL，121℃高压灭菌 15 min。

三、煌绿乳糖胆盐(BGLB)肉汤

1. 成分

蛋白胨	10.0 g
乳糖	10.0 g
牛胆粉(oxgall 或 oxbile)溶液	200 mL

0.1%煌绿水溶液	13.3 mL
蒸馏水	1 000 mL

2. 制法

将蛋白胨、乳糖溶于约 500 mL 蒸馏水中，加入牛胆粉溶液 200 mL(将 20.0 g 脱水牛胆粉溶于 200 mL 蒸馏水中，调节 pH 至 7.0～7.5)，用蒸馏水稀释到 975 mL，调节 pH 至 7.2±0.1，再加入 0.1% 煌绿水溶液 13.3 mL，用蒸馏水补足到 1 000 mL，用棉花过滤后分装到有玻璃小倒管的试管中，每管 10 mL，121℃高压灭菌 15 min。

四、结晶紫中性红胆盐琼脂(VRBA)

1. 成分

蛋白胨	7.0 g
酵母膏	3.0 g
乳糖	10.0 g
氯化钠	5.0 g
胆盐或 3 号胆盐	1.5 g
中性红	0.03 g
结晶紫	0.002 g
琼脂	15～18 g
蒸馏水	1 000 mL

2. 制法

将上述成分溶于蒸馏水中，静置几分钟，充分搅拌，调节 pH 至 7.4±0.1，煮沸 2 min，将培养基熔化并恒温至 45～50℃倾注平板。本培养基须使用前临时制备，不得超过 3 h。

五、MRS 培养基

1. 成分

蛋白胨	10.0 g
牛肉粉	5.0 g
酵母粉	4.0 g
葡萄糖	20.0 g
吐温-80	1.0 mL
$K_2HPO_4 \cdot 7H_2O$	2.0 g
醋酸钠 · $3H_2O$	5.0 g
柠檬酸三铵	2.0 g
$MgSO_4 \cdot 7H_2O$	0.2 g
$MnSO_4 \cdot 4H_2O$	0.05 g
琼脂粉	15.0 g
$K_2HPO_4 \cdot 7H_2O$	2.0 g

2. 制法

将上述成分加入 1 000 mL 蒸馏水中，加热溶解，调节 pH 至 6.2±0.2，分装后 121℃高压灭菌 15～20 min。

六、莫匹罗星锂盐和半胱氨酸盐酸盐改良 MRS 培养基

1. 成分

莫匹罗星锂盐	50.0 mg
蒸馏水	50 mL
半胱氨酸盐酸盐	250.0 mg
蒸馏水	50 mL

2. 制法

(1)莫匹罗星锂盐储备液制备：称取 50 mg 莫匹罗星锂盐加入 50 mL 蒸馏水中，用 0.22 μm 微孔滤膜过滤除菌。

(2)半胱氨酸盐酸盐储备液制备：称取 250 mg 半胱氨酸盐酸盐加入 50 mL 蒸馏水中，用 0.22 μm 微孔滤膜过滤除菌。

(3)将 MRS 培养基中的成分加入 950 mL 蒸馏水中，加热溶解，调节 pH，分装后 121℃，高压灭菌 15～20 min，临用时加热熔化琼脂，在水浴中冷却至 48℃，用带有 0.22 μm 微孔滤膜的注射器将莫匹罗星锂盐储备液及半胱氨酸盐酸盐储备液制备加入熔化琼脂中，使培养基中莫匹罗星锂盐的质量浓度为 50 μg/mL，半胱氨酸盐酸盐的质量浓度为 500 μg/mL。

七、MC 培养基

1. 成分

大豆蛋白胨	5.0 g
牛肉粉	3.0 g
酵母粉	3.0 g
葡萄糖	20.0 g
乳糖	20.0 g
碳酸钙	10.0 g
琼脂	15.0 g
蒸馏水	1000 mL

2. 制法

将前面 7 种成分加入蒸馏水中，加热溶解，调节 pH 至 6.0±0.2，加入中性红溶液。分装后 121℃ 高压灭菌 15～20 min。

八、乳酸杆菌糖发酵管

1. 成分

牛肉膏	5.0 g
蛋白胨	5.0 g

酵母浸膏	6.0 g
吐温-80	0.5 g
琼脂	1.5 g
1.6%溴甲酚紫酒精溶液	1.4 mL
蒸馏水	1 000 mL

2.制法

按 0.5%加入所需糖类，分装小试管，121℃高压灭菌 15～20 min。

九、七叶苷培养基

1.成分

蛋白胨	5.0 g
磷酸氢二钾	1.0 g
七叶苷	3.0 g
枸橼酸铁	0.5 g
1.6%溴甲酚紫酒精溶液	1.4 mL
蒸馏水	100 mL

2.制法

将上述成分加入蒸馏水中，加热溶解，121℃高压灭菌 15～20 min。

十、双歧杆菌琼脂培养基

1.成分

蛋白胨	15.0 g
酵母浸膏	2.0 g
葡萄糖	20.0 g
可溶性淀粉	0.5 g
氯化钠	5.0 g
西红柿浸出液	400.0 mL
吐温-80	1.0 mL
肝粉	0.3 g
琼脂粉	20.0 g
加蒸馏水至	1 000 mL

2.制法

(1)半胱氨酸盐溶液的配制　称取半胱氨酸 0.5 g，加入 1.0 mL 盐酸，使半胱氨酸全部溶解，配制成半胱氨酸盐溶液。

(2)西红柿浸出液的制备　将新鲜的西红柿洗净后称重切碎，加等量的蒸馏水在 100℃水浴中加热，搅拌 90 min，然后用纱布过滤，校正 pH 至 7.0±0.1，将浸出液分装后，121℃高压灭菌 15～20 min。

(3)制法　将上述成分中的所有成分加入蒸馏水中，加热溶解，然后加入半胱氨酸盐溶液，校正 pH 至 6.8±0.1,分装后 121℃高压灭菌 15～20 min。

十一、PYG 液体培养基

1. 成分

蛋白胨	10.0 g
葡萄糖	2.5 g
酵母粉	5.0 g
半胱氨酸-HCl	0.25 g
盐溶液	20 mL
维生素 K_1 溶液	0.5 mL
氯化血红素溶液 5 mg/mL	2.5 mL
加蒸馏水至	500 mL

2. 制法

(1)盐溶液的配制　称取无水氯化钙 0.2 g,硫酸镁 0.2 g,磷酸氢二钾 1.0 g,磷酸二氢钾 1.0 g,碳酸氢钠 10.0 g,氯化钠 2.0 g,加蒸馏水至 1 000 mL。

(2)氯化血红素溶液(5 mg/mL)的配制　称取氯化血红素 0.5 g 溶于 1 mol/L 氢氧化钠 1.0 mL 中,加蒸馏水至 100 mL,121℃高压灭菌 15～20 min。

(3)维生素 K_1 溶液的配制　称取 1.0 g 维生素 K_1,加无水乙醇 99.0 mL,过滤除菌,避光冷藏保存。

(4)制法　除氯化血红素溶液和维生素 K_1 溶液外,上述成分中的其余成分加入蒸馏水中,加热溶解,校正 pH 至 6.0±0.1,加中性红溶液,分装后 121℃高压灭菌 15～20 min。临用时加热熔化琼脂,加入氯化血红素溶液和维生素 K_1 溶液,冷却到 50℃使用。

十二、马铃薯葡萄糖琼脂

1. 成分

马铃薯(去皮切块)	300 g
葡萄糖	20.0 g
琼脂	20.0 g
氯霉素	0.1 g
蒸馏水	1 000 mL

2. 制法

将马铃薯去皮切块,加 1 000 mL 蒸馏水,煮沸 10～20 min。用纱布过滤,补加蒸馏水至 1 000 mL。加入葡萄糖和琼脂,加热溶解,分装后,121℃灭菌 15 min,备用。

十三、孟加拉红琼脂

1. 成分

蛋白胨	5.0 g
葡萄糖	10.0 g

磷酸二氢钾	1.0 g
硫酸镁(无水)	0.5 g
琼脂	20.0 g
孟加拉红	0.033 g
氯霉素	0.1 g
蒸馏水	1 000 mL

2. 制法

上述各成分加入蒸馏水中，加热溶解，补足蒸馏水至 1 000 mL，分装后，121℃ 灭菌 15 min，避光保存备用。

十四、缓冲蛋白胨水(BPW)

1. 成分

蛋白胨	10.0 g
氯化钠	5.0 g
磷酸氢二钠(含 12 个结晶水)	9.0 g
磷酸二氢钾	1.5 g
蒸馏水	1 000 mL

2. 制法

将各成分加入蒸馏水中，搅混均匀，静置 10 min，煮沸溶解，调节 pH 至 7.2±0.2，121℃ 高压灭菌，15 min。

十五、四硫磺酸钠煌绿(TTB)增菌液

1. 成分

(1)基础液

蛋白胨	10.0 g
牛肉膏	5.0 g
氯化钠	3.0 g
碳酸钙	45.0 g
蒸馏水	1 000 mL

除碳酸钙外，将各成分加入蒸馏水中，煮沸溶解，再加入碳酸钙，调节 pH 至 7.0±0.2，高压灭菌 121℃，20 min。

(2)硫代硫酸钠溶液

硫代硫酸钠(含 5 个结晶水)	50.0 g
蒸馏水加至	100 mL

121℃高压灭菌，20 min。

(3)碘溶液

碘片	20.0 g
碘化钾	25.0 g
蒸馏水加至	100 mL

将碘化钾充分溶解于少量的蒸馏水中,再投入碘片,振摇至碘片全部溶解为止,然后加蒸馏水至规定的总量,贮存于棕色瓶内,塞紧瓶盖备用。

(4)0.5%煌绿水溶液

煌绿	0.5 g
蒸馏水	100 mL

溶解后,存放暗处,不少于1 d,使其自然灭菌。

(5)牛胆盐溶液

牛胆盐	10.0 g
蒸馏水	100 mL

加热煮沸至完全溶解,高压灭菌121℃,20 min。

2. 制法

基础液	900 mL
硫代硫酸钠溶液	100 mL
碘溶液	20.0 mL
煌绿水溶液	2.0 mL
牛胆盐溶液	50.0 mL

临用前,按上列顺序,以无菌操作依次加入基础液中,每加入一种成分,均应摇匀后再加入另一种成分。

十六、亚硒酸盐胱氨酸(SC)增菌液

1. 成分

蛋白胨	5.0 g
乳糖	4.0 g
磷酸氢二钠	10.0 g
亚硒酸氢钠	4.0 g
L-胱氨酸	0.01 g
蒸馏水	1 000 mL

2. 制法

除亚硒酸氢钠和*L*-胱氨酸外,将各成分加入蒸馏水中,煮沸溶解,冷至55℃以下,以无菌操作加入亚硒酸氢钠和1 g/L的*L*-胱氨酸溶液10 mL(称取0.1 g *L*-胱氨酸,加1 mol/L氢氧化钠溶液15 mL,使其溶解,再加无菌蒸馏水至100 mL即成,如为*DL*-胱氨酸,用量应加倍)。摇匀,调节pH至7.0±0.2。

十七、亚硫酸铋(BS)琼脂

1. 成分

蛋白胨	10.0 g
牛肉膏	5.0 g
葡萄糖	5.0 g
硫酸亚铁	0.3g
磷酸氢二钠	4.0 g
煌绿	0.025 g 或 5.0 g/L 水溶液 5.0 mL
柠檬酸铋铵	2.0 g
亚硫酸钠	6.0 g
琼脂	18.0～20.0 g
蒸馏水	1 000 mL

2. 制法

将前 3 种成分加入 300 mL 蒸馏水(制作基础液),硫酸亚铁和磷酸氢二钠分别加入 20 mL 和 30 mL 蒸馏水中,柠檬酸铋铵和亚硫酸钠分别加入另一 20 mL 和 30 mL 蒸馏水中,琼脂加入 600 mL 蒸馏水中。然后分别搅拌均匀,煮沸溶解。冷却至 80℃左右时,先将硫酸亚铁和磷酸氢二钠混匀,倒入基础液中,混匀。将柠檬酸铋铵和亚硫酸钠混匀,倒入基础液中,再混匀。调节 pH 至 7.5±0.2,随即倾入琼脂液中,混合均匀,冷却至 50～55℃。加入煌绿溶液,充分混匀后立即倾注平皿。

注:本培养基不需要高压灭菌,在制备过程中不宜过分加热,避免降低其选择性;贮于室温暗处,超过 48 h 会降低其选择性;本培养基宜于当天制备,第二天使用。

十八、HE 琼脂

1. 成分

蛋白胨	12.0 g
牛肉膏	3.0 g
乳糖	12.0 g
蔗糖	12.0 g
水杨素	2.0 g
胆盐	20.0 g
氯化钠	5.0 g
琼脂	18.0～20.0 g
蒸馏水	1 000 mL
0.4%溴麝香草酚蓝溶液	16.0 mL
Andrade 指示剂	20.0 mL
甲液	20.0 mL
乙液	20.0 mL

2. 制法

将前7种成分溶解于400 mL蒸馏水内作为基础液，将琼脂加入600 mL蒸馏水内，然后分别搅拌均匀，煮沸溶解；加入甲液和乙液于基础液内，调节pH至7.5±0.2；再加入指示剂，并与琼脂液合并，待冷却至50～55℃倾注平皿。

注：本培养基不需要高压灭菌，在制备过程中不宜过分加热，避免降低其选择性。

(1)甲液的配制

硫代硫酸钠	34.0 g
柠檬酸铁铵	4.0 g
蒸馏水	100 mL

(2)乙液的配制

去氧胆酸钠	10.0 g
蒸馏水	100 mL

(3)Andrade指示剂的配制

酸性复红	0.5 g
1 mol/L 氢氧化钠溶液	16.0 mL
蒸馏水	100 mL

将复红溶解于蒸馏水中，加入氢氧化钠溶液。数小时后如复红褪色不全，再加氢氧化钠溶液1～2 mL。

十九、木糖赖氨酸脱氧胆盐(XLD)琼脂

1. 成分

酵母膏	3.0 g
L-赖氨酸	5.0 g
木糖	3.75 g
乳糖	7.5 g
蔗糖	7.5 g
去氧胆酸钠	2.5 g
柠檬酸铁铵	0.8 g
硫代硫酸钠	6.8 g
氯化钠	5.0 g
琼脂	15.0 g
酚红	0.08 g
蒸馏水	1 000 mL

2. 制法

除酚红和琼脂外，将其他成分加入400 mL蒸馏水中，煮沸溶解，调节pH至7.4±0.2；另将琼脂加入600 mL蒸馏水中，煮沸溶解。

将上述两溶液混合均匀后，再加入指示剂，待冷却至50～55℃倾注平皿。

注：本培养基不需要高压灭菌，在制备过程中不宜过分加热，避免降低其选择性；贮于室温暗处；本培养基

宜于当天制备，第二天使用。

二十、三糖铁(TSI)琼脂

1. 成分

蛋白胨	20.0 g
牛肉膏	5.0 g
乳糖	10.0 g
蔗糖	10.0 g
葡萄糖	1.0 g
硫酸亚铁铵(含6个结晶水)	0.2 g
酚红	0.025 g或5.0 g/L水溶液5.0 mL
氯化钠	5.0 g
硫代硫酸钠	0.2 g
琼脂	12.0 g
蒸馏水	1 000 mL

2. 制法

除酚红和琼脂外，将其他成分加入400 mL蒸馏水中，煮沸溶解，调节pH至7.4±0.2；另将琼脂加入600 mL蒸馏水中，煮沸溶解。

将上述两溶液混合均匀后，再加入指示剂，混匀，分装试管，每管2～4 mL，121℃高压灭菌10 min或115℃ 15 min，灭菌后制成高层斜面，呈橘红色。

二十一、蛋白胨水、靛基质试剂

1. 蛋白胨水成分

蛋白胨(或胰蛋白胨)	20.0 g
氯化钠	5.0 g
蒸馏水	1 000 mL

2. 制法

将上述成分加入蒸馏水中，煮沸溶解，调节pH至7.4±0.2，分装小试管，121℃高压灭菌15 min。

3. 靛基质试剂

柯凡克试剂：将5 g对二甲氨基甲醛溶解于75 mL戊醇中，然后缓慢加入浓盐酸25 mL。

欧-波试剂：将1 g对二甲氨基苯甲醛溶解于95 mL 95%乙醇钠中，缓慢加入浓盐酸20 mL。

4. 试验方法

挑取小量培养物接种，在36℃±1℃培养1～2 d，必要时可培养4～5 d。加入柯凡克试剂约0.5 mL，轻摇试管，阳性者于试剂层呈深红色；或加入欧一波试剂约0.5 mL，沿管壁流下，覆盖于培养液表面，阳性者于液面接触处呈玫瑰红色。

注：蛋白胨中应含有丰富的色氯酸；每批蛋白胨买来后，应先用已知菌种鉴定后方可使用。

二十二、尿素琼脂(pH 7.2)

1. 成分

蛋白胨	1.0 g
氯化钠	5.0 g
葡萄糖	1.0 g
磷酸二氢钾	2.0 g
0.4%酚红	3.0 mL
琼脂	20.0 g
蒸馏水	1 000 mL
20%尿素溶液	100 mL

2. 制法

除尿素、琼脂和酚红外,将其他成分加入 400 mL 蒸馏水中,煮沸溶解,调节 pH 至 7.2±0.2;另将琼脂加入 600 mL 蒸馏水中,煮沸溶解。

将上述两溶液混合均匀后,再加入指示剂后分装,121℃高压灭菌 15 min。冷却至 50~55℃,加入经除菌过滤的尿素溶液。尿素的最终浓度为 2%。分装于无菌试管内,放成斜面备用。

3. 试验方法

挑取琼脂培养物接种,在 36℃±1℃培养 24 h,观察结果。尿素酶阳性者由于产碱而使培养基变为红色。

二十三、氰化钾(KCN)培养基

1. 成分

蛋白胨	10.0 g
氯化钠	5.0 g
磷酸二氢钾	0.225 g
磷酸氢二钠	5.64 g
蒸馏水	1 000 mL
0.5%氰化钾	20.0 mL

2. 制法

将除氰化钾以外的成分加入蒸馏水中,煮沸溶解,分装后 121℃高压灭菌 15 min,放在冰箱内使其充分冷却。每 100 mL 培养基加入 0.5%氰化钾溶液 2.0 mL(最后浓度为 1∶10 000),分装于无菌试管内,每管约 4 mL,立刻用无菌橡皮塞塞紧,放在 4℃冰箱内,至少可保存两个月;同时,将不加氰化钾的培养基作为对照培养基,分装试管备用。

3. 试验方法

将琼脂培养物接种于蛋白胨水内成为稀释菌液,挑取 1 环接种于氰化钾(KCN)培养基中;另挑取 1 环接种于对照培养基。在 36℃±1℃培养 1~2 d,观察结果。如有细菌生长即为阳性(不抑制),经 2 d 细菌不生长为阴性(抑制)。

注：氰化钾是剧毒药，使用时应小心，切勿沾染，以免中毒。夏天分装培养基应在冰箱内进行。试验失败的主要原因是封口不严，氰化钾逐渐分解，产生氢氰酸气体逸出，以致药物浓度降低，细菌生长，因而造成假阳性反应。试验时对每一环节都要特别注意。

二十四、赖氨酸脱羧酶试验培养基

1. 成分

蛋白胨	5.0 g
酵母浸膏	3.0 g
葡萄糖	1.0 g
蒸馏水	1 000 mL
1.6%溴甲酚紫-乙醇溶液	1.0 mL
L-赖氨酸或 *DL*-赖氨酸	0.5 g/100 mL 或 1.0 g/100 mL

2. 制法

除赖氨酸以外的成分加热溶解后，分装每瓶 100 mL，分别加入赖氨酸；*L*-赖氨酸按 0.5%加入，*DL*-赖氨酸按 1%加入，调节 pH 至 6.8±0.2(对照培养基不加赖氨酸)，分装于无菌的小试管内，每管 0.5 mL，上面滴加一层液体石蜡，115℃高压灭菌 10 min。

3. 试验方法

从琼脂斜面上挑取培养物接种，于 36℃±1℃培养 18～24 h，观察结果。氨基酸脱羧酶阳性者由于产碱，培养基应呈紫色；阴性者无碱性产物，但因葡萄糖产酸而使培养基变为黄色。对照管应为黄色。

二十五、糖发酵管

1. 成分

牛肉膏	5.0 g
蛋白胨	10.0 g
氯化钠	3.0 g
磷酸氢二钠(含 12 个结晶水)	2.0 g
0.2%溴麝香草酚蓝溶液	12.0 mL
蒸馏水	1 000 mL

2. 制法

(1)葡萄糖发酵管按上述成分配好后，调节 pH 至 7.4±0.2。按 0.5%加入葡萄糖，分装于有一个倒置小管的小试管内，121℃高压灭菌 15 min。

(2)其他各种糖发酵管可按上述成分配好后，分装每瓶 100 mL，121℃高压灭菌 15 min。另将各种糖类分别配好 10%溶液，同时高压灭菌。将 5 mL 糖溶液加入于 100 mL 培养基内，以无菌操作分装小试管。

注：蔗糖不纯，加热后会自行水解者，应采用过滤法除菌。

3. 试验方法

从琼脂斜面上挑取少量培养物接种，于 36℃±1℃培养，一般 2～3 d。迟缓反应需观察 14～30 d。

二十六、邻硝基酚 *β-D* 半乳糖苷(ONPG)培养基

1. 成分

邻硝基酚 *β-D* 半乳糖苷(ONPG)	60.0mg
0.01mol/L 磷酸钠缓冲液(pH 7.5)	10.0 mL
1%蛋白胨水(pH 7.5)	30.0mL

2. 制法

将 ONPG 溶于缓冲液内,加入蛋白胨水,以过滤法除菌,分装于无菌的小试管内,每管 0.5 mL,用橡皮塞塞紧。

3. 试验方法

自琼脂斜面上挑取培养物 1 满环接种,于 36℃±1℃培养 1～3 h 和 24 h,观察结果。如果 *β*-半乳糖苷酶产生,则于 1～3 h 变黄色,如无此酶则 24 h 不变色。

二十七、半固体琼脂

1. 成分

牛肉膏	0.3 g
蛋白胨	1.0 g
氯化钠	0.5 g
琼脂	0.35～0.4 g
蒸馏水	100 mL

2. 制法

按以上成分配好,煮沸溶解,调节 pH 至 7.4±0.2,分装小试管,121℃高压灭菌 15 min,凝固备用。

注:供动力观察、菌种保存、H 抗原位相变异试验等用。

二十八、丙二酸钠培养基

1. 成分

酵母浸膏	1.0 g
硫酸铵	2.0 g
磷酸氢二钾	0.6 g
磷酸二氢钾	0.4 g
氯化钠	2.0g
丙二酸钠	3.0g
0.2%溴麝香草酚蓝溶液	12.0 mL
蒸馏水	1 000 mL

2. 制法

除指示剂以外的成分溶解于水,调节 pH 至 6.8±0.2,再加入指示剂,分装试管,121℃高压灭菌 15 min。

3. 试验方法

用新鲜的琼脂培养物接种，于36℃±1℃培养48 h，观察结果。阳性者由绿色变为蓝色。

二十九、7.5%氯化钠肉汤

1. 成分

蛋白胨	10.0 g
牛肉膏	5 g
氯化钠	75 g
蒸馏水	1 000 mL

2. 制法

将上述成分加热溶解，调节pH至7.4±0.2，分装，每瓶225 mL，121℃高压灭菌15 min。

三十、血琼脂平板

1. 成分

豆粉琼脂(pH至7.5±0.2)	100 mL
脱纤维羊血(或兔血)	5～10 mL

2. 制法

加热熔化琼脂，冷却至50℃，以无菌操作加入脱纤维羊血，摇匀，倾注平板。

三十一、Baird-Parker琼脂平板

1. 成分

胰蛋白胨	10.0 g
牛肉膏	5.0 g
酵母膏	1.0 g
丙酮酸钠	10.0 g
甘氨酸	12.0 g
氯化锂($LiCl \cdot 6H_2O$)	5.0 g
琼脂	20.0 g
蒸馏水	950 mL

2. 增菌剂的配法

30%卵黄盐水50 mL与通过0.22 μm孔径滤膜进行过滤除菌的1%亚碲酸钾溶液10 mL混合，保存于冰箱内。

3. 制法

将各成分加到蒸馏水中，加热煮沸至完全溶解，调节pH至7.0±0.2。分装每瓶95 mL，121℃高压灭菌15 min。临用时加热溶化琼脂，冷却至50℃，每95 mL加入预热至50℃的亚碲酸钾卵黄增菌剂5 mL，摇匀后倾注平板。培养基应是致密不透明的。使用前在冰箱储存不得超过48 h。

三十二、脑心浸出液肉汤(BHI)

1. 成分

胰蛋白质胨	10.0 g
氯化钠	5.0 g
磷酸氢二钠($12H_2O$)	2.5 g
葡萄糖	2.0 g
牛心浸出液	500 mL

2. 制法

加热溶解，调节 pH 至 7.4±0.2，分装 16 mm×160 mm 试管，每管 5mL 置 121℃，15 min 灭菌。

三十三、兔血浆

取柠檬酸钠 3.8 g，加蒸馏水 100 mL，溶解后过滤，装瓶，121℃高压灭菌 15 min。兔血浆制备：取 3.8%柠檬酸钠溶液一份，加兔全血 4 份，混好静置(或以 3000 r/min 离心 30 min)，使血液细胞下降，即可得血浆。

三十四、营养琼脂小斜面

1. 成分

蛋白胨	10.0 g
牛肉膏	3.0 g
氯化钠	5.0 g
琼脂	15.0～20.0 g
蒸馏水	1 000 mL

2. 制法

将除琼脂以外的各成分溶解于蒸馏水内，加入 15%氢氧化钠溶液约 2 mL 调节 pH 至 7.3±0.2。加入琼脂，加热煮沸，使琼脂溶化，分装 13 mm×130 mm 试管，121℃高压灭菌 15 min。

三十五、3%氯化钠碱性蛋白胨水

1. 成分

蛋白胨	10.0 g
氯化钠	30.0 g
蒸馏水	1 000.0 mL

2. 制法

将上述成分溶于蒸馏水中，校正 pH 至 8.5±0.2，121℃高压灭菌 10 min。

三十六、硫代硫酸盐-柠檬酸盐-胆盐-蔗糖(TCBS)琼脂

1. 成分

蛋白胨	10.0 g
酵母浸膏	5.0 g
柠檬酸钠($C_6H_5O_7Na_3 \cdot 2H_2O$)	10.0 g
硫代硫酸钠($Na_2S_2O_3 \cdot 5H_2O$)	10.0 g
氯化钠	10.0 g
牛胆汁粉	5.0 g
柠檬酸铁	1.0 g
胆酸钠	3.0 g
蔗糖	20.0 g
溴麝香草酚蓝	0.04 g
麝香草酚蓝	0.04 g
琼脂	15.0 g
蒸馏水	1 000 mL

2. 制法

将上述成分溶于蒸馏水中,校正 pH 至 8.6±0.2,加热煮沸至完全溶解。冷却至 50℃左右倾注平板备用。

三十七、3%氯化钠胰蛋白胨大豆琼脂

1. 成分

胰蛋白胨	15.0 g
大豆蛋白胨	5.0 g
氯化钠	30.0 g
琼脂	15.0 g
蒸馏水	1 000 mL

2. 制法

将上述成分溶于蒸馏水中,校正 pH 至 7.3±0.2,121℃高压灭菌 15 min。

三十八、3%氯化钠三糖铁琼脂

1. 成分

蛋白胨	15.0 g
际蛋白胨	5.0 g
牛肉膏	3.0 g
酵母浸膏	3.0 g
氯化钠	30.0 g
乳糖	10.0 g

蔗糖	10.0 g
葡萄糖	1.0 g
硫酸亚铁($FeSO_4$)	0.2 g
苯酚红	0.024 g
硫代硫酸钠($Na_2S_2O_3$)	0.3 g
琼脂	12.0 g
蒸馏水	1 000 mL

2. 制法

将上述成分溶于蒸馏水中，校正 pH 至 7.4±0.2，分装到适当容量的试管中。121℃高压灭菌 15 min。制成高层斜面，斜面长 4～5 cm，高层深度为 2～3 cm。

三十九、嗜盐性试验培养基

1. 成分

胰蛋白胨	10.0 g
氯化钠	按不同量加入
蒸馏水	1 000 mL

2. 制法

将上述成分溶于蒸馏水中，校正 pH 至 7.2±0.2，共配制 5 瓶，每瓶 100 mL，分别加入(或不加)不同量的氯化钠：(1)不加；(2)3 g；(3)6 g；(4)8 g；(5)10 g。各分装试管 121℃高压灭菌 15 min。

四十、3%氯化钠甘露醇试验培养基

1. 成分

牛肉膏	5.0 g
蛋白胨	10.0 g
氯化钠	30.0 g
磷酸氢二钠($Na_2HPO_4 \cdot 12H_2O$)	2.0 g
甘露醇	5.0 g
溴麝香草酚蓝	0.024 g
蒸馏水	1 000 mL

2. 制法

将上述成分溶于蒸馏水中，校正 pH 至 7.4±0.2，分装小试管，121℃高压灭菌 10 min。

3. 试验方法

从琼脂斜面上挑取培养物接种，于 36℃±1℃培养不少于 24 h，观察结果。甘露醇阳性者培养物呈黄色，阴性者为绿色或蓝色。

四十一、3%氯化钠 MR-VP 培养基

1. 成分

多胨	7.0 g
葡萄糖	5.0 g
磷酸氢二钾(K_2HPO_4)	5.0 g
氯化钠	30.0 g
蒸馏水	1 000 mL

2. 制法

将上述成分溶于蒸馏水中，校正 pH 至 6.9±0.2，分装试管，121℃高压灭菌 15 min。

四十二、Voges-Proskauer(V-P)试剂

1. 成分

甲液	
α-萘酚	5.0 g
无水乙醇	100.0 mL
乙液	
氢氧化钾	40.0 g
加蒸馏水至	100 mL

2. 试验方法

将 3%氯化钠胰蛋白胨大豆琼脂生长物接种 3%氯化钠 MR-VP 培养基，36℃±1℃培养 48 h。取 1 mL 培养物，转放到一个试管内，加 0.6 mL 甲液，摇动，再加 0.2 mL 乙液，摇动。加入 3 mg 肌酸结晶，4 h 后观察结果。若阳性，结果呈现伊红的粉红色。

四十三、我妻氏血琼脂

1. 成分

酵母浸膏	3.0 g
蛋白胨	10.0 g
氯化钠	70.0 g
磷酸氢二钾(K_2HPO_4)	5.0 g
甘露醇	10.0 g
结晶紫	0.001 g
琼脂	15.0 g
蒸馏水	1 000 mL

2. 制法

将上述成分溶于蒸馏水中，校正 pH 至 8.0±0.2，加热至 100℃，保持 30 min，冷却至 45～50℃，与 50 mL 预先洗涤的新鲜人或兔红细胞(含抗凝血剂)混合，倾注平板。干燥平板，尽快使用。

四十四、ONPG试剂

1. 缓冲液

1.1 成分

磷酸二氢钠($NaH_2PO_4 \cdot H_2O$)	6.9 g
蒸馏水加至	50.0 mL

1.2 制法

将磷酸二氢钠溶于蒸馏水中，校正 pH 至 7.0。缓冲液置 2～5℃冰箱保存。

2. ONPG 溶液

2.1 成分

邻硝基酚-*β*-*D*-半乳糖苷(ONPG)	0.08 g
蒸馏水	15.0 mL
缓冲液	5.0 mL

2.2 制法

将 ONPG 在 37℃的蒸馏水中溶解，加入缓冲液。ONPG 溶液置 2～5℃冰箱保存。试验前，将所需用量的 ONPG 溶液加热至 37℃。

3. 试验方法

将待检培养物接种 3%氯化钠三糖铁琼脂，36℃±1℃培养 18 h。挑取 1 满环新鲜培养物接种于 0.25 mL 3%氯化钠溶液，在通风橱中，滴加 1 滴甲苯，摇匀后 37℃水浴 5 min，加 0.25 mL ONPG 溶液，36℃±1℃培养观察 24 h。若阳性，结果呈黄色；若阴性，结果则 24 h 不变色。

四十五、溴甲酚紫葡萄糖肉汤

1. 成分

蛋白胨	10.0 g
牛肉浸膏	3.0 g
葡萄糖	10.0 g
氯化钠	5.0 g
溴甲酚紫	0.04 g(或 1.6%乙醇溶液 2.0 mL)
蒸馏水	1 000 mL

2. 制法

将除溴甲酚紫外的各成分加热搅拌溶解，校正 pH 至 7.0±0.2，加入溴甲酚紫，分装于带有小倒管的试管中，每管 10 mL，121℃高压灭菌 10 min。

四十六、庖肉培养基

1. 成分

牛肉浸液	1 000 mL
蛋白胨	30.0 g

酵母膏	5.0 g
葡萄糖	3.0 g
磷酸二氢钠	5.0 g
可溶性淀粉	2.0 g
碎肉渣	适量

2. 制法

(1)称取新鲜除去脂肪和筋膜的碎牛肉 500 g,加蒸馏水 1 000 mL 和 1 moL/L 氢氧化钠溶液 25.0 mL,搅拌煮沸 15 min,充分冷却,除去表层脂肪,澄清,过滤,加水补足至 1 000 mL,即为牛肉浸液。加入上述成分中除碎肉渣外的各种成分,校正 pH 至 7.8±0.2。

(2)碎肉渣经水洗后晾至半干,分装 15 mm×150 mm 试管 2~3 cm 高,每管加入还原铁粉 0.1~0.2 g 或铁屑少许。将(1)中配制的液体培养基分装至每管内超过肉渣表面约 1 cm。上面覆盖溶化的凡士林或液体石蜡 0.3~0.4 cm。121℃灭菌 15 min。

四十七、酸性肉汤

1. 成分

多价蛋白胨	5.0 g
酵母浸膏	5.0 g
葡萄糖	5.0 g
磷酸二氢钾	5.0 g
蒸馏水	1 000 mL

2. 制法

将上述各成分加热搅拌溶解,校正 pH 至 5.0±0.2,121℃高压灭菌 15 min。

四十八、麦芽浸膏汤

1. 成分

麦芽浸膏	15.0 g
蒸馏水	1 000 mL

2. 制法

将麦芽浸膏在蒸馏水中充分溶解,滤纸过滤,校正 pH 至 4.7±0.2,分装,121℃灭菌 15 min。

四十九、沙氏葡萄糖琼脂

1. 成分

蛋白胨	10.0 g
琼脂	15.0 g
葡萄糖	40.0 g
蒸馏水	1 000 mL

2. 制法

将各成分在蒸馏水中溶解,加热煮沸,分装在烧瓶中,校正 pH 至 5.6±0.2,121℃高压灭菌 15 min。

五十、肝小牛肉琼脂

1. 成分

肝浸膏	50.0 g
小牛肉浸膏	500.0 g
际蛋白胨	20.0 g
新蛋白胨	1.3 g
胰蛋白胨	1.3 g
葡萄糖	5.0 g
可溶性淀粉	10.0 g
等离子酪蛋白	2.0 g
氯化钠	5.0 g
硝酸钠	2.0 g
明胶	20.0 g
琼脂	15.0 g
蒸馏水	1 000 mL

2. 制法

在蒸馏水中将各成分混合，校正 pH 至 7.3±0.2，121℃灭菌 15 min。

五十一、乳糖蛋白胨培养液

1. 成分

蛋白胨	10.0 g
牛肉粉	3.0 g
乳糖	5.0 g
氯化钠	5.0 g
蒸馏水	1 000 mL

2. 制法

将上述成分加于蒸馏水中，煮沸溶解，调节 pH 至 7.3±0.2，分装于有倒立发酵管的试管中，每管 8 mL，115℃高压灭菌 20 min。

五十二、伊红亚甲蓝琼脂(EMB)

1. 成分

蛋白胨	10.0 g
乳糖	10.0 g
磷酸氢二钾(K_2HPO_4)	2.0 g
琼脂	15.0 g
伊红 γ(水溶液)	0.4 g 或 2%水溶液 20.0 mL

亚甲蓝	0.065 g 或 0.5%水溶液 13.0 mL
蒸馏水	1 000 mL

2. 制法

将上述成分加于蒸馏水中，煮沸溶解，调节 pH 至 7.1±0.2，121℃高压灭菌 15 min，冷却至 55℃左右倾注灭菌平皿。

五十三、EC 肉汤(E · Coli Broth)

1. 成分

胰酪胨	20.0 g
3 号胆盐	1.5 g
乳糖	5.0 g
磷酸氢二钾(K_2HPO_4)	4.0 g
磷酸二氢钾(KH_2PO_4)	1.5 g
氯化钠	5.0 g
蒸馏水	1 000 mL

2. 制法

将上述成分加于蒸馏水中，煮沸溶解，调节 pH 至 6.9±0.2，分装于有倒立发酵管的试管中，每管 8 mL，115℃高压灭菌 20 min。

五十四、EC-MUG 培养基(EC-MUG Medium)

1. 成分

胰酪胨	20.0 g
3 号胆盐	1.5 g
乳糖	5.0 g
磷酸氢二钾(K_2HPO_4)	4.0 g
磷酸二氢钾(KH_2PO_4)	1.5 g
氯化钠	5.0 g
MUG	0.05 g
蒸馏水	1 000 mL

2. 制法

将上述成分加于蒸馏水中，煮沸溶解，调节 pH 至 6.9±0.2，定量分装，115℃高压灭菌 20 min。

附录Ⅱ　常用染色液及试剂的配制

一、革兰氏染色液

1. 结晶紫染色液

(1)成分

结晶紫	1.0 g
95%乙醇	20.0 g
1%草酸铵水溶液	80.0 mL

(2)制法

将结晶紫完全溶解于乙醇中，然后与草酸铵溶液混合。

2. 革兰氏碘液

(1)成分

碘	1.0 g
碘化钾	2.0 g
蒸馏水	300 mL

(2)制法

将碘与碘化钾先行混合，加入蒸馏水少许充分振摇，待完全溶解后，再加蒸馏水至300 mL。

3. 沙黄复染液

(1)成分

沙黄	0.25 g
95%乙醇	10.0 mL
蒸馏水	90.0 mL

(2)制法

将沙黄溶解于乙醇中，然后用蒸馏水稀释。

二、磷酸盐缓冲液

1. 成分

磷酸二氢钾(KH_2PO_4)	34.0 g
蒸馏水	500 mL

2. 制法

贮存液：称取 34.0 g 的磷酸二氢钾溶于 500 mL 蒸馏水中，用大约 175 mL 的 1 mol/L 氢氧化钠溶液调节 pH 至 7.2，用蒸馏水稀释至 1 000 mL 后贮存于冰箱。

稀释液：取贮存液 1.25 mL，用蒸馏水稀释至 1 000 mL，分装于适宜容器中，121℃高压灭菌 15 min。

三、无菌生理盐水

1. 成分

氯化钠	8.5 g
蒸馏水	1 000 mL

2. 制法

称取 8.5 g 氯化钠溶于 1 000 mL 蒸馏水中，121℃高压灭菌 15 min。

四、1 mol/L NaOH 溶液

1. 成分

NaOH	40.0 g
蒸馏水	1 000 mL

2. 制法

称取 40 g 氢氧化钠溶于 1 000 mL 无菌蒸馏水中。

五、1 mol/L HCl 溶液

1. 成分

HCl	90 mL
蒸馏水	1 000 mL

2. 制法

移取浓盐酸 90 mL，用无菌蒸馏水稀释至 1 000 mL。

六、3%氯化钠溶液

1. 成分

氯化钠	30.0 g
蒸馏水	1 000 mL

2. 制法

将氯化钠溶于蒸馏水中，校正 pH 至 7.2±0.2，121℃高压灭菌 15 min。

七、氧化酶试剂

1. 成分

N,N,N′,N′-四甲基对苯二胺盐酸盐	1.0 g
蒸馏水	100.0 mL

2. 制法

将 N,N,N′,N′-四甲基对苯二胺盐酸盐溶于蒸馏水中，2～5℃冰箱内避光保存，在 7 d 之内使用。

3. 试验方法

用细玻璃棒或一次性接种针挑取新鲜(24 h)菌落，涂布在氧化酶试剂湿润的滤纸上。如果滤纸在 10 s 之内呈现粉红或紫红色，即为氧化酶试验阳性，不变色为氧化酶试验阴性。

附录Ⅲ 大肠菌群/金黄色葡萄球菌/副溶血性弧菌最可能数(MPN)检索表

阳性管数			MPN	95%可信限		阳性管数			MPN	95%可信限	
0.10	0.01	0.001		下限	上限	0.10	0.01	0.001		下限	上限
0	0	0	<3.0	—	9.5	2	2	0	21	4.5	42
0	0	1	3.0	0.15	9.6	2	2	1	28	8.7	94
0	1	0	3.0	0.15	11	2	2	2	35	8.7	94
0	1	1	6.1	1.2	18	2	3	0	29	8.7	94
0	2	0	6.2	1.2	18	2	3	1	36	8.7	94
0	3	0	9.4	3.6	38	3	0	0	23	4.6	94
1	0	0	3.6	0.17	18	3	0	1	38	8.7	110
1	0	1	7.2	1.3	18	3	0	2	64	17	180
1	0	2	11	3.6	38	3	1	0	43	9	180
1	1	0	7.4	1.3	20	3	1	1	75	17	200
1	1	1	11	3.6	38	3	1	2	120	37	420
1	2	0	11	3.6	42	3	1	3	160	40	420
1	2	1	15	4.5	42	3	2	0	93	18	420
1	3	0	16	4.5	42	3	2	1	150	37	420
2	0	0	9.2	1.4	38	3	2	2	210	40	430
2	0	1	14	3.6	42	3	2	3	290	90	1 000
2	0	2	20	4.5	42	3	3	0	240	42	1 000
2	1	0	15	3.7	42	3	3	1	460	90	2 000
2	1	1	20	4.5	42	3	3	2	1 100	180	4 100
2	1	2	27	8.7	94	3	3	3	>1 100	420	—

注 1:本表采用 3 个稀释度[0.1 g(mL)、0.01 g(mL)、0.001 g(mL)],每个稀释度接种 3 管。

注 2:表内所列检样量如改用 1 g(mL)、0.1 g(mL)和 0.01 g(mL)时,表内数字应相应降低 10 倍;如改用 0.01 g(mL)、0.001 g(mL)和 0.000 1 g(mL)时,则表内数字应相应增高 10 倍,其余类推。

附录Ⅳ 总大肠菌群 MPN 检索表

（总接种量 55.5 mL，其中 5 份 10 mL 水样，5 份 1 mL 水样，5 份 0.1 mL 水样）

接种量/mL			总大肠菌群/(MPN/100 mL)	接种量/mL			总大肠菌群/(MPN/100 mL)
10 mL 管	1 mL 管	0.1 mL 管		10 mL 管	1 mL 管	0.1 mL 管	
0	0	0	<2	1	0	0	2
0	0	1	2	1	0	1	4
0	0	2	4	1	0	2	6
0	0	3	5	1	0	3	8
0	0	4	7	1	0	4	10
0	0	5	9	1	0	5	12
0	1	0	2	1	1	0	4
0	1	1	4	1	1	1	6
0	1	2	6	1	1	2	8
0	1	3	7	1	1	3	10
0	1	4	9	1	1	4	12
0	1	5	11	1	1	5	14
0	2	0	4	1	2	0	6
0	2	1	6	1	2	1	8
0	2	2	7	1	2	2	10
0	2	3	9	1	2	3	12
0	2	4	11	1	2	4	15
0	2	5	13	1	2	5	17
0	3	0	6	1	3	0	8
0	3	1	7	1	3	1	10
0	3	2	9	1	3	2	12
0	3	3	11	1	3	3	15
0	3	4	13	1	3	4	17
0	3	5	15	1	3	5	19
0	4	0	8	1	4	0	11
0	4	1	9	1	4	1	13
0	4	2	11	1	4	2	15
0	4	3	13	1	4	3	17
0	4	4	15	1	4	4	19
0	4	5	17	1	4	5	22

续表

接种量/mL			总大肠菌群/(MPN/100 mL)	接种量/mL			总大肠菌群/(MPN/100 mL)
10 mL 管	1 mL 管	0.1 mL 管		10 mL 管	1 mL 管	0.1 mL 管	
0	5	0	9	1	5	0	13
0	5	1	11	1	5	1	15
0	5	2	13	1	5	2	17
0	5	3	15	1	5	3	19
0	5	4	17	1	5	4	22
0	5	5	19	1	5	5	24
2	0	0	5	3	0	0	8
2	0	1	7	3	0	1	11
2	0	2	9	3	0	2	13
2	0	3	12	3	0	3	16
2	0	4	14	3	0	4	20
2	0	5	16	3	0	5	23
2	1	0	7	3	1	0	11
2	1	1	9	3	1	1	14
2	1	2	12	3	1	2	17
2	1	3	14	3	1	3	20
2	1	4	17	3	1	4	23
2	1	5	19	3	1	5	27
2	2	0	9	3	2	0	14
2	2	1	12	3	2	1	17
2	2	2	14	3	2	2	20
2	2	3	17	3	2	3	24
2	2	4	19	3	2	4	27
2	2	5	22	3	2	5	31
2	3	0	12	3	3	0	17
2	3	1	14	3	3	1	21
2	3	2	17	3	3	2	24
2	3	3	20	3	3	3	28
2	3	4	22	3	3	4	32
2	3	5	25	3	3	5	36

续表

接种量/mL			总大肠菌群/(MPN/100 mL)	接种量/mL			总大肠菌群/(MPN/100 mL)
10 mL管	1 mL管	0.1 mL管		10 mL管	1 mL管	0.1 mL管	
2	4	0	15	3	4	0	21
2	4	1	17	3	4	1	24
2	4	2	20	3	4	2	28
2	4	3	23	3	4	3	32
2	4	4	25	3	4	4	36
2	4	5	28	3	4	5	40
2	5	0	17	3	5	0	25
2	5	1	20	3	5	1	29
2	5	2	23	3	5	2	32
2	5	3	26	3	5	3	37
2	5	4	29	3	5	4	41
2	5	5	32	3	5	5	45
4	0	0	13	5	0	0	23
4	0	1	17	5	0	1	31
4	0	2	21	5	0	2	43
4	0	3	25	5	0	3	58
4	0	4	30	5	0	4	76
4	0	5	36	5	0	5	95
4	1	0	17	5	1	0	33
4	1	1	21	5	1	1	46
4	1	2	26	5	1	2	63
4	1	3	31	5	1	3	84
4	1	4	36	5	1	4	110
4	1	5	42	5	1	5	130
4	2	0	22	5	2	0	49
4	2	1	26	5	2	1	70
4	2	2	32	5	2	2	94
4	2	3	38	5	2	3	120
4	2	4	44	5	2	4	150
4	2	5	50	5	2	5	180

续表

接种量/mL			总大肠菌群/(MPN/100 mL)	接种量/mL			总大肠菌群/(MPN/100 mL)
10 mL 管	1 mL 管	0.1 mL 管		10 mL 管	1 mL 管	0.1 mL 管	
4	3	0	27	5	3	0	79
4	3	1	33	5	3	1	110
4	3	2	39	5	3	2	140
4	3	3	45	5	3	3	180
4	3	4	52	5	3	4	210
4	3	5	59	5	3	5	250
4	4	0	34	5	4	0	130
4	4	1	40	5	4	1	170
4	4	2	47	5	4	2	220
4	4	3	54	5	4	3	280
4	4	4	62	5	4	4	350
4	4	5	69	5	4	5	430
4	5	0	41	5	5	0	240
4	5	1	48	5	5	1	350
4	5	2	56	5	5	2	540
4	5	3	64	5	5	3	920
4	5	4	72	5	5	4	1600
4	5	5	81	5	5	5	>1 600

附录Ⅴ 51孔定量盘法不同阳性结果的最可能数(MPN)及95%可信范围

阳性数	总大肠菌群/(MPN/100 mL)	95%可信范围	
		下限	上限
0	<1.0	0.0	3.7
1	1.0	0.3	5.6
2	2.0	0.6	7.3
3	3.1	1.1	9.0
4	4.2	1.7	10.7
5	5.3	2.3	12.3
6	6.4	3.0	13.9
7	7.5	3.7	15.5
8	8.7	4.5	17.1
9	9.9	5.3	18.8
10	11.1	6.1	20.5
11	12.4	7.0	22.1
12	13.7	7.9	23.9
13	15.0	8.8	25.7
14	16.4	9.8	27.5
15	17.8	10.8	29.4
16	19.2	11.9	31.3
17	20.7	13.0	33.3
18	22.2	14.1	35.2
19	23.8	15.3	37.3
20	25.4	16.5	39.4
21	27.1	17.7	41.6
22	28.8	19.0	43.9
23	30.6	20.4	46.3
24	32.4	21.8	48.7
25	34.4	23.3	51.2
26	36.4	24.7	53.9
27	38.4	26.4	56.6

续表

阳性数	总大肠菌群/(MPN/100 mL)	95%可信范围	
		下限	上限
28	40.6	28.0	59.5
29	42.9	29.7	62.5
30	45.3	31.5	65.6
31	47.8	33.4	69.0
32	50.4	35.4	72.5
33	53.1	37.5	76.2
34	56.0	39.7	80.1
35	59.1	42.0	84.4
36	62.4	44.6	88.8
37	65.9	47.2	93.7
38	69.7	50.0	99.0
39	73.8	53.1	104.8
40	78.2	56.4	111.2
41	83.1	59.9	118.3
42	88.5	63.9	126.2
43	94.5	68.2	135.4
44	101.3	73.1	146.0
45	109.1	78.6	158.7
46	118.4	85.0	174.5
47	129.8	92.7	195.0
48	144.5	102.3	224.1
49	165.2	115.2	272.2
50	200.5	135.8	387.6
51	>200.5	146.1	—

参考文献

[1] 李自刚,李大伟.食品微生物检验技术.北京:中国轻工业出版社,2016.
[2] 何国庆,张伟.食品微生物检验技术.北京:中国质检出版社,2013.
[3] 杨玉红.食品微生物检验技术.北京:中国计量出版社,2011.
[4] 姚勇芳.食品微生物检验技术.北京:科学出版社,2010.
[5] 姚勇芳,司徒满泉.食品微生物检验技术.2版.北京:科学出版社,2017.
[6] 刘恩玲,王晓峨.食品快速检验. 北京:中国农业出版社,2017.
[7] 潘嫣丽,尹小琴.食品微生物. 北京:中国质检出版社,2016.
[8] 罗红霞,王建.食品微生物检验技术.2版.北京:中国轻工业出版社,2019.
[9] 龚漱玉,温斯颖,曲春波.食品微生物检验(2).上海:华东师范大学出版社,2020.
[10] 李燕,王晓峨.食品微生物检验实训教程.北京:北京师范大学出版社,2015.
[11] 罗红霞,王霞.食品微生物检验技术.北京:中国轻工业出版社,2018.
[12] 姚玉静,翟培.食品安全快速检测.北京:中国轻工业出版社,2019.
[13] 雅梅.食品微生物检验技术.2版.北京:化学工业出版社,2015.
[14] 杨玉红,陈淑范.食品微生物学.3版.武汉:武汉理工大学出版社,2018.
[15] 石盼盼.食品微生物检测实验室管理. 检验检疫学刊.2019(5):105-107.
[16] 程晓云,潘媛.食品微生物检测人员的岗前培训.现代食品.2016(20):65-67.
[17] 张帅,齐颖颖,张红星,等. 双抗夹心酶联免疫吸附快速检测冷鲜肉中的6种血清型沙门氏菌. 食品科学,2016,37(16):211-215.
[18] 蔡标,戴陈伟,吕涵,等. 3种沙门氏菌快速检测方法检测效果分析. 安徽医学,2019,40(10):1083-1086.
[19] 杨兴国. 食源性致病菌检测新方法. 食品安全导刊,2015(6):28-29.
[20] 肖钢军,林兆盛. 酶联免疫吸附(ELISA)法在食品微生物检测中的应用. 食品安全导刊,2016(18):106-107.
[21] GB 50346—2011 生物安全实验室建筑技术规范
[22] GB 19489—2008 实验室生物安全通用要求
[23] CNAS-CL05—2009 实验室生物安全认可准则
[24] GB 4789.1—2016 食品安全国家标准 食品微生物学检验 总则
[25] GB 19301—2010 食品安全国家标准 生乳
[26] GB 4789.2—2016 食品安全国家标准 食品微生物学检验 菌落总数测定
[27] GB/T 36004—2018 食品接触表面消毒效果试验方法 三磷酸腺苷生物发光法
[28] GB 4789.3—2016 食品安全国家标准 食品微生物学检验 大肠菌群计数
[29] GB 1886.19—2015 食品安全国家标准 食品添加剂 红曲米
[30] GB 2759—2015 食品安全国家标准 冷冻饮品和制作料
[31] GB 14934—2016 食品安全国家标准 消毒餐(饮)具

[32] SN/T 4547—2017 商品化试剂盒检测方法 大肠菌群与大肠杆菌方法一
[33] GB 19302—2010 食品安全国家标准 发酵乳
[34] GB 4789.35—2016 食品安全国家标准 食品微生物学检验 乳酸菌检验
[35] GB 4789.15—2016 食品安全国家标准 食品微生物学检验 霉菌和酵母菌计数
[36] GB/T 19883—2018 果冻 微生物限量要求
[37] GB 19299—2015 食品安全国家标准 果冻 微生物限量
[38] GB/T 14215—2008 番茄酱罐头
[39] GB 4789.26—2013 食品安全国家标准 食品微生物学检验 商业无菌检验
[40] GB 4789.10—2016 食品安全国家标准 食品微生物学检验 金黄色葡萄球菌检验
[41] DB64/T 1681—2019 宁夏回族自治区地方标准 食品中沙门氏菌和金黄色葡萄球菌的快速检测方法
[42] DB22/T 427—2005 吉林省地方标准 食品中金黄色葡萄球菌 PCR 快速检验方法
[43] GB 2758—2012 食品安全国家标准 发酵酒及其配制酒.
[44] GB 19295—2011 食品安全国家标准 速冻面米制品.
[45] GB 4789.4—2016 食品安全国家标准 食品微生物学检验 沙门氏菌检验.
[46] GB/T 4789.19—2003 食品卫生微生物学检验 蛋与蛋制品检验.
[47] GB 2749—2015 食品安全国家标准 蛋与蛋制品.
[48] GB 29921—2013 食品安全国家标准 食品中致病菌限量.
[49] GB/T 22429—2008 食品中沙门氏菌、肠出血性大肠埃希氏菌 O157 及单核细胞增生李斯特氏菌的快速筛选检验 酶联免疫法.
[50] SN/T 0973—2010 进出口肉、肉制品及其他食品中肠出血性大肠杆菌 O157:H7 检测方法.
[51] GB 4789.7—2013 食品安全国家标准 食品微生物学检验 副溶血性弧菌检验.
[52] GB 10133—2014 食品安全国家标准 水产调味品
[53] SN/T 4603—2016 出口食品及水体中产毒副溶血性弧菌常见致病基因检测方法 多重 PCR 及多重实时荧光 PCR 法
[54] GB 7098—2015 食品安全国家标准 罐头食品
[55] GB 5749—2006 生化饮用水卫生标准
[56] GB 5750.12—2006 生化饮用水标准检验方法微生物指标
[57] 婴幼儿配方乳粉生产许可审查细则(2013 版)
[58] GB/T 16293—2010 医药工业洁净室(区)浮游菌的测试方法
[59] GB/T 16294—2010 医药工业洁净室(区)沉降菌的测试方法
[60] GB/T 16292—2010 医药工业洁净室(区)悬浮粒子的测试方法
[61] GB/T 15982—2012 医院消毒卫生标准
[62] GB 14881—2003 食品安全国家标准 食品生产通用卫生规范
[63] GB 7099—2015 食品安全国家标准 糕点 面包